シーボルトが見た日本の水辺の原風景

シーボルトが見た
日本の水辺の原風景

細谷和海 編著

東海大学出版部

装丁　中野達彦

Japanese waterfront scenery imaged from Siebold's Fish Collection

Edited by Kazumi Hosoya
Tokai University Press, 2019
Printed in Japan
ISBN978-4-486-02095-0

キヨソネ筆シーボルト肖像（長崎市シーボルト記念館所蔵）

『日本動物誌』（ハーバード大学 比較動物学博物館 エルンスト・メイヤー・ライブラリ所蔵）

シーボルトが当時住んでいた鳴滝塾舎の全景写真（長崎市シーボルト記念館所蔵）

ナチュラリスからのメッセージ

　フィリップ・フォン・シーボルト博士は，1823〜34年の間に，彼の助手で後継者であるハインリッヒ・ビュルガーとともに，多くの日本人の助けを借りて，日本各地の魚の標本を集めました．そのうち多くの魚について，その生鮮色が川原慶賀の絵画に美しく描かれています．これらの魚類標本はいくつかの積荷にまとめられた後，船によりオランダに運ばれ，国立自然史博物館（現ナチュラリス）に保管され，現在に至っています．魚はテミンク館長とシュレーゲル学芸員によって研究され，『日本動物誌』魚類編（1835〜50）に記載されていました．さらに，いくつかのサメとエイの種はミューラーランド・ヘンレ（1839）によって記載されました．シーボルトとビュルガーの収集物は日本からの魚の最初にして大規模なコレクションであったので，そこから多くの新種が見つかりました．しかし，近年の研究は，コレクションが内在する多様性が『日本動物誌』の著者によって非常に過小評価されていたことを明らかにしており，コレクション内に潜む種の数はまだ増え続けています．

　一方，シーボルト・コレクションは現存の生物多様性を説明するために必要であることはもちろんのこと，日本の保全生物学の分類学的ベースラインとしても非常に重要です．細谷和海名誉教授とそのグループは，『江戸参府紀行』を通じて現在の生物多様性を過去の生物多様性と関連付け，保全目標を設定することを推し進めています．シーボルト・コレクションのすべての標本は，1820年代に日本に実在した生物種の証拠物です．この時期に日本で作られた同様のコレクションは見当たらないので，本当にかけがえのないものです．シーボルト研究の新たな船出を祝すとともに，日本の読者に本書をぜひお読みいただくよう，強くお勧めします．

2019年3月8日

ナチュラリス・生物多様性センター
名誉学芸員

マーチン・ファン・オイエン

はじめに

　シーボルトといえば，何を浮かべるだろうか．フィリップ・フランツ・バルタザール・フォン・シーボルト（Philipp Franz Balthasar von Siebold, 1796～1866），実はドイツ人で，ドイツ語に忠実であるならばジーボルトと呼称すべきである．彼はオランダから江戸時代末期に医師として派遣され，鳴滝塾を開設し，鎖国で閉ざされていた日本に西洋の優れた医療技術を数多くもたらしたことでよく知られている．また，博物学の造詣が深いことを認められ，バタヴィア（現インドネシア・ジャカルタ）でオランダ政府から日本における学術調査の命を受け来日し，ありとあらゆるものをオランダに持ち帰っている．そのうち動物標本資料の大半は，今，ライデンにある生物多様性センター・ナチュラリス（旧：オランダ国立自然史博物館）に厳重に保管されている．これらは日本人にとっていずれも貴重な知的財産であることはいうまでもない．

　これまでのシーボルト研究は，主にシーボルト自身にまつわる文化・歴史的分野と，彼が収集した生物種のタイプ標本を照合する分類学的分野にエネルギーが注がれてきた．それに対して本書は生物多様性の保全に焦点を当てた，従来の学問領域とはまったく異なる斬新な切り口から，シーボルトの業績にアプローチすることを目指している．シーボルトがオランダに帰った後，日本は明治維新を皮切りに，まっしぐらに近代化へと突き進んで行った．その代償として日本の自然環境は著しく損なわれ，その結果日本らしさが褪せて久しい．とくに，その傾向は小川や池といった身近な水辺に棲む淡水魚において顕著である．シーボルト淡水魚コレクションは，約200年前の長崎から江戸に向けた参府の道程で収集された標本で構成されており，当時の水辺環境を現在に伝えるもっとも古い資料といえる．そのため，このコレクションを精査できれば，水辺の原風景を復元するための目標設定が可能となる．

　本書は4部から構成され，それぞれ専門的立場から10名の研究者が執筆している．まず第1部では保全分類学という新たな学問を提案し，日本産魚類を保管する国内外の主要なコレクションを逐次紹介する．次いで，シーボルトの活動歴を科学史の視点からあらためて検証する．同時に，ナチュラリスに所蔵されているシーボルトに関係する「生物図」資料にも言及したい．第2部では水辺環境の窮状を明らかにするために，タイプ産地などシーボルトが淡水魚を入手したと考えられる地域の魚類相を，彼の旅行記でもあり自然観察記録でもある『江戸参府紀行』から想定し，現存の魚類相と比較する．第3部では最初に

時代の要請に合わせ，その都度変わる金魚の品種改良事情を推測する．さらに，シーボルトが見たであろう里地，里山，そして里川が持つ魅力と価値について考察し，日本の自然の望ましい姿とは何かを問い正したい．第4部ではシーボルトが日本から持ち帰った淡水魚のうち代表的な27魚種を精査し，その結果を現存の個体に照らし合わせながら図鑑風にカラーで解説した．第4部では，シーボルト・コレクションからよみがえる絶滅危惧種の写真と，大著『日本動物誌』魚類編の記述を読めば，読者を一挙に200年前の日本の水辺にタイムスリップさせるだろう．

　以上を総合することで，従来のシーボルト研究の枠を超え，科学史，分類学，そして保全生物学をつなげる生物多様性研究の新たな展開を図りたい．本書を世に出すにあたり多くの方々にご支援いただいた．ナチュラリスのマーチン・ファン・オーエン博士には度重なる自然史博物館訪問にもかかわらずつねに調査にご理解いただき，種々にご尽力いただいた．最後に本書の企画に賛同いただき，出版までの編集に昼夜をいとわず精力的に携わっていただいた東海大学出版部の稲英史氏，および度重なる修正に忍耐強く対応いただいた港北出版印刷（株）の北野又靖氏に衷心より謝意を表する．

2019年3月

編者　細谷　和海

目　　次

ナチュラリスからのメッセージ　　viii
はじめに　　ix

第1部　シーボルトと魚類分類学 ………………………………… 1

第1章　保全分類学のすすめ　　　　　　　　　　　細谷和海　　3
第2章　シーボルト・コレクションから中村守純コレクションまで　藤田朝彦　15
第3章　ドイツ・オランダにおけるシーボルトの活動歴　朝井俊亘　27
第4章　『日本動物誌』制作におけるシーボルトの役割　滝川祐子　39
第5章　『日本動物誌』における川原慶賀の役割　　滝川祐子　51
第6章　シーボルトは魚類標本をどのくらい持ち帰り，
　　　　どこに保管されているのか　　　　　　滝川祐子・吉野哲夫　69

第2部　江戸参府に見る水辺の原風景 …………………………… 87

第7章　長崎から江戸までのシーボルトの足跡　　朝井俊亘　89
第8章　シーボルト・コレクションにおける「NAGASAKI」　新村安雄　103
第9章　シーボルトが見た嬉野の淡水魚　　　　　川瀬成吾　111
第10章　シーボルトは大阪で何を買ったのか？　　細谷和海　121
第11章　シーボルトが見た淀川の原風景　　　　　川瀬成吾　127
第12章　シーボルトが見た京都伏見の原風景　　　朝井俊亘　139
第13章　シーボルトが見た琵琶湖の原風景　　　　川瀬成吾　147
第14章　トキのいた濃尾平野の田んぼ　　　　　　新村安雄　157

第3部　取り戻せ水辺の原風景 …………………………………… 163

第15章　シーボルトの金魚と江戸時代後期の金魚品種改良事情
　　　　　　　　　　　　　　　　　　　　　　根來　央　165
第16章　ダム建設から「シーボルトの川」を守る　新村安雄　175
第17章　シーボルトに学ぶ自然再生　　　　　　　細谷和海　181

第 4 部　シーボルトが持ち帰った魚たち（図譜） 195

4-1	ニホンウナギ	細谷和海	196
4-2	アユ	細谷和海	198
4-3	コイ	藤田朝彦	200
4-4	オオキンブナ	朝井俊亘	202
4-5	ギンブナ	藤田朝彦	204
4-6	ゲンゴロウブナ	藤田朝彦	206
4-7	ニゴロブナ	藤田朝彦	208
4-8	カワムツ	森宗智彦	210
4-9	ヌマムツ	森宗智彦	212
4-10	オイカワ	井藤大樹	214
4-11	ハス	井藤大樹	216
4-12	ヒナモロコ	細谷和海	218
4-13	ヤリタナゴ	森宗智彦	220
4-14	アブラボテ	森宗智彦	222
4-15	カネヒラ	森宗智彦	224
4-16	カワヒガイ	川瀬成吾	226
4-17	モツゴ	川瀬成吾	228
4-18	イトモロコ	川瀬成吾	230
4-19	カマツカ	川瀬成吾	232
4-20	アユモドキ	細谷和海	234
4-21	ドジョウ	藤田朝彦	236
4-22	シマドジョウ類	川瀬成吾	238
4-23	アリアケギバチ	藤田朝彦	240
4-24	ナマズ	川瀬成吾	242
4-25	ミナミメダカ	朝井俊亘	244
4-26	クロヨシノボリ	細谷和海	248
4-27	金魚	根来　央	250

シーボルトが持ち帰った淡水魚類標本一覧　　256
あとがき　　259
索　引　　261

第 1 部

シーボルトと魚類分類学

第1章

保全分類学のすすめ

細谷　和海

分類学は先鋭化する近代生物学の諸分野に比べるといかにも古めかしい印象を受ける．ところが，近年，生物多様性の分析と整理のツールとして見直されている．それは分類学が対象とする標本が，過去の生物相を探るタイムカプセルとして機能し，保全目標の設定を可能にするからである．絶滅危惧種を新種記載する場合において，タイプ産地の指定によって現地の保全目標を明確にすることが可能で，保全活動をうながすことにも通じる．ここでは保全生物学における分類学の役割について検証し，シーボルト魚類標本を例に，生物多様性保全に向けた古くて新しい分類学の展開，すなわち保全分類学について紹介する．

はじめに

　生物の歴史の中で，現代は第6の大量絶滅の時代といわれている．現代の大量絶滅は過去の大量絶滅と比べると，その様相はかなり異なっている．なぜなら，過去の大量絶滅が自然現象によってゆっくりと引き起こされているのに対し，現代の大量絶滅は急激で，しかもすべての絶滅現象がヒトすなわち *Homo sapiens* によって引き起こされているからである（ハラリ，2016）．現存する地球上の既知の生物種の総数は約175万種で，まだ知られていない生物も含めると総種数は500万〜3000万の間と見積もられている．研究者によって見解は異なるが，Mora et al.（2011）はおよそ870万種類と推定している．これと比較すれば，今のところ約15％の生物しか発見されていないことになる．Primack（1995）は，現代では進化によって新種になる速度は既存種が絶滅して行く速度にはるかにおよばないと見ている．つまり，約85％の生物種が人知れず，それもヒトの行為によって絶滅しようとしている．実際，現在，毎日100種以上の生物が絶滅していると見られ，これは恐竜時代と比較すると10万倍のスピードであると算定されている（マイヤース，1981；図1.1）．このことは生物多様

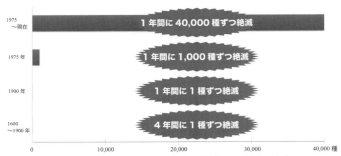

図1.1　近世から現代にかけての1年間に絶滅する種数の変化.

性の保全を図る上で看過することはできない．地球上の生物種の実態を把握することは急務である．

古くて新しい分類学

　1992年にリオ・デ・ジャネイロで開催された国連環境開発会議，地球サミットにおいて「生物多様性条約」が採択されたのを契機に，生物多様性の持つ意義と重要性は世界の共通認識となっている．生物多様性は，生態系多様性，種多様性，遺伝的多様性から構成され，それぞれが多様性という変異を内在し，生態的多様性を頂点に全体がピラミッド形の階層構造をなしている．生物多様性は進化という長い年月をかけ醸成されたものであり，自律的でかつ保守的でもある．当然のことながら，外来生物は生物多様性の構成要素とはなりえない．なぜなら，外来生物の導入がもたらす在来の生態系への影響は全く予想がつかないからである．これはフランケンシュタイン効果と呼ばれる．だから，外来生物の導入は控えるべきとする予防原理を，生物多様性の保全に適用するのは当然のことである（細谷，2006）．同時に，この考え方は風土性の原則と呼ばれ，保全生物学の根本的な考え方でもある．在来の生物群のみから構成される生物多様性は，ある意味，歴史的産物であり単に自然環境の指標にとどまらず，人類にとって生物資源として有用である．その多くが人知れず乱獲と開発の前に消え去ろうとしている．

　従来，生物多様性をめぐる研究は生態学と遺伝学によってリードされてきた．現在，それらは保護をゴールにした保全生態学と保全遺伝学という新たな学問領域に特化している．それにより，望ましい保護のありようが徐々に明確になりつつある．しかし，生物多様性の主要な構成要素である種の認識が絶対的に不足しているため，必ずしも保護目標が定まっているわけではない．たとえば，

図1.2 絶滅危惧種ムサシトミヨ．埼玉県熊谷市内の元荒川のわずか400mの流域にしか生息していない．和名はつけられているが学名はなく未記載種のままである．

10年ごとに改訂されてきた環境省版『レッドデータブック』においても，ヨシノボリやスジシマドジョウはかつて1種と見られ，それぞれが単一のカテゴリーに評価されていたが，現在では複数種に細分され，新種ごとに個別の評価がなされるようになっている．それにもかかわらず，便宜的に和名を冠するだけの種または亜種が数多く残されており，分類学的な処置が追い付かないのが現状である．分類学的処置とは学名を付けることに他ならない．実際，絶滅に瀕しているムサシトミヨ *Pungitius* sp.（図1.2）は未記載種であるために，「種の保存法」が指定する国内希少野生動植物種の候補にはなりえず，環境省が主体となって進める保護増殖事業の対象からおのずと外されている．さらに地球レベルで絶滅に瀕している生物種を評価している国際自然保護連合も，学名を伴わない種を原則レッドリストの対象外としている（IUCN, 2013）．生物種が国際動物命名規約に従い厳格に命名されることから，学名は世界中で通用するいわば生物多様性の標準語であり，保全目標を明確にするためのコードと見なせる．

　生物種の学名が属名＋種小名の組み合わせによって表記される二名法は，動物の場合，それを発案したスウェーデンの学者リンネの時代に遡る（Linnaeus, 1758）．確かに分類学と聞けば，先鋭化する近代生物学の諸分野に比べると古色蒼然とした印象を受ける．しかし，分類学は生物多様性の分析と整理のツールとして見直されており，今や保全生物学にとって欠かすことができない．まさに生物多様性保全に向けた分類学の新たな船出である．筆者は，このように保全を念頭に置いた分類学に対し，保全分類学 Conservation Systematics という名称を提案したい．

証拠としての標本

　分類学にとって標本はもっとも重要な研究対象である．一般の人の認識として，従来，標本といえば学校の理科室や実験室の棚の奥に埃にまみれたまま置かれているのを思い浮かべるのが普通である．しかし，標本には，生物の体そのままの特徴が残されており，形態学的な情報が詰め込まれている．魚の場合しっかりと保存されていれば，胃内容物からはプランクトンの組成もわかるし，炭素や窒素の同位体比を分析すればさらに正確な食性を明らかにできる（Okuda et al., 2012）．同様に，体内に蓄積された物質からは当時の水環境さえ想定できる．保存液がアルコールの液浸標本や，剥製標本であれば，DNAを抽出し，それを増幅して集団遺伝学的に解析をすれば，個体群の地域性や変異性すら明らかにできる．

　内閣官房行政改革推進委員会は，限られた資源を有効に活用することを目的に，平成30年度（2017）に政策の企画立案過程の変革を日本政府に新たに求めている．従来，政策の企画立案は，ともすれば経験則に頼りがちで，主観により検証と改善がなされる傾向にあった．そこで委員会は，政策決定がより客観的な証拠に基づきなされるべきとし，EBP（Evidence-Based Policy）へ転換するよう提言している．その対象は予算事業に限らず，自然再生を目指すあらゆる活動に求められている．古い標本は，往時の生物相を知る重要な証拠物となりうる．EBPではエビデンスとして用いる際の精度や評価方法が適切かどうかの検討が前提で，標本が証拠物として機能するためには，採集日（Date）と採集場所（Locality）を備えることが絶対条件となる．すなわち採集日と採集地がわかれば，失われた自然を再生する際の目標設定が可能となる．このようなフィードバックは文献ではできない．なぜなら，文献に記録されている生物種について分類学的追試や再査ができないため，種の誤同定や誤記載の可能性を排除できないからである．

　このように，採集年と採集場所がはっきりした個々の標本は何よりも説得力のあるエビデンスであり，時代と場所を同じくする標本群は優れたタイムカプセルと見なせる．標本を単なるノスタルジーを満たす考古物と捉えるべきではなく，今や復元目標を正しく設定する基準として再評価する時期に来ている．そのような例として，採集された標本群から過去の魚類相を想定する試みは，琵琶湖内湖（藤田ほか，2008）を皮切りに，淀川ワンド（武内ほか，2011），茨城県涸沼（金子ほか，2011），北海道朱太川（宮崎ほか，2012）でなされている．国立科学博物館では故中村守純博士が収集した膨大な標本を整理し（第

1部第2章参照），個別の魚種から日本列島における過去の分布域を想定している（松浦ほか，2000）．今後，標本に基づく類似の研究は各地で展開されるものと期待される．

　標本は確かに重要な証拠物といえるが，現状ではそれが有効に利用されているわけではない．個人所有の標本はいうまでもなく，予算措置がなされず専門学芸員がおかれていないような大学でも研究者の退職や転勤に伴い放置され，極端な場合には廃棄されることもある．そのため松浦（2009）は，標本を公立のしかるべき博物館に収めるよう勧めている．もとより博物館の役割は，「展示」より標本資料の「収集」と「保管」，それに基づく「研究」に重点を置くべきとの主張もある（馬渡，1994）．ある意味，標本は公共物といえる．その使命を果たすためには，標本の所在や関連する情報をデジタル化して，データベースを構築することが望まれる．現在，標本情報を世界的に共有する動きが強まり，地球規模生物多様性情報機構（Global Biodiversity Information Facility：GBIF）により，誰でも，いつでも，どこからでもインターネットから情報を引き出せるような取り組みが進められている（松浦，2019）．わが国においても，まとまった標本を保管する博物館・大学間でネットワークを拡充させることが急がれる．

タイプ産地が果たす役割

　分類学者にとって新種記載は自身の研究において大きな目標に違いない．動物が新種と認められるためには，国際動物命名規約に従い，権威ある科学雑誌に英文で記載しなければならない．その例として近年，日本のメダカは南北2種に分けられ，それぞれミナミメダカとキタノメダカという和名が与えられた．そこへ行きつくまでは，長年，日本のメダカの集団遺伝学研究に心血を注いで来られてきた酒泉満博士の成果に負うところが大きい．ミナミメダカにはすでにシーボルト・コレクションに基づいて $Oryzias\ latipes$ という学名が付けられていた（第4部第25章参照）．一方，過去に該当するものがなかったキタノメダカは新種であることが判明した．そこで，近畿大学チームは Asia et al.（2011）において，福井県敦賀市にある中池見湿地から得られて個体に基づき，キタノメダカに $Oryzias\ sakaizumii$ という学名を付けた．中池見湿地は泥炭層の上に成立した湿地で，2012年にラムサール条約登録湿地に指定されている（図1.3）．

　そこには希少野生生物が多く見られ，「中池見ねっと」や「ウエットランド

図1.2　キタノメダカ Oryzias sakaizumii のホロタイプ描画（Asai et al., 2011）

図1.3　ラムサール条約登録湿地，福井県敦賀市中池見湿地

中池見」をはじめとする市民ボランティア団体によって保全されている．キタノメダカのタイプ産地（模式産地）としてこの湿地が選定された大きな理由でもある．新種記載には記載の基となった標本をタイプ標本に指定することが求められる．しかし，標本ビンに収められた個体からすべての生物学的情報を引き出すのにはおのずと限界がある．

　分類学ではタイプ産地に現存する集団をトポタイプ（現地模式標本）と呼ぶ．トポタイプは学名を担うわけではないので分類の基準にはなりえないが，生理，生態，行動，遺伝など生体でしか得られない情報を補う意味で他地域の個体より重要である．逆に，中池見湿地をタイプ産地に指定することは中池見湿地の生物多様性保全を担う市民のモティベーションを高めることにつながる．キタノメダカは中池見湿地を代表するシンボルといえ，本種が守られることによって湿地に棲む多くの在来生物も守られるはずである．中池見湿地におけるキタノメダカの保護活動は，分類と保全が結び付いた好例といえる．先行する同様な事例は，宮城県大崎市の旧品井沼から発見されたシナイモツゴ *Pseudorasbora pumila* Miyadi, 1930の保護活動にも見られる．そこではシナイモツゴ郷の会による保護活動に並行して，絶滅危惧種のゼニタナゴの保全も図られている．

シーボルト・コレクションの重要性

　アユが日本の淡水魚の代表格であることは，日本人であるのなら誰でも認めるであろう．実はアユの分類にシーボルトは深くかかわっている．魚類図鑑でアユを調べてみると，学名が *Plecoglossus altivelis* (Temminck and Schlegel) と表記されていることがわかる．学名に続く（Temminck and Schlegel）とは

何を意味するのであろうか．本来の学名である属名と種小名と字体も違うし，カッコの意味もよくわからない．これは命名者すなわちアユに最初に学名を付けた人，テミンクとシュレーゲルのことを指し，カッコは後進の研究者によって属名が変更されたことを意味する．テミンクはオランダ王立ライデン自然史博物館の初代館長，シュレーゲルは第2代館長，ともに日本の多くの生物種に学名を与えている．新種記載を含む彼らの分類学的論文は有名な『日本動物誌』（Fauna Japonica）としてまとめられている．新種記載のもととなった標本は，当時オランダの医務官であったシーボルトと，彼の意思を強く受け継いだ後任のビュルガーが，1823〜34年の間に長崎出島に赴任中，および1826年の江戸参府の際に収集した生物をオランダに持ち帰ったものである．つまり Temminck and Schlegel によって学名が与えられたすべての日本の生物種は，すなわちシーボルトとビュルガーの収集物いわゆるシーボルト・コレクションに基づくものであり，それらがタイプ標本（模式標本）となっていることを意味する．以来これらのタイプ標本は，ナチュラリス・ライデン自然史博物館に厳重に保管されている．シーボルト・コレクションは，いわば日本産淡水魚の最古の標本群であり（第1部第2章参照），分類学においても保全生物学においてもその価値は計り知れない．

残された課題

　本来，分類学は保全生物学の補完物として存在するわけではない．生物多様性保全を目的に研究するためには，最初に分類学により構成要素の実態調査がなされ，その結果を受け保全生物学が展開するという手順で進めるべきである．にもかかわらず，分類学と保全生物学の間には種に対する考え方においてギャップが存在する．
　一般に，生物種とは遺伝的にも生態的にも固有の集団と理解されている．その解釈の仕方は Mayr（1963）の生物学的種概念 Biological Species Concept に寄るところが大きい．生物学的種概念は，同所的分布域では近縁類似種との間で生殖的隔離が確かめられるか，あるいは分布が重ならない異所的分布域では生殖的隔離が想定される場合に，相互に別種と判断される．加えて，生物種は固有の生態的特性を備え，そのことが隔離を強化していると考えられている．この考え方は，フィールドワークを主務とする保全生物学者には普通であっても，国際動物命名規約に忠実である分類学者がそこまで考えがおよぶとはとは限らない．分類学的な種の識別方法では生殖的隔離より先に形態的なギャップ

が優先されるので，野外での生態的特性については後回しにされることが多い．今後，保全すべき種を定義するためには，分類学的種概念と生物学的種概念をすり合わせすることが望まれる．種とは何か？　この問い掛けに答えることは，保全生物学にとどまらず，いつの時代においても生物学全体に共通する難しい課題でもある．

　淡水魚は海水魚に比べて地理的変異が大きいことが知られている．その理由として，海洋，山脈，砂漠などの地理的障壁によって隔離されやすいので，独自の地方集団を形成するからである．これらの地方集団は同種ではあるものの，地域固有の特徴を備えることから，分類学的には亜種に分類される．哺乳類では75％の個体が外観で識別できれば，集団は亜種と見なされる．亜種はリュウキュウアユ *Plecoglossus altivelis ryukyuensis* の学名のように三名法で示される．一方，保全生物学では保護すべき野外の集団に対しては保全単位を設定する．保全単位の代表として現在，進化的有意単位（Evolutionarily Significant Unit, ESU; Moritz, 1994）と管理単位（Managing Unit, MU; Ryder, 1986）が知られている．進化的有意単位は系統発生を重視するもので，単系統群を保全単位とする．単系統群とは1つの祖先に由来するすべての子孫群を含む．進化的有意単位は1つ以上の遺伝子マーカーで特徴づけられることから，地域固有の構成要素と見なせる．一方，管理単位は単系統群にこだわらず，自然交雑に由来する多系統群も対象としている．系統を反映させるか否かは別として，進化的有意単位にしろ管理単位にしろ，繁殖集団＝メンデル集団を単位としている点では変わらない．亜種は分類単位として汎用性があり，保全単位は野外に実在する集団を認識するのに適している．環境省版『レッドデータブック』では亜種までを記載の対象としている．今後，野外の実情に合わせた希少種の保護を進めるためには，保全単位ごとに保全策を講じることが強く求められている．そのためにも亜種とこれら保全単位との関係を整合させることが望まれる．

　保全単位を設定するには集団の遺伝的解析が不可欠である．かつて存在した集団の遺伝的特性を抽出するには，固定標本に頼らざるを得ない．往時の魚類標本の多くはホルマリン溶液に保存されるケースが普通であった．ホルマリンは固定力が強いため，DNA鎖をずたずたに切断してしまう．そのため，一度たりともホルマリン溶液に浸漬されると，遺伝情報の抽出はきわめて難しくなる．一方，固定標本に残るDNA断片から遺伝情報を引き出す試みは，ここ数十年，鳴り物入りでいくどとなく学会に発信されてきたが，どれ1つとして実用化には至ってはいない．

　シーボルト・コレクションにおける魚類の液浸標本は，当初，バタビア

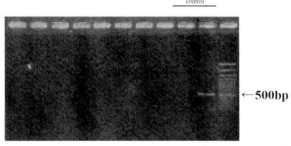

図1.4 シーボルト・コレクションのギンブナから採取した鱗と粘液のミトコンドリアから得られた mtDNA 調整領域前半の増幅結果．左8検体がシーボルト・コレクション，右から2番目のレーンが鮮魚のギンブナ，3番目がただの水でともに対照区．500 bp のラインに沿って鮮魚と同じバンドが現れず，遺伝情報は得ることはできない（高田未来美博士　分析）．

（現在のインドネシア・ジャカルタ）で醸造され，長崎に持ち込まれたアラク酒（ヤシの蒸留酒）に漬けられた後，ライデンでエチルアルコールに置換されている．エチルアルコールはDNA鎖をほとんど傷つけないとされている．DNA量がどんなにわずかであっても，現在の技術水準からすれば，PCR（Polymerase Chain Reaction）を用いて遺伝子は増幅することができるはずである．そこで私たち近畿大学チームは広島大学・琉球大学の研究者と共同で調査を進めることにした．ナチュラリスの許可を得て，同定に遺伝的解析が必要なギンブナを対象に，パラタイプの右体側の鱗と固定液中の粘液を採取し，魚類汎用プライマーL15923 PCRでミトコンドリアにあるmtDNA調節領域前半部500bpを増幅させ，遺伝的解析を試みた（図1.3）．ちなみにDNAは核以外にも存在する．呼吸をつかさどるミトコンドリアや植物の葉緑体の中には微量のDNAが含まれている．これらは核外遺伝子と呼ばれ，しばしば系統解析に用いられる．DNAを構成する塩基の配列は種や地域個体群によって特異である．それを解析することで標本の由来が推定できると期待される．そこでこの方法を用いて解析したのであるが，残念ながら，発現が期待されたバンドは現れなかった．結果として，解析に必要な現在の技術レベルではシーボルト標本からDNAを抽出・増幅し，遺伝的解析することは困難であるという現実が突き付けられた．その理由として，当時の標本固定液であったアラク酒の濃度が約20％と想定され（第1部第6章参照），保存液としては薄すぎてDNAは分

解し，遺伝情報を現在まで保持することに耐えられなかったからと判断したからである．

おわりに

今日，生物を保全することにおいて分類学がいかに重要か述べてきた．とりわけ，α（アルファ）分類[1]（Mayr,1969）と呼ばれる種の識別，および新種記載を含む種の命名にかかわる作業が急がれる．ところが，大量の未記載種の前に，分類学者の数が圧倒的に不足している．ムサシトミヨに学名がなかなかつかない原因もそこにあるのかもしれない．日本でさえそのような現状にあるのだから，東南アジア，南米，アフリカの熱帯雨林地帯など手つかずの自然が残る地域ではなおさらのこと，無数の未記載種が取り残されているに違いない．このようなホット・スポットで生物相調査を重点的に行うことが喫緊の課題となっている．これに対して，生物多様性条約締約国は分類学の積極的関与を進めるため，1998年COP4において世界分類学イニシアティブ（Global Taxonomy Initiative: GTI）を設立している．生物多様性条約締約国会議では，傘下の科学技術助言補助機関会合（Subsidiary Body on Scientific, Technical and Technology Advice: SBSTTA）の勧告を受け，極端な分類学専門家の不足とインフラとなる情報の不足を，生物多様性の分析と保全の大きな障害と断じている．筆者は，1999年6月にカナダ・モントリオールで開催された第4回SBSTTAに日本政府代表団の一員として参加することができた．会議ではGTIの作業計画が先進国を中心とする各国からいくつも提出された．たとえば，オーストラリアからは生物資源の発見と配布という，国家間の南北差を縮める具体的提案がなされた．日本では，ようやく2001年から国立環境研究所を海外との窓口となる中核としてGTIの活動を開始している（志村・松浦，2004）．

このように，生物多様性を保全し，持続的に開発しようとする世界の潮流の中で，私たち日本人は，今，分類学に求められているものがいかに大きいかを理解しなければならない．ところが，先端技術の開発を主眼とした生命科学の諸分野と比較するならば，分類学に対する国の姿勢は予算面においても人的支援においても消極的といわざるを得ない．その理由として，分類学が実学ではないからという指摘もある（馬渡，1994）．一般に，自然保護に対する関心の

---

[1] 系統分類学の学問領域には，主に命名に重きを置いたα分類，系統進化を明らかにするβ分類，種分化を解明するγ分類がある．

高さは，その国の文化の程度を測るよい指標と言われている．わが国が真に生物多様性締約国の一員であることを自覚するならば，分類学に対する古い認識を改める必要があるだろう．

引用文献

藤田朝彦・西野麻知子・細谷和海．2008．魚類標本から見た琵琶湖内湖の原風景．魚類学雑誌 55（2）：77-93．

細谷和海．2006．ブラックバスはなぜ悪いのか．細谷和海・高橋清孝（編），pp.3-12．ブラックバスを退治する．恒星社厚生閣，東京．

IUCN. 2013. Documentation standards and consistency checks for IUCN Red List assessments and species accounts. Ver. 2. Adopted by the IUCN Red List Committee and IUCN SSC Steering Committee. http://www.iucnredlist.org/documents/RL_Standards_Consistency.pdf（参照20192-21）．

金子誠也・碓井星二・百成 渉・加納光樹・増子勝男・鎌田洸一．2011．標本記録に基づく1960年代の茨城県涸沼の魚類相．日本生物地理学会会報：66, 173-182．

Linnaeus, C. 1758. Systeman naturae. Ed. X. (Systema naturae per regna tria naturae, secundum classes, ordines, genera, species, cum characteribus, differentiis, synonymis, locis. Tomus I. Editio decima, reformata.) Holmiae. Systema Naturae, Ed. X. v. 1 : i-ii+1-824.

松浦啓一．2009．動物分類学．東京大学出版会，東京，139 pp．

松浦啓一・土井 敦・篠原現人．2000．国立科学博物館所蔵標本に基づく日本産淡水魚の分布．国立科学博物館，東京．x＋256pp．

馬渡峻輔．1994．動物分類学の論理—多様性を認識する方法—．東京大学出版会，東京，233 pp．

Mayr, E. 1963. Animal species and evolution. Belknap Press of Harvard University Press. Cambridge. 797 pp

Mayr, E. 1969. Principles of systematic zoology. McGraw-Hill. New York, xi+439pp.

マイアース．林 雄次郎訳．1981．沈みゆく箱舟—種の絶滅についての新しい考察—．岩波書店．東京，348pp．

宮崎佑介・吉岡明良・鷲谷いづみ．2012．博物館標本と聞き取り調査によって朱太川水系の過去の魚類相を再構築する試み．保全生態学研究．17: 235-244．

Mora, Camio, Derek P. Tittensor, Sina Adl, Alastair G.B.Simpson, Boris Worm : PLoS Biology "How many Species Are There on Earth and in the Ocean?" August 23, 2011.

Moritz, C. 1994. Defining' Evolutionarily Significant Units' for conservation. Tree, 9 (10), 373-375.

Okuda, N., T. Takeyama, T. Komiya, Y. Kato, Y. Okuzaki, Z. Karube, Y. Sakai, M. Hori, I. Tayasu and T. Nagata. 2012. A food web and its long-term dynamics in Lake Biwa: a stable isotope approach. Pages 205-210. In: Lake Biwa: Interactions between Nature and People. (Eds. Kawanabe, H. et al.) Springer Academic, Amsterdam.

Ryder, O. A. 1986. Species conservation and systematics: the dilemma of subspecies. Tree, 1 (1): 9-10.

第 1 部　シーボルトと魚類分類学

ジーボルト，斉藤　信（訳）．1967．江戸参府紀行．平凡社，東京，347pp．
志村純子・松浦啓一．2004．世界分類学イニシアティブの手引き．東海大学出版会，秦野，63 pp．
武内啓明・山野ひとみ・細谷和海・久保喜計．2011．近畿大学農学部所蔵標本からみた1970年代初頭の淀川赤川ワンド群の淡水魚類相．近畿大学農学部紀要44：89-95．
Temminck G.J. and Schlegel, H. 1846. Pisces in Siebold's Fauna Japonica. Lungduni Batavorum (Leiden).
ユバル・ノア・ハラリ．柴田裕之訳．2016．サピエンス全史―文明の構造と人類の幸福―，上下．河出書房新社，東京．300pp, 296pp．

第2章

シーボルト・コレクションから
中村守純コレクションまで

藤田　朝彦

　古い時代に作成された日本産淡水魚標本は，その多くが新種記載に用いられ，タイプ標本として分類学的に重要な役割を担っている．一方で，これらの標本群は当時の淡水魚の生息環境や生息状況を知るための重要な証拠でもあり，保全目標とする健全な魚類相，その環境を知るためにも，きわめて重要な価値を持つ．幸いにも，日本の淡水魚については，その博物学，分類学のはじまった時代から，研究者およびその協力者により多くの重要な標本コレクションが構築され，保存されてきた．それらの中から，とくに重要なコレクションについて紹介する．しかし，これらのコレクションは，多くは海外の博物館に所蔵されており，分類学，博物学，保全生物学的に重要な価値があるにもかかわらず，再査されていないものも多い．これらの標本群の再検討は，淡水魚の生物多様性を把握し，保全するための基礎となる．

はじめに

　日本産魚類を対象に，適切に処理された貴重な標本コレクションがいくつか残されていることが知られている．これらは，日本に博物学や分類学の概念が根付く前に活動したシーボルトからはじまる欧米の研究者，それに続く日本の研究者により構築されたものであり，個々の標本はきわめて適切に作成され，管理・保存されている．このような標本コレクションの持つ情報により，分類学や保全生物学を研究する私たちは恩恵を大きく受けている．このように古い時代に優れた標本コレクションが構築されたからこそ，日本でも早くから優れた博物学や分類学が育ってきたともいえるだろう．ここではとくに筆者らが今まで調査してきた，日本産淡水魚を対象に構築された主要な標本コレクションについて紹介する．

第1部　シーボルトと魚類分類学

図2.1　ライデン自然史博物館・ナチュラリスでの展示"History of label"．標本ラベルの重要性が一般展示の中で大きく強調されている．

標本が持つ価値

　日本において淡水魚の博物学，分類学がはじまったのは19世紀からであり，ヨーロッパの研究者がその先駆者である．彼らは，多くの日本産魚類のコレクションを構築している．それらは現在も厳重に維持されており，きわめて重要である．

　これらの多くの標本は日本産淡水魚のタイプ標本として，分類学的に重要な価値を持つとともに，近年では，標本の保全生物学的価値についても注目されている．環境問題が重視されるようになり，標本資料の持つ自然の環境指標としての役割が重視されている（松浦，2003）．標本は過去の魚類相について確実な情報を残している．その標本が作られた時代，どのような魚類がその環境に生息していたのかは，文献が残されていれば，ある程度知ることができるが，現在では文献資料に加え，標本資料の価値が大いに見直されている（第1部第1章参照）．

欧米の研究者の寄与

　日本の淡水魚について分類学的な整理をはじめたのは日本の学者ではない．日本に博物学が広まる前は，魚類の研究は本草学のレベルにとどまっており，魚類の標本は作成されていなかった．当時では，魚類標本の保存技術は日本では存在しなかっただろう．その時代に，日本の生物についても分類学的研究を試みる西欧の研究者が来日し，標本の収集を開始することになる．

　日本の生物についての標本収集をはじめたのはリンネの弟子であるツュンベ

第2章　シーボルトコレクションから中村守純コレクションまで

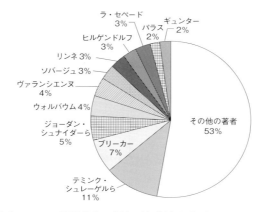

図2.2　日本産淡水魚における原記載者の割合（汽水域を除く）：テミンクとシュレーゲルの寄与がもっとも大きく，その他もブリーカー，ジョーダンとシュナイダー，ソバージュ，ヒルゲンドルフといった研究者の寄与が大きいことがわかる．なお，ウォルバウムやヴァランシエンヌの記載は，広域分布種を日本以外の国から記載していることが多い．

リーであり，18世紀末に来日して主に植物や昆虫の標本を収集しており，魚類についても標本収集を行った．そのうち36種は，ハウトインによって1782年（天明2）に記載されている（瀬能，1998）．しかし，日本産魚類，とくに淡水魚の標本収集および分類学について，まさに端緒を切り開くことになった研究がシーボルトによるコレクション，およびそれをとりまとめたテミンクとシュレーゲルによる『日本動物誌』（1843〜50）であるといえる．魚類がはじめて「種」として記載されたのがカール・フォン・リンネの『自然の体系』第10版（1758）からであり，分類学の誕生からおおよそ100年後のことであった．その後，日本人による魚類の記載および分類学的研究は，内村鑑三，石川千代松らにより1800年代の末からはじめられ，20世紀当初にはアメリカのスタンフォード大学のジョーダン，シュナイダーらによる精力的な研究が開始する．これらアメリカの研究者とともに日本人として田中茂穂が日本において魚類学の研究を大きく進めていくこととなり，日本の研究者にバトンが渡された．

　日本の淡水魚の分類について限れば，現在確認されている種の多くは，18世紀〜20世紀初頭に欧米の魚類学者により記載されているものである．現在の日本産淡水魚における47％は，1900年代初頭までに記載されたものであり，テミンクとシュレーゲル，ブリーカー，ヒルゲンドルフ，ソバージュといった研究者の寄与が大きい．ただし，日本固有種以外は，中国やロシア産の個体で記載

17

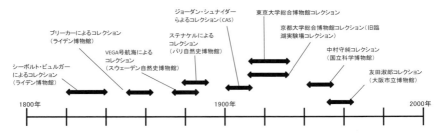

図2.3　日本産淡水魚コレクションの推移：シーボルトとビュルガーの収集期間（1826～31）から，現在に至るまで連綿とコレクションが構築されている．

された種も多い．

このように，海外，日本の研究者が収集した，原記載に関わるものも多い貴重なコレクションであるが，これらはいまだに精査されていないものも多く残されている．

シーボルトのコレクションと日本動物誌

日本産淡水魚において，もっとも多くの種を記載しているのが，シーボルトとビュルガーが日本で収集した生物標本のコレクションを用い，テミンクとシュレーゲルが記述した『日本動物誌』魚類編（Temminck and Schlegel, 1846）である．本書によるシーボルトとビュルガーのコレクションに基づいた淡水魚の原記載は，なんと現在の日本産淡水魚全体の11.5％を占めている．これは，日本産淡水魚の原記載の割合では，もっとも多くの種を記載していることとなり，日本産淡水魚の分類にもっとも寄与している研究成果であるといえる．『日本動物誌』については，Boeseman（1947）が全体的な再検討・整理を行っているため，現在においても活用できるほど精度が保たれている．一方，日本人研究者による調査も行われているが（山口・吉田，2003など），日本産淡水魚各種の標本については，各種について第4部で詳しく説明される．現在の分類学の進展から見ると，整理・是正する必要がある標本が多く残されている．シーボルト・コレクションは多くのタイプを含むため，分類学的安定性を左右する．

また，シーボルトの収集した標本は，現在でもオランダにあるライデンの国立自然史博物館・ナチュラリスにおいて適切な管理がなされ，逸失したものは少なく再査も容易な状態にある．これらの標本は，魚類標本についても液浸，

図2.4 シーボルト・コレクションが配架されているライデン自然史博物館・ナチュラリスの魚類標本収蔵庫.

剥製標本となっている．このうち，ビュルガーの収集した標本については，多くが剥製となっている．これらの標本は，キュレーターの協力を得ることにより現在も観察することが容易である．日本産淡水魚の記載においてもっとも重要なコレクションがこのような状態で維持されていることについて，私たち日本人は敬意を払わなければならない．

ブリーカーのコレクション

シーボルトおよびテミンクとシュレーゲルの後，日本産の魚類の多くを整理したのはオランダ人であるピーター・ブリーカーであった．ブリーカーは1842〜60年の間インドネシアに駐留し，東アジアの魚類標本を収集した．その中で，日本産魚類についても精力的に収集し，淡水魚ではゼニタナゴやタナゴの記載を行っている．これら標本については大英博物館に所蔵されている．ブリーカーによる日本産淡水魚の記載は全体の約8％および，シーボルト・コレクションに次いで多いが，日本産以外の標本に基づくものも多い．

その他ヨーロッパにおける日本産淡水魚標本

ドイツの研究者ヒルゲンドルフ

明治になり，それまで活躍したオランダ人学者の後に，ドイツの研究者ヒルゲンドルフが1873〜76年に東京医学校に動物学教師として来日し，日本産魚類の調査を行っている．ヒルゲンドルフは日本に進化論を持ち込んだ人物でもあり，優れた研究者であった．ヒルゲンドルフは巻貝の研究で博士号を取得しており，ヒルゲンドルフの巻貝の進化についての研究はダーウィンの『種の起源』にも引用されている（矢島，1997）．

ヒルゲンドルフは生涯において植物から哺乳類に至るまできわめて幅広い生物を取り扱っているが，来日前にはベルリン動物学博物館でペータースから，研究補助員として魚類学の教示を受けており，日本滞在時にも日本産魚類に強い興味を示していた．

　ヒルゲンドルフは来日中に日本国内の幅広い地域において活発に標本収集を行っている．これらのコレクションはベルリン自然史博物館に所蔵されている．ヒルゲンドルフによる日本産魚類の記載は36新種にもおよぶ．そのうち淡水魚を14種記載しており，ヒルゲンドルフの日本産淡水魚の分類への寄与は大きい．たとえばアカザ *Liobagrus reini*，ニッコウイワナ *Salvelinus leucomaenis pluvius*，ウキゴリ *Gymnogobius urotaenia*，シロウオ *Leucopsarion petersii* が現在も有効である．ヒルゲンドルフのコレクションについては，1997年に神奈川県立生命の星・地球博物館で行われたヒルゲンドルフ展でその多くが公開された（矢島，1997）．

　ヒルゲンドルフの後任としては，ドイツからデーデルラインが来日している．淡水魚についての研究は行っていないが，相模湾を中心として魚類標本を収集し，ベルリンへ持ち帰っている．このように，日本の魚類についての情報が次々とヨーロッパに紹介されていく時代であった．

「VEGA号」航海によるコレクション

　ヒルゲンドルフの来日とほぼ時を同じくして，ノルデンジョルドが「VEGA号」による航海で1879年度頃に日本の魚類をコレクションした際のまとまった標本群が残されている（Takigawa et al., in press）．このように，当時の日本および東アジアでは，欧米の研究者による標本収集と研究が行われているが，収集したのは必ずしも研究者でないことが多い．ノルデンジョルドは北欧と東アジアを結ぶ最短の航路（北東航路）の開拓を成功させた探検家かつ鉱山学者であり，航海の途中，各地で自然史資料を収集している（ノルデンジョルド，1988）．日本でも，専門の鉱物標本に加え，種々の生物標本，文献資料などを収集しており，その一環として魚類標本も収集している．

　これらの標本は，原記載には用いられていないが，現在もスウェーデン自然史博物館に良好な状態で保管されており，当時の日本の水辺の原風景を知るための重要な資料として残されている．淡水魚の標本は，琵琶湖，関東周辺で採集されている．

ステナケルのコレクション

　ノルデンジョルドよりやや後に，フランスのステナケルが1881年頃に日本産の淡水魚を収集している（滝川ら，未発表）．ステナケル自身も魚類学者で

図2.5 スウェーデン自然史博物館に所蔵されている「VEGA号」が収集した19世紀の日本産魚類コレクション．このように，いまだ精査されていない標本が眠っている．関東のナマズの標本が多かったのは当時の人間の興味を反映しているのだろうか．

図2.6 パリ自然史博物館所蔵のステナケル・コレクションの一部．ステナケルの名前が種小名に献名されている「ワタカ」のタイプ標本．標本ビンは蝋，石膏と豚の膀胱で密閉されており，おそらくソバージュによる研究以降長期間開封されていない状態であると考えられた．

はなく，後に外交官となったが，当時のパリ自然史博物館副館長の依頼により，琵琶湖を中心に多くのサンプリングを行った．その功績として，ステナケルの名前がワタカ *Ischikauia steenackeri* の種小名に献名されている．

ステナケルのコレクションを用いて，パリ自然史博物館のソバージュが多くの記載を行っている．日本産淡水魚では，ワタカ，アブラハヤ，デメモロコ，ウグイなどがそれにあたり，日本産淡水魚のコレクションとしては，シーボルト・コレクションに次いで重要な標本群となっている．ステナケルのコレクションは，現在でもパリ自然史博物館に所蔵されている．

ステナケルのコレクションについては，著者らが2014年に確認した際は，タイプ標本以外は，ガラス製の標本ビンが豚の膀胱でシールされており，おそらく当時から現在までの間開封されていないと考えられた．ステナケル・コレクションの詳細およびそこから得られる分類学的，博物学的な情報については筆

者らにより現在整理中である．

アメリカの魚類学者

ジョーダンとその弟子
　1900年代に入り，アメリカのジョーダンとシュナイダーが日本で魚類の分類学的研究を精力的に行っている．淡水魚においても，現在の種の3％程度が彼らの手により記載されたものであり，大きく寄与している．彼らは日本の全域においてサンプリングを実施している．ジョーダンのコレクションについてはスタンフォード大学に所蔵されていたが，現在それらのほとんどはカリフォルニア科学アカデミー（CAS）に移送されて保存されている．ジョーダンとシュナイダーは，日本の魚類分類学の祖ともいえる田中茂穂と共同して研究を行った．

日本人研究者による収集標本

東京大学総合博物館のコレクション
　ジョーダンが活躍した時代には，日本でも優れた研究者が現れてきた．上述したジョーダン，シュナイダーとともに研究した田中茂穂によるコレクションが主に東京大学総合博物館に所蔵されている．東京大学総合博物館には，19世紀末から琵琶湖の淡水魚などの分類学的研究を行ってきた石川千代松による研究展開があり，その後，田中茂穂，富山一郎，阿部宗明，富永義昭などによるコレクションが付け加えられている（東京大学総合博物館，2005）．

京都大学総合博物館のコレクション
　京都大学総合博物館では，京都大学大津臨湖実験場に所蔵されていたコレクションが移管され，所蔵されている．これらのコレクションは1910年〜20年代のものが含まれ，国内に存在するコレクションとしては東京大学のコレクションと並び古いものである．これらのコレクションは，森為三や宮地伝三郎による標本が多く含まれている．

内田恵太郎のコレクション
　20世紀に入り，大きくリードしたのが内田恵太郎である．内田恵太郎自身は最終的に九州大学教授となったが，戦前・戦中は当時日本の統治下にあった朝鮮半島の朝鮮総督府に在職し，当時携わった淡水魚の研究により，韓国における魚類学の発展に大きく貢献した．

第2章 シーボルトコレクションから中村守純コレクションまで

図2.7 韓国国立水産科学院に所蔵されている内田恵太郎コレクションが含まれる標本群．内田恵太郎のコレクションについて十分な調査はなされていない．韓国国立水産科学院には1920〜30年代の標本が相当量保存されており，状態も良好である．すべてが内田恵太郎コレクションではないが，かなりの標本が保存されていると考えられる．現在筆者らも調査を継続している．

　内田恵太郎自身の朝鮮総督府における主な研究成果は『朝鮮魚類誌』にまとめられているが，そこでは莫大なデータが整理されているものの，使用標本については言及されていない．現在，朝鮮総督府水産試験場から続く，韓国の水産庁の研究機関にあたる韓国国立水産科学院（National Fisheries Research and Developement Institute of Korea： NFRDI）の釜山および鎮海の試験場において，1930年代を中心とした多くの標本が所蔵されており，これらが内田恵太郎標本にあたる．これまで十分な調査が行われていないが，少なくとも標本の管理状況は良好であり，ラベルなどの消失もなく再査が可能な状態にある．日本と大陸，および朝鮮半島の魚類分類の細分化と再編が進む中で，また朝鮮半島の保全分類学的な視点から，これら歴史性のある標本の再検討が望まれる．なお，当時の日本人が朝鮮半島に持ち込んだ日本産淡水魚の標本も一定量所蔵されており，興味深い．

中村守純のコレクション

　1940年代から，重要なコレクションを構築しているのが内田恵太郎の弟子にあたる中村守純である．中村守純は淡水魚研究のバイブルともいえる『日本のコイ科魚類』を執筆した．中村守純は滋賀県水産試験場で研究を行っていた時代から，日本全国の淡水魚標本を収集しており，彼のコレクションは100万個

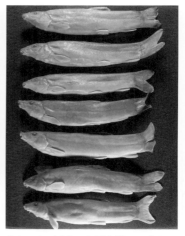

図2.8 国立科学博物館に所蔵されている中村守純コレクション（左）．中村守純コレクションの一部である琵琶湖産アユモドキ（右）．標本の状態や整理状況を含め，日本産淡水魚のコレクションとしてはもっとも活用できる標本・データベースである．標本整理の目標となるコレクションであり，保全生物学的にもその価値は計り知れない．標本は現在見られない琵琶湖内湖産アユモドキの貴重な標本．

体におよぶ．単一の日本産淡水魚コレクションとしては，質・量ともに最大のものであるといえる．1940〜50年代の琵琶湖周辺の魚類のコレクションについてはきわめて貴重な魚種が含まれているが，関東〜東北地方の標本も充実している．関東地方では，彼が関わっていた利根川河口堰に関する調査の際に得られた標本も大量に残されている．中村守純コレクションについては，国立科学博物館に所蔵されており，その内容についてインターネット上でも閲覧でき，日本ではもっとも整理された淡水魚コレクションといえる．これらの情報を利用した標本データベースや分布データベースもすでに構築されており，現在も活用されている（第1部第1章参照）．

友田淑郎のコレクション

1960年代以降は多くの研究者によるコレクションが充実するようになる．その1つとして，大阪市立自然史博物館に所蔵されている友田淑郎の琵琶湖産淡水魚の個体標本や化石のコレクションなどがある．

標本の重要性

分類学的再検討は近年も盛んに進められており，このような古いコレクショ

ンに含まれるタイプ標本を確認することは，分類学的進展，つまり生物多様性の理解の上で重要な作業となっている．また，近年このような標本コレクションを活用した研究として，琵琶湖内湖における魚類の原風景とその変遷について論じた藤田ほか（2008），琵琶湖の魚類における食物網の変遷を分析したOkuda et al.（2012）などでは，日本の淡水魚標本の歴史とほぼ同じ長さといえる100年程度のタイムスパンの研究が行われている．また，その他でも，標本コレクションから魚類相を復元し，保全に役立たせようとする研究が活発に行われるようになっている（武内ほか，2011；金子ほか，2011など）．今回は筆者らによる海外の研究機関に保存されているコレクションの再検討内容の詳細までは示していないが，決して十分ではない筆者らの観察でもさまざまな情報が確認できている．生物多様性の把握，理解，保全に向けて，これらの標本資料を活用していくとともに，現代のコレクションも構築していくことが研究者の責務と考える．

引用文献

藤田朝彦・西野麻知子・細谷和海．2008．魚類標本から見た琵琶湖内湖の原風景．魚類学雑誌．55(2): 77-93.

金子誠也・碓井星二・百成渉・加納光樹・増子勝男・鎌田洸一．2011．標本記録に基づく1960年代の茨城県涸沼の魚類相．日本生物地理学会会報：66．173-182.

木村祐貴・新野洋平・坂上嶺・佐々木司・清水則雄．2014．広島大学総合博物館に収蔵された魚類標本：1909-2013年．広島大学総合博物館研究報告，6: 71-99.

Okuda, N., T. Takeyama, T. Komiya, Y. Kato, Y. Okuzaki, Z. Karube, Y. Sakai, M. Hori, I. Tayasu and T. Nagata. 2012. A food web and its long-term dynamics in Lake Biwa: a stable isotope approach. In: Lake Biwa: Interactions between Nature and People. (Eds. Kawanabe, H. et al.) Springer Academic, Amsterdam.

ノルデンジョルド，A. E.，小川たかし（訳）．1988．ヴェガ号航海誌1878～1880．フジ出版社．東京．514pp, 490pp.

瀬能 宏．1998．研究ノート魚学史―日本の魚を研究した人たち．自然科学のとびら 4 (2)．

Takigawa, Y., S. Kato, T. Nakano, K. Nakai, K. Tomikawa, S. Ishiwata, T. Fujita, K. Hosoya, S. Kawase, H. Senou, T. Yoshino, and M. Nishino. The *Vega* Collection at the end of the 19th century survey of Lake Biwa. In: Kawanabe, H., M. Nishino and M. Maehata (eds.). Lake Biwa: Interactions between Nature and People (2nd edition). Springer, Dordrecht (in press).

武内啓明・山野ひとみ・細谷和海・久保喜計．2011．近畿大学農学部所蔵標本からみた1970年代初頭の淀川赤川ワンド群の淡水魚相．近畿大学農学部紀要，44: 89-95.

東京大学総合博物館．2005．Systema Naturae 標本は語る展．http://www.um.u-tokyo.ac.jp/exhibition/2005systema_description.html（2019年2月27日閲覧）

矢島道子．1997．ヒルゲンドルフと神奈川県"日本の魚学・水産学事始め―フランツ・ヒルゲンドルフ展―"によせて．自然科学のとびら，3 (4): 28-29.

第3章

ドイツ・オランダにおけるシーボルトの活動歴

朝井　俊亘

　シーボルトは，オランダ政府の派遣，医師，そして博物学者として，19世紀はじめの江戸末期に来日し，当時の日本に生息していた多くの動植物標本を仲間とともに精力的に収集したことで知られる．シーボルトらが持ち帰った魚類標本群を精査することは，日本の水辺の原風景を復元する目標を正しく設定する基準として大きな役割を果たす．さらに，優れた博物学者でもあったシーボルトを育んだ歴史的背景や周囲の環境・情景を調査・享受することは，研究者の資質をも涵養できると考えられる．ここでは，彼の足跡をたどるため，国内外を問わず，シーボルトゆかりの地を訪ねた筆者らの調査をもとに，ドイツ・オランダにおけるシーボルトの活動歴と照らし合わせてその概要について述べる．

1. はじめに

　上級外科医であったシーボルトは，神聖ローマ帝国を構成していた独立国家の1つ，ドイツ司教領ヴュルツブルク Würzburg に生まれた．1823年当時ドイツと関係が深かったオランダの外交官として，また医師・博物学者として，長崎県出島のオランダ商館に来日したことで有名である．

　彼と後任のビュルガーが赴任中に収集したコレクションは，動植物や鉱物などの自然史系に関するものから絵画や文献・民俗品など人文・社会学系に関するものまで多岐にわたる．とりわけ魚類標本は，剥製から液浸までさまざまな形で保存され，現在でもオランダの生物多様性センター ナチュラリス Netherlands Centre for Biodiversity Naturalis（NCB Naturalis，旧：オランダ国立自然史博物館，以下ナチュラリス）に収蔵されている．

　ここではシーボルトの生誕地からライデンを中心とするヨーロッパの活動拠点をたどってみた．

図3.1 左：姉妹都市大津市から寄贈・造園された日本庭園内石碑．右：市内中心部を流れ，古要塞を臨むマイン川．奥にはアルテ・マイン橋がかかる．

2. シーボルト生誕の地 ヴュルツブルク

　シーボルトは1796年2月17日にヴュルツブルク大学医学部教授ゲオルグ・クリストフ・フォン・シーボルトとマリア・アポロニア・フォン・シーボルトの長男としてこの町で生まれた．その後，彼はヴュルツブルクからマイン川を5kmほど遡った隣町のハイディングスフェルト（Heijdingsfeld）の司祭館で少年時代を過ごし，1815年にヴュルツブルク大学医学部に入学する．大学在学中はイグナツ・ドュルリンガー教授（Ignaz Döllinger）に師事し，解剖学，身体学を含む医学全般，植物学，物理学を深く学んだ後，鎖国中の日本に赴任している．

　筆者ら近畿大学チームは2012年6月下旬から7月上旬にかけて，シーボルトの足跡をたどり，彼の収集した標本群を調査するためドイツ・オランダを歴訪した．ドイツのフランクフルトから，ICE（インターシティ・エクスプレス）で南東へ約1時間半，シーボルト生誕の地であるヴュルツブルクがある．8世紀に司教座がおかれ，発展したヴュルツブルクはマイン川の両岸に教会の多い古都で，滋賀県大津市と姉妹提携をしている（図3.1）．第2次世界大戦時の戦火により大半の建築物が焼失し，現在の街自体は大変新しく美しい．シーボルトが医学を学んだヴュルツブルク大学では，現在までに14人のノーベル賞受賞者が教鞭をとり，研究に従事している（Universität Würzburg, 2012）．

　市中心街から西を目指す．マイン川にかかるアルテ・マイン橋を渡った．途中，マイン川沿いを歩いたが，河川はヨーロッパの典型的運河を呈しており（図3.2），河川内魚類相は貧弱に思われた．そこは江戸参府紀行でしばしば引き合いに出される（ジーボルト，斎藤訳，1967）．ヨーロッパの代表的淡水魚

第3章　ドイツ・オランダにおけるシーボルトの活動歴

図3.2　アルテ・マイン橋から臨むマイン川．水運都市として栄えたことがうかがえる．

図3.3　左：シーボルト博物館正面，右：シーボルト博物館前路面電車駅（Sieboldmuseum の文字が確認できる）．

のコイ科 *Rutilus rutilus*，*Barbus barbus*，パーチ科の *Perca fluviatilis* などが観察された．のどかな光景を楽しみながら約30分歩き，郊外にあるシーボルト博物館に到着した（図3.3，左）．博物館前には Sieboldmuseum と書かれた路面電車駅（図3.3，右）があり，広く認知されているようだ．館内にはブランデンシュタイン=ツェッペリン家が所蔵しているシーボルトの肖像画（図3.4，左）や日本滞在時に日本人が描いた彼の肖像掛け軸（図3.4，右），日本で扱われていた医具，彼の家系譜，日本における活動年表，多くはないが日本から持ち帰った民具などが展示されており，当時の情景の一端をうかがい知ることができる．日本人の描いた肖像画を見ると，やはり当時の日本人から見た西洋人は鼻が高い異質な存在であったに違いない．シーボルトは5年間かけて学位を取得すると，父親が他界したのち母親が住んでいたハイディングスフェルトで，2年半の間，外科・産科医として活躍している．

29

図3.4 左:シーボルトの肖像画(ブランデン=ツェッペリン家所蔵),右:日本人が描いたシーボルトの肖像(同家所蔵).

しかし,早くから遠く離れた異国で自然誌学の研究をしたいと希望していたことから,フランクフルトのゼンケンベルグ自然研究協会の会員として,フランクフルトに設立されたばかりの博物館のために,自然誌学的なコレクションを収集する仕事を得ていた.このころから,彼の博物学研究への情熱は類まれなことであるとうかがえる.その後,東洋研究を志したシーボルトはヴュルツブルクの片田舎の生活に満足できず,1820年にオランダのハーグへ赴き,東インド勤務のオランダ政府軍医職の話が来るやいなや,「世界」を見ることのできるこの機会を受け入れ,外科医少佐に任命された.このオランダ陸軍の職は,「東洋に新たな見識」を求める彼にとって願ってやまない職であったはずである.

この後,私たちは市街地の南東端へ移動した.市街地の一角に植物の茂った小さな公園があり,その奥では木々に囲まれた胸像が静かに建っていた.あごひげを蓄えた威厳あるシーボルトの胸像である(図3.5).1882年に建てられた胸像は約4mの高さで,土台部にはかんざしで頭髪を結った幼児が書物を読み,番傘をかぶり蝶の羽が生えた幼児や二宮尊徳のように板籠を背負った幼児などが遊び,ところどころに葡萄があしらわれていた.なんと心奪われる情景であろうか.この胸像は,大隈重信らが中心となり集めた寄付金が充てられていることを知ったのは,現地を後にしてからだった(福井ほか,2005).日本との

第3章　ドイツ・オランダにおけるシーボルトの活動歴

図3.5　シーボルトの胸像（ヴュルツブルク）．

繋がりを大いに感じさせる胸像を眼前にして，いかにシーボルトが日本研究に注力し，日本文化を西欧へ広げることに貢献したかを実感できる瞬間であった．

3．シーボルト研修の地 ライデン

　筆者らは，フランクフルトからデン・ハーグ経由アムステルダム行きの電車で北に移動し，ライデンに降り立った（図3.6）．この地は，シーボルトらが日本に赴任していた当時，収集したコレクションを長崎から送った場所である．それどころか，国外持ち出し禁止とされていた日本地図がオランダへ帰国する船内から見つかったシーボルト事件による日本追放後に，コレクション整理を含めた日本研究を積極的に進めた場所でもある．市中心街から多少離れたところに宿をとっていた私たちは，そこを足掛かりにライデン市内をめぐった．近代的な建物が立ち並ぶ道路沿いには，対照的にヘドロが堆積した黒い池や流れのほとんどない油の浮いた水路が走っていた．それら淀みが気になり筆者たちが1€（ユーロ）ショップで事前に購入していた昆虫網で採集を試みたところ，驚いたことに多くのトゲウオの仲間でトミヨ属の1種 *Pungitius pungitius* を捕獲することができた．わが国であれば，湧水や伏流水の認められる止水域に分布する，どちらかといえばきれいな場所に生息しているイメージの強い本種で

31

第 1 部　シーボルトと魚類分類学

図3.6　近代的なライデン中央駅．

ある．このような街中の汚れた水路で，珍しい淡水魚がいたことに興奮を覚えたことは今でも忘れない．想えば，ライデンはトゲウオの行動生態学研究の中核を担い，イトヨ *Gasterosteus aculeatus* の本能行動で1973年にノーベル医学・生理学賞を受賞したニコ・ティンバーゲンの出身地としても有名である．だからこそ，本来の澄んだ生息環境とは大きく違えた都市部に点在する，不安定な水域に生きていかねばならない本魚種の行く末を案じてしまう．このように自然環境の衰退はわが国の問題にとどまらず，早くから生物多様性の保全に取り組んできたヨーロッパ地域でも身近な水辺の原風景は失われ続けている．これはシーボルトの業績をいま一度見直し，水辺環境の重要性を深めることが喫緊の課題であることを私たちに教えてくれる．

シーボルト・ハウス SieboldHuis

　ラーペンブルフ（Rapenburg）19番地にあるシーボルト旧邸宅であったシーボルト・ハウスは（図3.7，左），彼が日本から持ち帰った資料を整理していた1832年〜37年の間居住していた（石山・宮崎，2011）．当時，欧州初となる「日本学」研究所でもあり，日本と西洋をつなぐ窓口として重要な存在であったようである．その証拠に，建物の玄関横には「HIER WOONDE DR. PH. F. B. VON SIEBOLD　GRONDLEGGER VAN JAPNSE STUDIEN IN LEIDEN：ライデンにおける日本研究の創始者，シーボルト居住の場所」と刻まれた石碑が掲げられていた（図3.7，右）．そこで，日本の伝統・民族・美術工芸品などコレクションの大部分を展示し，なかには川原慶賀の描いた魚類を扱った水彩画も含まれていたと考えられる．そのほとんどは，オランダ国立民族学博物館に，

第3章　ドイツ・オランダにおけるシーボルトの活動歴

図3.7　左：シーボルト・ハウス正面，右：シーボルト・ハウス玄関モニュメント．

『日本動物誌』魚類編の原画になった水彩画はナチュラリスに収蔵されている（山口，1997）．

　数多くの門弟を輩出していた長崎の鳴滝塾と同じように，さまざまな偉人・学者が集い，交流を深めた場所であったに違いない．現在は，日本博物館として日本から持ち帰った収集品を一般に公開する場となっている．館内はミュージアムショップと複数の展示室から構成され，訪問時はシーボルト研究で有名なマーチン・ファン・オーエン（Martien van Oijen）博士監修のもと，最上階において「Vissen van Haai tot Koi：魚 サメから鯉まで」と題した，シーボルト魚類コレクションの特別展が開かれていた（朝井・滝川，2012）．特別展では，通常，ナチュラリスに所蔵されている多くの魚類標本が展示されており，『日本動物誌』の図版元となった川原慶賀の水彩画も同時公開されていた（図3.8，左）．他のフロアでも，動植物標本や民具・調度品，医具，石版画，文献・書物など多くのコレクションが展示されており，シーボルトが未知の国であった日本の情報を可能な限り収集していたことが改めて浮き彫りになり，その行動力に感嘆せざるを得なかった．また，映像と音声で流される当時のようすから，いかに彼が日本という国を愛していたかを知ることもできた．さらにシーボルトは，自宅の庭園やライデン大学の植物園で栽培するために，日本やバタヴィアから数百種にもおよぶ新しい植物や苗木を持ち帰っている．なるほ

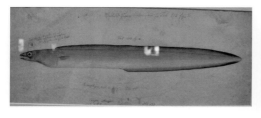

図3.8　左：川原慶賀による『日本動物誌』の図版元になったハナアナゴの水彩画（テミンク直筆による鉛筆での修正指示が見て取れる．図の下部には Conger anago と学名が付されており，現在ではシノニム（新参異名）として Ariosoma anago が適用されている），右：シーボルトの胸像（ライデン シーボルト・ハウス）．

ど，シーボルト・ハウスの裏庭にはヴュルツブルク同様，周りを日本の植物で囲まれるように胸像が建てられており（図3.8，右），後ろの壁面には日本に残してきた妻のお滝に献名したアジサイ，それにオオバギボウシ，ヤツデ，フッキソウなど，当時彼が持ち帰り，移植した植物群の学名が刻まれていた．短い滞在であったにもかかわらず，彼ゆかりの地であることがしっかりと感じ取れる場所であった．

ライデン大学

　ヨーロッパ初の「日本学科」が設置されたライデン大学は，『Times Higher Education』誌による2019年世界大学ランキングにおいて総合68位に位置しており，自由な学術的校風から世界的にも高い評価を得ている．それにはノーベル物理学賞受賞者のアインシュタインや歴史家のホイジンガが教鞭を執っていたことからもうかがえる．

　キャンパス構内には水路の走るとても大きな植物園があり，一般にも公開されている（図3.9）．筆者らが普通に植物園内を散策するだけでも，軽く小一時間以上かかったことから，その広さを想像するに難くない．植物園には熱帯性植物から，アケビ，ケヤキ，ビワ，カエデなどシーボルトが日本から持ち帰った数多くの植物が栽培されており，彼自身の手で育てられた植物のうち，銀杏を含む数種は今でもそこに育っていた．樹齢190年余りの樹木は見事なまでに成長しており，悠久とはいかなくとも遠い時間の流れを感じずにはいられなかった．果たして今の時代，身近にアケビやビワなどが見られ，当たり前のように子どもたちがその実を採取する光景を目にすることができるだろうか．

図3.9 ライデン大学植物園入口.

　熱帯性植物においては，筆者が想像していなかった植物種がガラス張りの温室棟で丁寧に育てられていた．それは世界各地の食虫植物である．モウセンゴケやヘイシソウ（一般的にはサラセニアの俗称で通っている），ウツボカズラ，ハエトリソウなど，大きいものでは40cmから小さいものでは数センチに至るまで，大小さまざまな種類が一面に並ぶ光景はまさに壮大なものであった．他にはオオオニバス，コンニャク，ラフレシアなどの幼木も見られた．

　一通り見回ったところで，植物園内に日本風の板垣に囲まれたスペースにふと気づく．シーボルト記念庭園と名付けられたその場所は，玉砂利が敷き詰められ，大きな石で縁取られた通路には，不規則ながらも飛び石が整然と配置されている．奥に進んでみると，そこにはアジサイに囲まれた若きシーボルトの胸像が建てられていた（図3.10）．植物学にも造詣が深かったシーボルトの偉業をたたえる姿が，ここでも垣間見られた．

NCB Naturalis（オランダ生物多様性センター・ナチュラリス）

　筆者たちは，シーボルトが持ち帰った膨大な魚類標本を精査するため，最後にライデン中央駅を徒歩で西に多少移動した場所にあるナチュラリスに赴いた（図3.11）．元オランダ国立自然史博物館であったナチュラリスは，ダーウィン通りに新館が建設されたことから，1998年に移転している．建物は展示スペースが広く取られており，通用口から入った私たちは廊下のガラス越しに巨大な恐竜の骨格模型がそびえ立つ姿を確認できた．しかし十分に観覧することはかなわず，そのまま技術職員に連れられ上層階の標本を観察するための実験室に通された．今回は調査時間が限られていたため，多くを観察することはでき

図3.10　シーボルトの胸像（ライデン大学 シーボルト記念庭園内）.

図3.11　ナチュラリス正面．奥に立つ収蔵塔最上階に魚類アルコール液浸標本が保管されている．

なかったが，筆者らは各々が専門とする魚種に可能なだけ絞り，時間の許す限り標本から見て取ることができる情報の収集に尽力した．その結果，今まで一般に公表されていない貴重な多くの情報を得ることができた．第4部において，少しでもその内容を紹介できればと考えている．

　ナチュラリスでは，標本1つを管理するにも細心の注意が払われていた．海外の博物館などでは当たり前であるが，普段から標本庫に収めている必要な標本を取り出し，また観察後の標本をもとの場所に戻す作業は専門技術員（Technician：テクニシャン）のみ行うことが許されており，それはたとえ常

勤の学芸員（Curator：キューレター）であろうとも標本庫へ勝手に出入りすることができない．それほどまでに海外では専門技術員の立場が強く，研究者と技術員の分業が明確にされている．つまり，海外博物館との標本のやり取りは基本的に研究者とではなく，専門技術員とのやり取りになる．このようなシステムは，博物学含む自然科学系の研究が，シーボルトの時代よりさらに昔から欧州を中心として盛んに進められ，世界の先駆けとなっていたことから普遍的に構築されてきたシステムである．もし，わが国でも早くからこのようなシステムが構築できていたなら，現在日本中に散らばる貴重な標本群の価値はすでに見直され，その扱いが飛躍的に向上していただろう（第1部第1章参照）．

　また，本センターでは火災時の延焼を考え，あえて重量物である液浸標本を上層階に，剥製標本は下層階に保管・収蔵している．だからこそ，約200年前のシーボルト来日当時に収集された多くの標本群が，当時の姿かたちを失うことなく現存することができている．消火設備のついた丈夫な金庫扉の奥に（図.3.13, 左），常時摂氏18℃・相対湿度50％の厳重な管理条件下，現在でも良好な状態で保存されていることに系統分類学を専門にする者として感動を覚えずにはいられなかった．ここには当時の日本の情景を示す多くの手掛かりが残されており，水辺の原風景を復元・再生するためにも保全生物学的に再査する価値があると認められる．

　私たちはヨーロッパでの全行程を終えたのち，日本への帰路に就いた．シーボルトが持ち帰った魚類標本はそれぞれの保存形態により，コレクション収蔵塔の異なる階に保管され，今でも研究者によって観察される日を待ち続けている．

引用文献

朝井俊亘・滝川祐子．2012．第5回シーボルト・コレクション国際会議参加報告．魚類学雑誌，59: 103-105．

福井英俊・宮坂正英・徳永宏．2005．その死．p.61．シーボルトのみたニッポン．シーボルト記念館．長崎

石山禎一・宮崎克則．2011．シーボルトの生涯とその業績関係年表1（1796-1832年）．国際文化論集，西南学院大学．26 (1): 155-228．

ジーボルト，斎藤　信（訳）．1967．江戸参府紀行．平凡社，東京．350pp．

Temminck, C. J. and H. Schlegel. 1846. Pisces, parts 10-14:173-269. In: Fauna Japonica, sive descriptio animalium quae in itinere per Japoniam suscepto annis 1823-30 collegit, notis observationibus et adumbrationibus illustravit P.F. de Siebold. Leiden.

Universität Würzburg. 2012. Nobelpreisträger: http://www.uni-wuerzburg.de/ueber/universitaet/. (Reference 2012-8-30)

Yamaguchi, T. 1997. Kawahara Keiga and natural history of Japan I. Fish volume of Fauna

Japonica. CALANUS. in Bulletin of the Aitsu Marine Biological Station, Kumamoto Univ. Number 12. 261pp.

Yamaguchi, T. 2003. Crustacean and fish specimens collected by von Siebold and H. Bürger in Japan. CALANUS. in Bulletin of the Aitsu Marine Station, Kumamoto Univ. Special Number IV. 340pp.

山口隆男．1997．シーボルト・ビュルゲル収集の甲殻類と魚類の標本．CALANUS．会津臨界実験所報，No. 12，熊本．261pp.

山口隆男．2003．シーボルト・ビュルゲル収集の甲殻類と魚類の標本．CALANUS．会津マリンステーション報，特別号 IV，熊本．340pp.

第4章

『日本動物誌』制作における
シーボルトの役割

滝川　祐子

　『日本動物誌』はシーボルトの熱意と準備のもと出版された．本稿では，シーボルトが主に総合研究統括者として『日本動物誌』制作のために果たした役割を，研究準備，日本の「知」を得るための情報と文物収集活動，出版を実現するための執筆依頼と予算調達まで，実務的な面をまとめた．『日本動物誌』の出版により，日本の動物相は近代分類学に基づき，世界の自然の分類体系の中に位置づけられた．

はじめに

　オランダのライデンを中心に現存する一連のシーボルト・コレクションは，鎖国時代の西欧人による日本研究資料の中でも，規模の大きさと質の高さにおいて比類のないものである．シーボルトの収集品は，大きく分類すると動物・植物標本などの自然史資料と，書籍，絵画，日用品や美術工芸品などの歴史・文化・民俗学資料に分けられる．これらの収集品は，シーボルトや共同研究者によって日本研究のための資料として活用された．研究の成果は，3部作『日本動物誌』，『日本植物誌』，『日本』としてまとめられた．今日，シーボルト・コレクションは，これら3部作の研究に用いられた一次資料であると同時に，各分野において約200年前の日本を知るための大変貴重な学術資料でもある．
　本章では，『日本動物誌』制作におけるシーボルトの役割について，主に日本研究統括者として研究計画の立案から資料の収集，研究成果の出版までの実務的な側面をまとめる．

総合研究統括者としてのシーボルトの役割

　日本研究におけるシーボルトの役割を現代風にいうならば，研究統括者であり，研究プロジェクトの「総合プロデューサー」と「総合コーディネーター」を兼務したといえるだろう．もともとシーボルトの役目は，オランダ領東イン

ド陸軍外科軍医少佐として，バタフィア（現在のジャカルタ）での医療活動に従事することであった（松井，2010：49）．そのバタフィアで，シーボルトに運命的な出会いがあった．

オランダ領東インド総督のファン・デル・カペレンは，シーボルトの深い教養，自然史研究の能力と熱意を見抜き，日本における博物学調査を命じることになった．総督は，シーボルトがケンペル，ツュンベリーに続く日本の博物学研究者となることを期待し，激励した．ここからは，シーボルトが研究統括者としてどのように日本の自然史研究を実現させたのか，焦点を当てていきたい．

研究準備全般

日本研究を実現させるための出島でのシーボルトの役目は，現代の組織でいえば総務（オランダ側との交渉），人事（スタッフ確保，人材育成），会計（予算の確保，物品調達）をすべて統括するものであった．

シーボルトが出島に到着した当時の商館長は，ヤン・コック・ブロムホフであった．彼の紹介で，シーボルトは湊長安，美馬順三，平井海蔵，岡研介，高良斎，二宮敬作，石井宗謙，伊東玄朴を門人とすることができた（ジーボルト，斎藤訳，1967：101；栗原，2009：23）．彼らはいずれも優秀で，鳴滝塾での世話をはじめ，シーボルトの日本研究を支えた中心的人物であった．シーボルトは，

> 「われわれがあえて我が門人と呼ぶところの人々は，この地に彼らのヨーロッパ的教養のために最初の礎石を据え，われわれの研究に対して多大の貢献をしたのである」

と称えている（ジーボルト，斎藤訳，1967：102）．同様にブロムホフの紹介で，絵師の川原慶賀を雇うことができた（兼重，2003；栗原，2009：23）．ほかにも天産物の収集と植物の乾燥，動物の剥製・骨格作りに従事する日本人スタッフを雇い，標本作成技術を教えた．

シーボルトの研究を実現させるための高い交渉能力は，研究の成功に不可欠であった．彼はオランダ領東インド総督に対し，積極的かつ具体的に人材や予算を要求した．出島でシーボルトは医療活動や雑務に忙殺されるようになったので，彼自身が自然調査に専従するために，医師の派遣を要請した（栗原，2009：73-76）．同時に動植物の生物画を描く技量のある画家の派遣も依頼した．その結果，医師の派遣は叶わなかったが，助手として薬剤師のハインリッヒ・ビュルガー，画家のドゥ・フィレネゥフェが1825年に派遣された（栗原，2009：103）．総督ファン・デル・カペレンをはじめ東インド政庁は，シーボルトの要求に対し，寛大で惜しみない支援，とくに財政援助を行った．シーボル

第4章　『日本動物誌』制作におけるシーボルトの役割

トの日本研究計画と彼の熱意に対するオランダの全面的支援は，同時にシーボルトに対するオランダ側の期待の表れともいえよう．

　シーボルトは，日本における博物学研究に必要な物品，書籍の調達も行った．物品にはアラク酒や硫酸などの薬品，標本保存のためのビン，絵や記録用の厚紙・普通紙，筆記用具やスケッチ用鉛筆も含まれた（栗原，2009：153-154）．研究のために，動物学・植物学の専門書籍を取り寄せた．たとえば動物学の専門書を挙げると，魚類学に関しては，キュヴィエ『動物界』やドゥ・ラ・セペード『魚類の博物学』をはじめ，比較解剖学や動物学に関する当時の必須文献を入手した（栗原，2009：156-159）．

　他にもシーボルトは，研究のために与えられた調査費の使途明細や送付する収集物リストを含む報告書を作成した．ここに挙げる事項は，研究に附随する事務，準備，土台づくりであり，一見ささいな事項と思われるかもしれない．しかし，極東に位置し，長く「鎖国」体制を維持する日本という異国の中の，出島という限られた環境で研究を実践するには，シーボルトが十分に考慮しなければならないことであった．

日本の「知」を得るための情報と文物収集

　シーボルトと助手のビュルガーは，精力的に日本に関する情報と物を収集した．自然史標本に関し，彼らは，生態情報や和名といった情報と，膨大な数の標本を収集することに成功した．この成功を支えたのは，1）日本国内における知的人脈の形成，2）西洋の「知」，とくに医療活動の活用，3）日本人の特性の把握，の3つの方法であった．

1.　日本国内における知的人脈の形成

　日本国内における知的ネットワークの形成において，長崎の鳴滝に開いた鳴滝塾が重要な拠点となった．この鳴滝塾にはシーボルトから西洋医学を学びたいと，全国から優秀な医師らが集まった．シーボルトが門人に課題を与え，指導のもとオランダ語論文を書かせることにより，日本の「知」を収集していたことはよく知られている．たとえば，門人の1人であった高野長英は，「鯨ならびに捕鯨について」と題した論文を書き（ジーボルト，斎藤訳，1967：100），シーボルトの日本動物研究に貢献した．シーボルトは高良斎など門弟を派遣し，九州のみならず，下関，大坂，ミアコ（京都）から自然史資料を購入するなどして収集した（栗原，2009：67）．この他にも，門人たちは師のために，図譜や書籍だけでなく，動物標本を含めた自然史資料を，日本のあらゆる地方から熱心に集めた（ジーボルト，斎藤訳，1967：3-4）．

　また，シーボルトは人脈形成の点で，ツュンベリーの恩恵を受けた．1775〜

76年に日本に滞在したツュンベリーは，出島で医療活動に携わった際，オランダ通詞の茂節右衛門と親交を深めた．その息子でオランダ通詞目付であった茂伝之進は，シーボルトの経歴がツュンベリーと一致していることから，シーボルトと親交を深めた．伝之進は鳴滝塾を援助したり，長崎近郊への外出の許可を得たりするなど，シーボルトにさまざまな便宜を図った（栗原，2009：78-79）．伝之進の協力により，シーボルトは自ら，限られた時間ではあったが，長崎近郊の自然物を収集することができた．また長崎の多くのオランダ通詞も，シーボルトから博物学などを学ぶため，お礼代わりに珍奇な品々を持参した（栗原，2009：30）．

シーボルトは来日以降，文通によって，日本各地の医師，知識人と親交を結ぶことにより，彼らから希少で貴重な標本などを入手することに成功した．さらに，江戸参府の道中や江戸滞在中，各地の医師・本草学者ら知識人と実際に会い，意見交換を行った．たとえば，江戸で桂川甫賢や栗本瑞見に会い，植物標本や図譜などを贈られた（ジーボルト，斎藤訳，1967：191，197）．江戸参府の道中で出会った日本各地の知識人は，シーボルトから熱心に教えを乞うとともに，後にシーボルトへ標本などを贈るなど，彼の研究資料収集に貢献した．

2. 西洋の「知」の活用

シーボルトは，日本の文物収集のための手段として，西洋の「知」，とくに医療を積極的に活用した．長崎での治療や手術の成功が評判を呼び，医師や患者が集まった．鳴滝塾に集まった日本人医師らにとって，西洋医学を習得することが最大の動機であったのは，前述のとおりである．日本の医学者，知識人は，西洋医学を含めた西洋の「知」を得たいという強い探求心を持っていた．シーボルトは，彼らの知的欲求をよく知っていて，それを利用した．シーボルト自身，手術などの医療行為とその成功によって西洋医学の効果を明白に示し，日本人の知識欲を一層かきたてるようにした，と述べている（栗原，2009：60）．シーボルトは，医学を広く修めていたが，とりわけ眼科治療術に精通していた．江戸でも眼の解剖を講義するだけでなく，豚を使って目の手術を披露したり（1826年4月20日），瞳孔をベラドンナによって広げる実験を行い，大喝采を浴びたりした（同年4月25日）（ジーボルト，斎藤訳，1967：196-197）．このような西洋医術のデモンストレーションを武器に，シーボルトは江戸での長期滞在を計画していた（栗原，2009：52）．この計画は実現しなかったが，江戸参府は，通常90日程度の所要日数のところ，143日かけるなど最長例となり，その間，各地での人脈形成や標本入手に成功した（片桐，2003：114-115）．

このような医療に関する手術，実験，実習が，日本での西洋医術の普及，長

きにわたる日蘭両国の絆の強化（栗原，2009：52）という大義名分に加え，医師らの知識欲をかきたてたのは間違いない．さらに，シーボルトを尊敬した日本の医師らは，西洋の最新の医術という「知」の伝授のお礼として，シーボルトが所望した希少な日本の自然史資料・標本など，日本の「知」の入手のために労を厭わなかったのである．

シーボルトは長崎での医療活動においても，患者から金銭を受け取らなかった．それに対して，患者はシーボルトの役に立ちたいと，彼が喜びそうなものをお礼として贈った．これも，彼の自然史資料収集の方法の1つであった．

シーボルトは，西欧の文物によって知識人の好奇心を刺激することを，江戸参府の時も忘れなかった．そのため，江戸参府に器具，顕微鏡やクロノメーター，書籍，さらには小型のピアノまで準備し，それらを来訪者のために陳列した（ジーボルト，斎藤訳，1967：190）．西洋の最新機器を含む文物は，彼にとって，日本各地の知識人と親しくなってネットワークを築き，物や情報を収集するためのツールとして役立った．

3. 日本人の特性の把握

シーボルトは，彼以前に来日した西欧人による日本関係の図書をよく研究し，日本人の特性を把握し，その特性を戦略的に利用した．前述した医療の教授，施術などはその一例である．

一方，シーボルト自身も，文化人類学的な視点から日本人の特徴を見極め，それを利用している．とくに自然史標本入手のために，日本人の特性である金銭欲，知的好奇心を活用した．たとえば，日本人の金銭欲の強さを逆手にとり，蝦夷地のような遠隔地も含め，日本のあらゆる地方のどんな天産物でも取り寄せて，購入可能と考えた（栗原，2009：30，34-35）．実際，長崎でも，また江戸参府の道中でも，珍しい自然史資料を購入して入手している（第2部第10章参照）．シーボルトは，

> 「日本人特有の知識欲と自然の珍しい物に対する愛着は，ある秘密の目的を私がとげようと努めていた時には，いつも役立った」（ジーボルト，斎藤訳，1967：97）

と記述したように，日本人の知識欲を目的達成のために利用した．

「贈り物」を介した贈答という行為の意味と効用は，文化人類学においてモース以来，古くから議論されている（モース，有地ら訳，1973）．「贈り物」は，有形無形を問わず，受け取ったのちに相手に同等のものを返礼するという双方向であることが，不文律ながら前提となっている．シーボルトはこの贈答という常套手段を利用し，彼が交友関係を築いたり，出会った知識人らのために，

彼らが喜ぶような西洋の贈り物を準備することを忘れなかった．シーボルトは研究調査を援助したオランダ通詞や目付に，情報提供や調査の黙認などに対する感謝の印としてお礼の品を贈った．一例を挙げると，日本では貴重であったサフランを入手して贈ることにより（栗原，2009：77-80），彼らの継続的な協力を得ようとした．日本人への贈り物によって，シーボルトも相手から同等の，またそれ以上の贈り物，すなわち日本の貴重な天産物等を入手することができたのである．

シーボルトの自然史資料の収集方針

　シーボルトは日本の博物標本を収集するにあたり，できる限り日本の自然史を完全に網羅するよう収集する方針を立てていた．1829年2月12日，テミンク宛のシーボルトの書簡には，彼の標本収集の方針が示されている．日本の生物を自然界の中でどのように位置づけようとしたか，また日本の生物研究において達成すべき研究目的を読み取ることができる．

　　「（略）私は単に新奇のものだけでなく，自然界の全体のなかに常に見出すことができるすべてのものを収集しました．私は日本を通じて旧大陸と新大陸とをいよいよ密接に結びつけることができる重要な連鎖を断ち切らないように，珍奇なものも，ありふれて誰でも知っているものも，同じように一生懸命収集しました．それゆえ，私はこの列島の自然史のどの分野の研究においても，いかなるものも見過ごさないことを熱望しております．一見してつまらなく見えるものでも，この国に固有の種属をできうる限り完全に展望するのに役立つはずです．（略）」（栗原，2009：268）

　また，シーボルトは日本を去るにあたって，ビュルガーに詳細な引き継ぎ書を残した．一例を挙げると，ビュルガーに託した仕事の1つに，川原慶賀に生きたままの魚類の図を描かせることがあった（第1部第5章参照）．ビュルガーはシーボルトに代わって研究計画を忠実に実行し，『日本動物誌』魚類編の制作のための資料・情報の収集に大きく貢献した．

　シーボルトとビュルガーが収集したのは，物（自然史標本）とそれに関する情報であった．情報の中でも，生態情報と並んで，和名を重要な情報として収集した．それは，シーボルトが，

　　「日本の文献には，日本の自然物に対してかなり信頼できる命名が載せられている」（栗原，2009：271）

と認めたためである．オランダに送付する生物標本を仮に分類して名付けるために，和名を種小名としてそのまま用いることにした．このため，後にオランダでテミンクとシュレーゲルが新種として記載した種の学名の中に，和名を由

来とする種小名がそのまま用いられている種も多い．魚類の学名を例に挙げると，マルアジは *Decapterus maruadsi* (Temminck and Schlegel, 1844)，ムロアジは *Decapterus muroadsi* (Temminck and Schlegel, 1844) として，現在も有効である．

ライデンに現存するシーボルトらが収集した日本の自然史標本は，彼の収集方針を反映した質の高いコレクションである．そのため，現在でも研究者にとって，知的情報を抽出することのできる，重要な科学資料として活用されている．

『日本動物誌』の出版 執筆依頼から予算の調達まで

シーボルトは，日本からの収集資料に基づく研究成果の出版を，早い段階から構想していたと思われる（栗原，2009：320）．彼は日本で苦心して収集した生物資料の研究と成果の執筆を専門家に託した．彼自身も自然史に関する知識は豊富であったが，研究の質を高めるため，動物学は各分野の専門家に依頼した．『日本動物誌』の執筆は，脊椎動物をテミンクとシュレーゲル（哺乳類，鳥類，爬虫類・両生類，魚類），無脊椎動物をドゥ・ハーンが担当した．シーボルトは『日本動物誌』の編者という立場であった．またシーボルト自身も，甲殻類編と爬虫類編において，それぞれ「日本の甲殻類の自然的歴史的註解」，「日本の爬虫類に関する歴史的自然的概要序」と題する2編の論文を執筆した（石山，2013：165）．

日本における自然史資料の収集はオランダからの復命であったが，その成果物である著書の出版は自費出版であった．このため，シーボルトはヨーロッパ各地を訪問し，3大著作（『日本動物誌』，『日本植物誌』，『日本』）の予約購読と研究資金調達のために奔走し，各国の王侯貴族，関係諸機関，書店，出版社，友人・知人に購入を依頼した（石山，2013：60）．シーボルトは出版のための営業活動で費用を調達し，シュレーゲルへ執筆料を支払うなど，出版費用を工面した（石山，2003）．シーボルトは経済的に苦しい時期もあったようであるが，成果の出版までやりとげたのである．こうして『日本動物誌』は1833年から1850年にかけて，分冊形式で出版された．『日本動物誌』は哺乳類，鳥類，爬虫類（両生類），魚類，甲殻類からなり，本文だけで合計1057頁，石版による図版（単色92，彩色311）という大作となった（田隅，2001）．

『日本動物誌』各巻のラテン語の原タイトルおよび共通する献辞は，シーボルトの日本での博物資料の収集活動がオランダ領東インド政府の命令と支援を

受けたものあったことをよく伝えている．

以下，魚類編の刻版標題紙のラテン語タイトルおよび巻頭のラテン語献辞（図4.1）について，松田清博士からご教示いただいた全訳を掲げよう．

【刻版標題紙】
ファウナ・ヤポニカ
すなわち
オランダ領インドにおいて最高の権能を有する
上官諸氏の命令と支援により企画された日本旅行において，
Ph. Fr. フォン・シーボルトが1823-1830年に収集し，
注記，観察，および素描により説明した諸動物の記述

脊椎動物はC. J. テミンクとH. シュレーゲル，
無脊椎動物はW. ドゥ・ハーンの共同研究により完成

国王の後援による出版
ライデンにて　1842年
A. アルンス社刊

【巻頭の献辞】
オランダ領インドを最高の権能により
統治する卓越にして高名な諸賢に，

バタフィアにて栄える学芸協会に，
献呈する

このように，シーボルトの博物学への並々ならぬ熱意と計画実行力により，『日本動物誌』が制作された．この出版により，日本の動物相は近代分類学に基づき，総合的かつ体系的に世界へ紹介された．そして日本の動物相は，世界の自然の分類体系の中に位置づけられたのである．『日本動物誌』は，日本の近代生物学の基盤を築き，現在なお重要な基本文献である．

シーボルトの日本自然史研究は，オランダの全面的な財政支援によるものであった．シーボルトはオランダ側の期待に応えて，自然史資料の収集から成果である『日本動物誌』の出版まで成しとげた．

第4章 『日本動物誌』制作におけるシーボルトの役割

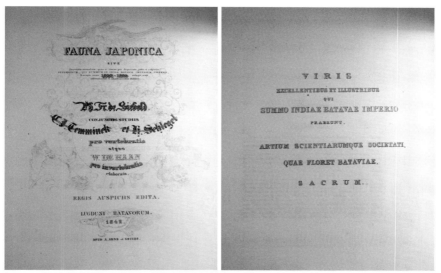

図4.1 『日本動物誌』魚類編 刻版標題紙（左）と巻頭の献辞（右）．©Collection Naturalis Biodiversity Center. 筆者撮影．

　オランダは，大航海時代以来，ヨーロッパの中でも評判の博物学の伝統国であった．しかし，18世紀末から19世紀初頭，オランダは近隣国との政治関係の中で混乱した．とくに，フランス革命の影響を受け，一時は事実上，フランスの支配下となってしまった．オランダにとって日本研究は，オランダが近代国家として再生するための政策の１つでもあった．このことについては改めて論じたいが，世界的な博物学の隆盛を背景に，日本の博物学に対する関心は，オランダだけが抱いていたわけではなかった．そこでオランダは西欧で唯一の対日貿易国という立場を利用し，近代生物学の分野でも日本の自然史を独占的に西欧の「知」によって解明することを計画した．このような近代の歴史を背景に，シーボルトによる『日本動物誌』の出版が果たした意義を再考すると，オランダが19世紀前半の近代生物学において日本研究を先取し，動物学における基盤を築いたことが明らかになる．シーボルトによる『日本動物誌』制作の過程は，すなわち，オランダの近代生物学における復権と国家再生のプロセスであった．このように科学史上の観点からみると，『日本動物誌』の制作は，シーボルトがオランダに対して果たした大きな功績であったといえよう．

図4.2　2019年リニューアルオープン予定のオランダ生物多様性センターナチュラリスの模型．筆者撮影．

おわりに

　『日本動物誌』制作におけるシーボルトの役割は，研究総括者として，準備から収集方針の立案，予算の獲得，日本での自然史資料収集，オランダでの専門家による執筆依頼，出版費用調達，営業販売まで，ほぼすべてに関わることであった．シーボルトによる日本の自然史資料の収集活動の特徴は，さまざまな制約が大きい中，戦略的な計画にもとづいたものであったといえる．また，体系的，総合的かつ網羅的な自然史資料の収集により，研究の成果物として『日本動物誌』が制作された．『日本動物誌』は，収集された標本と情報にもとづいて，専門家が研究と執筆に携わった．この著作は，それまでわずかにしか知られていなかった日本の動物の種を多く扱い，分類し，学名を与え，西欧の生物学の体系の中に位置づけることで，学術の進展に大きく貢献した作品といえる．

　本章では，ラテン語の和訳について，松田清博士からご教示を賜りました．深く感謝の意を表します．

引用文献

石山禎一．2003．ドイツとオランダに散在するシーボルトの自筆書簡—特に日本動植物関係について—．石山禎一・沓沢宣賢・宮坂正英・向井晃（編），pp. 233-248．新・シーボルト研究 第Ⅰ巻，自然科学・医学篇．八坂書房，東京．

石山禎一．2013．シーボルトの生涯をめぐる人びと．長崎文献社，長崎．352 pp.

兼重 護．2003．シーボルトと町絵師慶賀．長崎新聞社，長崎．231 pp.

片桐一男．2003．オランダ商館長とシーボルトの江戸参府．石山禎一・沓沢宣賢・宮坂正英・向井晃（編），pp. 101-120．新・シーボルト研究 第Ⅱ巻，社会・文化・芸術篇．八坂書房，東京．

栗原福也（編訳）．2009．シーボルトの日本報告．平凡社，東京．379 pp.

松井洋子．2010．ケンペルとシーボルト．山川出版社，東京．84 pp.

モース，M．，有地 亨・伊藤昌司・山口俊夫（共訳）．1973．社会学と人類学Ⅰ．弘文堂，東京．405 pp.

Siebold, Ph. Fr. von (ed.). 1833-1850. Fauna Japonica, sive descriptio animalium, quae in itinere per Japoniam, jussu et auspiciis superiorum, qui summum in India Batava imperium tenent, suscepto, annis 1823-1830 collegit, notis observationibus et adumbrationibus illustravit Ph. Fr. de Siebold. Lugduni Batavorum [Leiden], 4 vols.

ジーボルト．斎藤 信（訳）．1967．江戸参府紀行．平凡社，東京．2＋347＋4pp.

田隅本生．2001．フォン・シーボルトと『ファウナ・ヤポニカ』．静脩（京都大学附属図書館報）37(4)：1-5.

第5章

『日本動物誌』における
川原慶賀の役割

滝川　祐子

　川原慶賀はシーボルトの依頼に応じて，多くの風景画や動植物図を描いた．慶賀の魚類図は，シーボルトに出会った後大きく変化し，生物画として通用するようになった．ライデンに現存する「慶賀魚図」は，シーボルト離日後にビュルガーの指導のもと，慶賀が描いたものである．「慶賀魚図」の大部分が『日本動物誌』魚類編の図版の原図として活用された．多くの慶賀図の中で，最終的に『日本動物誌』図版の原図として用いられたのは，魚類編の235点と哺乳類編の4点である．「慶賀魚図」は彩色されて計数形質も精確に描かれており，標本の代わりとして新種記載に用いられた図もあった．また，慶賀図は当時の長崎とその周辺に生息する種の地理的分布の記録としても貴重である．このように，「慶賀魚図」の学術的価値は非常に大きい．慶賀は作品を通して，近代の日本産魚類研究に大きく貢献していた．

はじめに

　川原慶賀は，シーボルトの絵師として広く知られている．慶賀の最大の功績は，シーボルトの依頼に応じて作成した図が，『日本動物誌』，『日本植物誌』，『日本』の図版として多数用いられたことにある．慶賀の図が『日本動物誌』の図版として用いられたという事実は，動物学史上，高く評価されるべきである．なぜなら，「鎖国」時代に日本で「写実的」な描写力を発揮し，美術史上高く評価される絵師は少なくないが，近代生物学の学術書の中に，作品を図版として活用された絵師は，きわめて稀であるからだ．これは慶賀の図が，西欧の生物学者からも科学的描画として認められたことを示している．
　シーボルト研究の中で川原慶賀に関する先行研究は多いが，本章ではとくに『日本動物誌』魚類編（約330種を掲載）に用いられた慶賀図を中心に，その内容と背景を掘り下げ，慶賀図の意義と慶賀が果たした役割について考察する．

シーボルト来日以前の慶賀図について

　出島のオランダ商館における慶賀の評価は，シーボルトの来日前からすでに高かった．たとえば，慶賀が描いた日本の風俗・風景や動植物図は，ヤン・コック・ブロムホフ（日本滞在：荷倉役1809～13年，商館長1817～23年）や商館員ファン・オーフェルメール・フィッセル（日本滞在：1820～29年）のコレクションとなっていた．彼らのコレクションは，王立博物館に寄贈され，その後，ライデン国立民族学博物館の所蔵となった（山口，1997；長崎市立博物館編，2000）．もっとも，フィッセルの著作に書かれているように，

　　「オランダ人が持ち帰ることのできる絵は，長崎において唯一人の画家によって描かれたものであり，この画家以外の画家が描いたものは売ることが禁じられていた」（兼重，2003）

という事情もあったようである．

　しかし慶賀が描いた生物図は，シーボルトとの出会いを境に，同一人物が描いたとは思えないほど大きく変容した．慶賀による前期の魚類写生図と，後期の作品である『日本動物誌』魚類編の図版の原画は，山口（1997）によって白黒写真図版で紹介された．注目すべきは，慶賀図の質の変化である．後期の慶賀魚類図には，形態的特徴に加え，魚類の分類上重要な鰭条数，鱗数などの計数形質が精確に反映されている．このため，標本の代わりに慶賀図から計数形質データを得ることが可能である．慶賀の描画法は，シーボルトやビュルガーの指導を受けた後，大きく変化した．この違いは慶賀個人の描画法の変化ではあるが，日本の本草学的伝統から派生した写実的な描き方と，近代生物学を牽引した西欧の科学的描画法との違いといえるだろう．

　それでは，慶賀は生物画として通用する描画力をいつ，どのように習得したのだろうか．次にシーボルトの慶賀図に対する評価を手掛かりに，文献に沿って確認する．

シーボルトの評価にみる慶賀図の変化

シーボルト来日直後

　シーボルトは日本研究の資料として，慶賀に多数の図を描かせたが，シーボルトの慶賀作品に対する評価は，描く対象物や時期によって異なる．シーボルトの報告書から，その評価の変遷を検討する．

　1824年（文政7）11月26日，出島からオランダ領東インド総督宛の報告には，

シーボルトは作成中の薬草書について，日本と周辺国の非常に貴重で重要な植物の写生図100葉がすでに仕上がっていることに加え，
> 「多分，日本人の一絵師には期待を越えるものがあるでしょう」（栗原，2009：73）

と記述した．この「日本人の一絵師」は，慶賀を指している．しかしシーボルトは，同報告書の後半部分に，自然調査，学術調査に専従する西洋人画家の派遣を依頼した．その理由として，
> 「私はかれら日本人絵師の技法はもっぱら植物だけに限られており，日本の画法は植物以外に日本の自然がふんだんに備えている対象物（の写生）についてはヨーロッパの画家の眼を決して満足させないだろうと考えている」（栗原，2009：77）

と述べた．
　同報告書の中で，魚類収集について次のように記述した．
> 「私が収集の機会に非常に恵まれている（長崎近海の）魚類の数はかなりあると思われます．私はすでに多数の収集品をアラク酒漬けにして所有しています」（栗原，2009：69）．

このことから，来日1年後には多くの魚類を収集し，液浸標本を作成していたことがわかる．同報告書の付録5：自然物収集品リストにも「サカナ38種類〔アラク酒〕」の記録があった．
　1825年（文政8）12月2日，出島からのオランダ領東インド総督宛の報告には，
> 「魚類は豊富で，長崎は私に最良の機会を提供してくれます．魚類はひどい湿気あるいは乾燥により，あの，ときにはすばらしい色彩を失いやすいので，私はもっとも美しい魚およそ100匹を日本人絵師登与助（川原慶賀）に写生させました．〈略〉収集したアラク酒漬けの魚の数は本年かなり増えました．〈以下略〉」（栗原，2009：129-130）

とある．しかし，この写生図は，後述する『日本動物誌』魚類編に用いられた原画とは異なるものであろう．1824年（文政7）のシーボルトの要請を受け，1825年（文政8）にビュルガーとともに，画家ドゥ・フィレネゥフェが出島に着任した．シーボルトは同報告の中に，
> 「私は日本人の絵師が絵画技法の欠如のため描くことができないような絵をかれに頼みました．〈略〉こうしたたくさんの絵を描く仕事を（日本人絵師と）いっしょにしているので，私の日本に関する将来の著述をより完璧なものにするために大いに役立ちうるだろうという見通しを与えてくれ

ます」(栗原, 2009：132)

と記した．この報告から，シーボルトが慶賀に対し，西欧絵画技法の習得を期待していたようすがうかがえる．

江戸参府（1826年2月）からシーボルト離日まで（1829年12月）

　シーボルトは，江戸参府を日本資料収集のための最高の機会ととらえ，十分に準備していた．シーボルトは画家のドゥ・フィレヌゥフェを同伴したいと考えており，その旨を提言した（栗原, 2009：90）．しかし，慣習によりオランダ側の人数が商館長，書記，医師の3名に限られたため，ビュルガーだけを書記の肩書で同伴することになった（ジーボルト，斎藤信（訳）1967：8；栗原, 2009：177）．そこで画家としての重要な役割を担ったのが慶賀であった．『江戸参府紀行』の中で，シーボルトは慶賀を「登与助」と呼び，

　　「彼は長崎出身の非常にすぐれた芸術家で，とくに植物の写生に特異な腕をもち，人物画や風景画にもすでにヨーロッパの手法をとり入れはじめていた」（ジーボルト，斎藤信（訳）1967：12）

と紹介した．実際，慶賀は江戸参府の道中に，各地の風景画を数多く作成し，それらはシーボルトの日本研究の著作である『日本』の図版に用いられた（宮崎, 2011）．しかし，江戸参府の道中，慶賀に魚類図を写生させたことを示す記録はなかった．

　1827年（文政10）12月1日付オランダ領東インド総督への報告の「付録1：1826年10月～1827年10月に与えられた博物学調査費使途明細報告書」には，

　　「日本植物誌作成の継続および江戸への旅行案内図のため，絵師登与助，その他の絵師たちへの謝礼　四八七グルデン」（栗原, 2009：234）

とあるが，魚類図制作に関する謝礼はなかった．

　1829年（文政12）2月13日付のオランダ領東インド総督への報告（1828年度分）は，いわゆるシーボルト事件発生後のものである．シーボルトは，付録1として，1823年より1828年10月1日まで，日本における博物学調査のために宛てられ，交付された調査費の使途明細報告総括を書いた．その中の「日本人絵師への謝礼（e）」の明細として，植物写生図や蝦夷・樺太の住民，風俗，習慣の図や地図に加え，「若干の哺乳動物，魚類，棘皮類」（栗原, 2009：266）と記録した．同報告書「付録3：1823年から1828年のあいだに日本で作成された記述類一覧」の第42項目においても，慶賀に若干の魚類および海中棲息動物の写生を依頼した記録があった（栗原, 2009：282）．前述の1827年12月1日付の報告書と合わせると，慶賀が魚類等若干の生物画を描いたのは1827年10月以降と考えられた．

第 5 章　『日本動物誌』における川原慶賀の役割

　1828年（文政11），シーボルトは予定の任期終了前に，自分の研究報告の概要と，今後の研究課題について，ドイツ語で手記をまとめた．ホルサイス・酒井（1970：301）は，この50頁もの肉筆の指示書の中から，ビュルガーへの指示書として魚類と甲殻類に関する部分を紹介した．近年，ファン・オイエン（2007）が同報告書をより詳細に紹介したので，シーボルトの日本産魚類に対する知見や標本収集の方針と，具体的な指示を知ることが可能となった．この1828年（文政11）9月24日の報告書の魚類に該当する部分は，慶賀による魚類の描画力を示す重要な記述であるため，一部を下記に転載する．

　　「（前略）過去5年間に細心の注意をはらって作り上げたこのコレクションは相当に貴重なもので，およそ……（注意．後に記入）種にもおよびます．出島だけででも，同じ数の種をさらに集めることができるのです．私は動物学のこの分野［＝魚類学］について他より時間を割いてきませんでしたが，それはこれらの生き物たちの絵を，自然に忠実に制作することが決定的に必要だと考えたからです．そのような絵の制作はこれまで成しえませんでしたが，それは私が自由に描かせることのできる唯一の有用な絵師が，植物やその他のものを描くので全く手一杯だったからです．それゆえ私は，有益かつ楽しく，それほど骨の折れるものではないこの仕事を後任者に託すことにし，ここに日本のすべての魚類を，それが未知であれ既知であれ，また珍しいものであれ一般的なものであれ，生きた標本に基づいて絵に描かせることを提案します．日本人絵師・登与助［＝川原慶賀］の精確さと，彼が用いる生き生きとした色彩は，自然と生命に匹敵するものとなるでしょう．しかし属や種の特性がはっきりと見てわかるように描かせることが重要です．〈後略〉」（ファン・オイエン，平岡隆二（訳），2007：132）

　以上のシーボルトの報告書・紀行文から慶賀に関する記述を時系列にまとめる．

①シーボルトは来日当初から，慶賀の画力と非凡な才能を認めていたが，それは生物画の中でも植物写生に限られていた．植物以外の博物画については，西欧では通用しないと考えていた．

②しかし，シーボルトは変色を避けられない魚類の色彩記録のために，必要に応じて慶賀に魚類を写生させていた．

③ドゥ・フィレネゥフェの来日後，慶賀は一緒に仕事をしながら，西洋の生物描写を次第に習得するようになった．

④シーボルトも慶賀の描画力の向上に気付いたが，もっとも力を注いだ植物図

の制作に彼を従事させていたため，魚類図などを描かせる余裕がなかった．
⑤シーボルトは，慶賀が生物学的な魚類図を描画可能であると確信した．彼は日本退去に際し，日本産魚類を全面的に慶賀に写生させることをビュルガーに託した．

つまり，シーボルトが日本滞在中，慶賀による魚類の描画力が向上した．シーボルトは慶賀の魚類写生図を高く評価するようになった．その結果，ドゥ・フィレネゥフェではなく，慶賀を指名し，魚類図を描かせたことが明らかになった．

「慶賀魚図」とその作成の背景

『日本動物誌』魚類編の図版に用いられた慶賀の原画は，オランダのライデンの生物多様性センターナチュラリス（旧オランダ国立自然史博物館，以下ナチュラリス）に保管されている．山口（1997：88）は，魚類図が大小259図保存され，そのうち237図が図版として活用されたことを報告した．以下，これらの原画を総称するにあたり，平岡（2007）にならい，「慶賀魚図」を用いる．

「慶賀魚図」や送付状リストの存在は，Boeseman（1947）が最初に報告した．近年，それらの資料に加え，書簡などの史料を精査することで，「慶賀魚図」の作成年代や作成の背景が少しずつ明らかにされてきた．なお，Yamaguchi（1997）は，すべての「慶賀魚図」を白黒写真で報告・複製した．また，長崎歴史博物館（編）（2007）の特別企画展の図録『シーボルトの水族館』は，多くの「慶賀魚図」をカラー写真で掲載した．また「慶賀魚図」とライデンに現存する標本や水族館の生物写真を対照させ，学術的な内容を親しみやすく紹介した．

平岡（2007）は，1）「慶賀魚図」の余白の番号；2）ビュルガー作成の「魚類分類リスト」（1830年，1831年，1832年，1834年発送の魚類標本送り状）に書き込まれたNo.1からNo.200の番号；3）ビュルガーが作成した詳細な魚類の観察記録である「報告」に書き込まれた番号，の3つの「整理番号」が対応関係になることを確認した．さらに「慶賀魚図」のうち，『シーボルトの水族館』図録および展示で用いた計86種について，上記の3つの史料とYamaguchi（1997）の報告で用いられた図版を照合表にまとめた．これにより，「慶賀魚図」の各図の制作年代を，1830年（文政13）から1832年（天保3）の3年間の間で，種によっては1年単位での推定が可能であることを示した．

野藤ら（2013）は，観察記録の「整理番号」の数字部分のインクが，「No.」

のインクと報告文本文のインクと異なることから,「No.」だけ先に書きこみ,数字部分を空欄にし,後に「慶賀魚図」と照合させ,同じ番号を記入したことを推測した.さらに,観察記録の「整理番号」の数字と「慶賀魚図」の番号の数字を比較し,同じインクで書き込まれていることを示した.このことから,ビュルガーが観察記録を作成し,慶賀が図を作成した後,ビュルガーが観察記録と図を対応させて「整理番号」を記入して整理したことを想定した.

作画の一方で,慶賀は送り状のリストや観察記録にカタカナと漢字で和名を記入し,ビュルガーを助けた(ホルサイス・酒井,1970:302-303;山口・町田,2003:115).

これらの先行研究から,シーボルトの離日後,ビュルガーがシーボルトの指示書に忠実に従い,観察記録を作成し,慶賀に魚類図を描かせていたことが明らかになった.ビュルガーがリストを作成し,慶賀が和名の記入を手伝うなど,『日本動物誌』魚類編のための資料制作過程の一端が浮かび上がってきた.

『日本動物誌』魚類編の図版と「慶賀魚図」の関係

筆者は『日本動物誌』魚類編図版に用いられた魚類図を調査するため,図版と「慶賀魚図」を比較した.図版は京都大学貴重資料デジタルアーカイブ掲載の『日本動物誌』魚類編初版の画像を用いた.「慶賀魚図」に関しては,ナチュラリスで原図を実見したが,詳細な比較検討のために,山口隆男博士よりいただいたデジタル画像を用いた.デジタル画像大小259図のうち,魚類全身図のみを検討したため,頭部2図の線画は対象外とした.また,山口博士の画像に含まれていた未発表のウバゴチ1図を新たに調査対象に加えた.よって「慶賀魚図」のうち,合計258図を検討した.

「慶賀魚図」には,西洋人のスケッチと思われる図が少数含まれていた.一方,『日本動物誌』魚類編の図版には,慶賀図の特徴を持つが,「慶賀魚図」に原画が存在せず,紛失したと推測された図もあった.それらを合わせて考察した.

『日本動物誌』魚類編は全161図版からなり,図版に描かれた魚類図(魚類の全身図のみ,ここでは頭部などの部分図は除く)は302点あった.これらの図を,まず「慶賀魚図」に由来するものと,「慶賀魚図」に由来しないものに分け,それらをさらに特徴から慶賀図かどうか分類した(表5.1).分類結果と各特徴は,以下の通りである.

表5.1 『日本動物誌』魚類編魚類図の構成

『日本動物誌』魚類編魚類全身図　302点（A+B+C）

1.「慶賀魚図」に含まれる図			2.「慶賀魚図」にはない図		
慶賀図	点数	本稿の説明	主な特徴	点数	本稿の説明
現存	233	1（1）	彩色図（粗雑）	15	2（1）
紛失と推定	2	1（2）	作画者・資料が別	2	2（2）
慶賀図合計 A	235		シュレーゲル白黒図	46	2（3）
			線画	1	2（4）
慶賀図以外			慶賀図以外の合計 C	64	
線画	2	1（7）			
シロコバン	1	1（8）			
慶賀図以外の合計B	3				

「慶賀魚図」		
『日本動物誌』魚類編に使用なし		
	22	1（9）

1.『日本動物誌』魚類編：「慶賀魚図」由来の図

　『日本動物誌』魚類編図版に含まれる「慶賀魚図」由来の慶賀図は233点あった．加えて「慶賀魚図」には現存しないが，かつて存在していたことが推定された慶賀図が2点あった（下記の(2)）．紛失図2点を合計して，慶賀図は『日本動物誌』魚類編の中で合計数235点存在した．これは，『日本動物誌』魚類編全点数302点の78％を占めた．慶賀図を1点以上含む図版は147図版で，全図版数の91％に相当した．『日本動物誌』魚類編のうち，慶賀図だけが用いられた図版は127図版で，全図版数の79％であった．

　比較の結果，「慶賀魚図」は，大半が忠実に『日本動物誌』魚類編図版に活用されていた．このことは，原画の完成度の高さを示すと思われる．慶賀の原画は，繊細で美しく，気品を感じるほどであった．一部，小型の魚（メダカ，カネヒラ，トビハゼなど）はやや粗雑で慶賀筆ではないと思われたが，ここでは長崎で描かれた慶賀に準じる図も慶賀図に含めた．

　(1)「慶賀魚図」の中の慶賀図合計233点は．ウバゴチを除き，すべて着色されており，その彩色が図版にも再現された．例外的に，カンダイ（コブダイ）1図版（Tab. 83A）は「慶賀魚図」の原画が彩色図だったにもかかわらず白黒図版となった．ウバゴチ1図版（Tab. 16-6）は，Yamaguchi（1997）に掲載さ

れなかったが，原画が存在した．無彩色の線画であるが，魚体に陰影がない点と，全体的な特徴から，慶賀の原図と判断した．

（2）クロメバル1図版（Tab. 20-1），キビナゴ1図版（Tab. 108-2）の原画は「慶賀魚図」に含まれていない．しかし，図の筆致，彩色など全体的な特徴から，慶賀の原図2点がかつて存在したと推定し，それらを図版に用いたと見なした．

（3）「慶賀魚図」の魚類図は左向きに描かれていた．異体類を除いた右向きの魚類図は，ウミヒゴイ，イシダイ（大），マトウダイ，シマフグ，ネコザメ，ヒラタエイの6点のみである．石版石に「慶賀魚図」を転写する際，そのままの方向で描かれたため，印刷された図版は左右が対称の鏡像に仕上がった（図5.1）．印刷時にあらかじめ反転させ，頭が左になった図版が1割ほどあった．ヒラメ，カレイに代表される異体類は，目と口，胸鰭の位置とその方向が重要であるため，図版は印刷した図が正しい方向を向くように注意して制作された（Yamaguchi, 1997：27, Fig. 8）．

（4）「慶賀魚図」の魚類は，基本的に体を一直線に伸ばして描かれている．しかし，図版作成時に，画面の構成上，ニホンウナギ，ハモなどの筒形の形態の魚類，エイ・サメなどは曲げられた．これに対し，タチウオ，ウミヘビ，ウツボの類は「慶賀魚図」作成の時点で体を曲げて描かれていた．

（5）シュレーゲルによって，眼径の大きさ，鰭の形状，鰭膜の位置が修正されている図もあるが，全体数における割合は小さい．一方，「慶賀魚図」が精確でも，シュレーゲルが図の同定を間違えたため，図版に問題が生じた場合があった（オイカワ）．

（6）「慶賀魚図」には目の光彩，胸鰭の影がない（ファン・オイエン，2007：136）．それらは『日本動物誌』魚類編の図版作成時に加筆された．

（7）「慶賀魚図」のうち，白黒の2図（『日本動物誌』魚類編ホタルジャコ，Tab. 12-2；イボオコゼ，Tab. 22-3に相当）は，原画に目の光彩が描かれている点，筆致，ペンの違い，背側と腹側の陰影から，西洋人の作画と判断した．

（8）「慶賀魚図」のシロコバン（Tab. 120-3に相当）は彩色されているが，筆致，画材，周辺のスケッチから，本稿ではシュレーゲルの図と見なした．

（9）「慶賀魚図」の原画があるにもかかわらず，『日本動物誌』魚類編で図版化されなかった図が22点あった．山口（1997：237）によると，これらのうち13点はミュラーとヘンレのエイ・サメのモノグラフに使用され，残りの9点のうち4図は，該当種の記載があったにもかかわらず，図が未発表となった．

2.『日本動物誌』魚類編:「慶賀魚図」にはない図

(1) 彩色図で画質や筆致が異なる図

　『日本動物誌』魚類編の彩色図には，慶賀の作図とは考えにくい図が15点あった（Tab. 4A-1, 2, 3；Tab. 7A-1, 2；Tab. 8A；Tab. 10B；Tab. 14B；Tab. 22A-1；Tab. 66A；Tab. 79A-1, 2, 3；Tab. 143；Suppl. Tab. A）．この15点は，「慶賀魚図」に含まれていなかった．これらの彩色図は，線が粗く，彩色がやや雑な点などから，区別可能であった．点数は異なるが，これらの図の存在は，Boeseman（1947：12）も指摘していた．しかし，同じ特徴を有する図1点を，「慶賀魚図」に確認した（ハチ，Tab. 22A-2；Yamaguchi, 1997：26, Fig. 7 参照）．このハチの図版と原図を比較すると，石版に転写する職人の技量が低く，慶賀の原図を正確に転写できなかったため，異なる筆致の図版に仕上がった可能性が示唆された．また，図版が彩色されたことから，根拠となる彩色図がかつて存在していたことが推察された．新資料の出現を待たなければならないが，この15点の画質の低さが職人の転写技能の低さによるものならば，利用された慶賀の原図数は増えることになる．

(2) 作画者，根拠資料が異なる図

　1図版（カワビシャ，Tab. 45）のみ，標本をもとに作画したBerghausの名があった．ベルフハウスは，ライデン在住の画家であった（ホルトハウス，1993：722）．

　1図版（アイナメ，Tab. 23-1）は，「慶賀魚図」にないが，ライデンの国立民族学博物館所蔵のシーボルト・コレクションの1図を転写したと考えられた（Yamaguchi, 1997：84, Pl. 42, D-16参照）．

(3) シュレーゲルによる図

　『日本動物誌』魚類編には白黒・無彩色の図が46点あった．これらの図は海水魚・淡水魚両方ある．鱗の中の鱗紋を線描し，魚体や鰭膜に陰影がある．軟らかく濃い鉛筆による筆致を想起されるような図である．これらの図は「慶賀魚図」の中に存在しない．シュレーゲルは図にサインしなかった（ホルトハウス，1993：722）．よって，これらの白黒図はすべて，シュレーゲルの作画と判断した．

(4)『日本動物誌』魚類編白黒の1図（ヒメダイ，Tab. 37-2）は，「慶賀魚図」に原図が存在しないが，1(7)のホタルジャコ図と同様の特徴を持つ．よって，この図は西洋人の作画と見なした．

「慶賀魚図」と『日本動物誌』魚類編淡水魚図版との比較

　シュレーゲルの白黒図についてさらに検討する．Boeseman（1947：12）は，『日本動物誌』魚類編の白黒図について，おそらくオランダで制作されたことを指摘した．

　『日本動物誌』魚類編の淡水魚のうち，琵琶湖淀川水系の固有種を見ると，白黒図，つまりシュレーゲルの作図が多い．前述のように，慶賀は江戸参府時には風景写生に多忙であったうえ，魚類図を写生したという記録はない．

　琵琶湖の固有種（ゲンゴロウブナ，ニゴロブナ），および生息地が琵琶湖と一部の地域に限られる魚種で，江戸参府の行程から琵琶湖で収集したと推定される種（アユモドキ，ハス），生息地から江戸参府の道中に，琵琶湖以外で採集されたと考えられる魚種（オオキンブナ）は，すべて白黒図である．さらに，琵琶湖で採集されたと推定される魚種の図は，体がやや曲がったものも含まれる（アユモドキ，コイなど）．慶賀の描いた魚類図は，魚体がすっきりと伸びている．体がやや曲がった魚図の中には，標本ビンから取り出した標本の形状とそっくりのものがある（Tab. 97-1など）．このことから，琵琶湖淀川水系の淡水魚など江戸参府の道中で収集された魚類は，オランダに送付された標本にもとづいてシュレーゲルが描いたため，彩色されない図となったと推察した．

　これに対し，淡水魚のうち「慶賀魚図」が存在する魚種（ナマズ，アリアケギバチなど）は，長崎産の鮮魚を用い，長崎で描かれたことが推測された（第4部参照）．長崎周辺で採集された魚をモデルに描くなら，図に彩色は可能である．

　さらに，「慶賀魚図」に含まれる長崎産（周辺を含む）と推定される淡水魚の図は，完成した図版と比べると，形体，鰭の形状や位置，口の開閉など修正された図が多かった（ニゴイ，オイカワ，ドジョウ，シマドジョウ類，アユ（図5.1），エツ，ニホンウナギ）．修正の度合は「慶賀魚図」の海水魚図より大きかった．中にはコイ，ギンブナ，カネヒラ，メダカのように，標本にもとづいてシュレーゲルが大きく修正し，彩色のみ「慶賀魚図」を参考にしたと考えられる図版もあった．このことから，シュレーゲルが「慶賀魚図」のない淡水魚について，標本にもとづき描画した結果，「慶賀魚図」のある淡水魚についても標本を見直し，図に大きな修正を加えたことが推察された．

　「慶賀魚図」に描かれた淡水魚が長崎周辺で採集された種である，という産地の推定が可能であれば，図は当時の淡水魚の分布域についての資料的価値を持ち得る．たとえば，「慶賀魚図」のコイ図の形態は，体高が低く円筒形に近

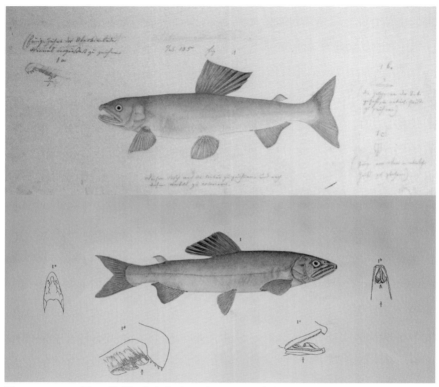

図5.1 アユの図の比較.「慶賀魚図」の川原慶賀図（上，©Collection Naturalis Biodiversity Center，筆者撮影）と『日本動物誌』魚類編（下）のアユ図（森宗智彦氏撮影）.

い．この形態的特徴は，現在，魚類分類学者の間で関心を持たれている，日本在来のコイである「野生型」（馬渕，2005；Mabuchi et al., 2008）を描いたものと考えられる（第4部参照）．ビュルガーの草稿には，

「この魚種は九州の大きな川で大量に捕獲されるが，2，3フィート［約60～90 cm］より大きくなることは滅多にない．長崎地域では非常に稀である．この魚は特に需要が高く，冬季は高価であり，土地から土地へ輸送されている．」（長崎歴史文化博物館，2007：72；ファン・オイエン私信）

と記されている．このことから，慶賀のコイ図とビュルガーの草稿は，当時，野生型の「ノゴイ」が長崎周辺，あるいは筑後川など西北九州に分布していたことを示唆する貴重な資料であると筆者は考える．なお，『日本動物誌』魚類編のコイの図版（Tab. 96）では，体形のプロポーション，とくに頭部がかな

第5章 『日本動物誌』における川原慶賀の役割

図5.2 「慶賀魚図」の川原慶賀図のカワムツ図（上）と『日本動物誌』魚類編図版のオイカワ図（下）．©Collection Naturalis Biodiversity Center. 筆者撮影．

り修正されている．これは，慶賀が描いた標本と，シュレーゲルが後に検証した標本が同一でなかったことが原因ではないだろうか．この話題については，改めて論じたい．ここでは，慶賀の原画が精確であることから，図が科学的価値を有すること，それゆえに「慶賀魚図」が当時の長崎とその周辺に生息する種の地理的分布記録としても貴重であることを指摘したい．

「慶賀魚図」とシュレーゲルの修正の双方に問題がある事例も判明した．「慶賀魚図」のオイカワ図と『日本動物誌』魚類編の図版には，オイカワの特徴である鮮やかな青緑の体色がない．疑問に思い，瀬能宏博士と検討したところ，慶賀図がカワムツの特徴を持つにも関わらず，シュレーゲルが別種のオイカワ図に修正していたことが判明した．シュレーゲルはオイカワ標本を用い，カワ

63

ムツ図の体形，とくに臀鰭を修正し，オイカワの図版に用いていたのだ（図5.2）．さらに井藤大樹博士にご教示いただき，慶賀のカワムツ図は体側の黒色縦帯が欠如し，腹鰭が前方に描かれている点で精確ではなかったことも分かった（第4部10参照）．このような経緯で，オイカワの図版はカワムツとオイカワの"キメラ図"となっていたのである．

「慶賀魚図」の学術的意義

『日本動物誌』魚類編では，当初358種が記載され，そのうち165種が新種であった（Boeseman, 1947）．「慶賀魚図」はテミンクとシュレーゲルが『日本動物誌』魚類編を執筆するにあたり，標本では損なわれてしまう，生きた状態の魚類のようす，形状，色彩情報を提供するのに役立てられた．新鮮な標本を精確に写生し，彩色された慶賀図があったからこそ，『日本動物誌』魚類編の図版は彩色され，鮮魚の色彩を再現することができた．魚類図は，新種はもちろん既知種においても，重要であった．それまでは既知種でも，図版が伴わない記載，あるいは無彩色の図版しかない日本産の種も多かったからである．「慶賀魚図」は，学術書としての『日本動物誌』魚類編の価値を大きく高める役割を果たした．こうして『日本動物誌』魚類編は，近代の日本における魚類学の基礎を築き，現在なお重要な基本文献である．

シーボルトが指示したように，ビュルガーの指導のもと，慶賀は分類学に必要な形質を明確に描いた．ビュルガーは，魚種ごとに特徴を詳細に記録した草稿を作成した．阿部宗明はBoeseman（1947）にもとづき，『日本動物誌』魚類編の中で，標本はないが，ビュルガーの草稿と「慶賀魚図」によって種の記載が有効である11種を示した（山口，1997）．そのうち，山口（1997：235-236）はビュルガーの草稿がなく，慶賀図だけにもとづいて，3種（ウロハゼ，ニシキハゼ，シロコバン）が記載されたことを報告した．このことは，「慶賀魚図」が標本に代わる資料として学術的価値を備えていることを示している．ただし，シロコバンの原図に関しては，先に検討したように慶賀の作画ではないが，彩色の根拠として何を用いたのかなど，今後の検討が必要である．

「慶賀魚図」を用いて種を記載したのは，テミンクとシュレーゲルだけではなかった．前出のミュラーとヘンレは，『日本動物誌』魚類編に先行し，ライデンの標本と慶賀図を用い，エイ・サメ類のモノグラフを執筆した（山口，1997：237）．この事例も，「慶賀魚図」が魚類学へ貢献したことを示している．

表5.2 『日本動物誌』各動物分類群の図版と作画者

	図版数	慶賀図の利用	図版の作画者（数値は図版数）
哺乳類	30	有	慶賀(4)，サインなし(26：ドゥ・フィレネゥフェ少数，大半はシュレーゲルか？)
鳥類	120	無	ウルフ(20)，サインなし（100：シュレーゲル）
爬虫類両生類	28	無	ムルダー(21)，ドゥ・フィレネゥフェ(2)，不明(4)，不明(地図1)
魚類	161	有	慶賀図が1点以上含まれる図版(147)／慶賀図だけ含む図版(127)，その他の図版の詳細は表5.1を参照
甲殻類	72	無	ムルダー(50)，ホッフマイスター(16)，不明(5)，不明(円環図1)

『日本動物誌』に用いられた図版と画家

　表5.2は『日本動物誌』の各動物分類群の図版と画家についてまとめたものである．ここでは京都大学貴重資料デジタルアーカイブ掲載の『日本動物誌』の図版画像を用い，検討した．

　『日本動物誌』哺乳類編（全30図版）において，慶賀による4図（ニホンアシカ，ハセイルカ，スナメリ，ザトウクジラ）が図版に用いられた（山口，1997：230；長崎歴史文化博物館（編），2007：14-17参照）．哺乳類編の大部分はシュレーゲルが描き，若干をドゥ・フィレネゥフェが描いた（ホルトハウス，1993：721）．哺乳類編と魚類編を除き，図版に慶賀図が原画として利用された分類群はなかった．『日本動物誌』の他の分類群図版を概略すると，鳥類編は図にサインのあるものはウォルフ，それ以外のサインのない図はシュレーゲルが描いた（山口，1994：112）．爬虫類・両生類編と甲殻類編は，図版の画家名から大半はムルダーが描いたことがわかる．『日本動物誌』の図版を見ると，シーボルトが精確な図版を伴う一流の学術書を作成しようとした意気込みと，それを実現させるべく奮闘した執筆者と画家の仕事ぶりが伝わってくる．

　「慶賀魚図」と同様に，ライデンには慶賀が描いた爬虫類・両生類と，甲殻類の美しい彩色図がある（ホルトハウス，1993；山口，1993：68-69）．写実性の高い図と，前期の写実性が高くない図を含め，慶賀が描いた動植物図は長崎歴史文化博物館のホームページ「川原慶賀の見た江戸時代の日本（Ⅰ）」から閲覧可能である．慶賀による写実性の高い甲殻類図はライデンに53葉57図現存し，ホルサイス・酒井（1970）によってすべての図が刊行された．出版図や画像を通して，慶賀が描いた甲殻類図の精緻で見事な出来栄えを知ることができる．このように，シーボルトの依頼により制作された慶賀の動物図は，かな

りの数であったと思われる．また，シュレーゲルが「慶賀魚図」を詳細に検討したように，他の動物群でも，執筆者や図版製作者が慶賀図を参照したことは，まず間違いないだろう．しかし，慶賀が描いた爬虫類・両生類と甲殻類の図は『日本動物誌』の図版には用いられなかった．

『日本動物誌』甲殻類編は，オランダ王立自然史博物館の無脊椎動物担当者のドゥ・ハーンが執筆した．図版を主に担当したのは，自然科学の博士号を持つムルダーであった（ホルトハウス，1993）．1841年にムルダーが亡くなり，その後任となったのがホッフマイスターである（ホルトハウス，1993）．ムルダーらは，日本から送られた標本を観察し，忠実かつ細密に図として再現した．標本は液浸・乾燥いずれも変色するため，図版は彩色されなかった．ムルダーによる図版は，動物学で学んだ知識に裏打ちされている．彼は，生物の構造や形状，標本の細かい棘や顆粒状の凹凸，質感まで緻密に描写した．彼の図は，細部まで標本と一致している．慶賀の甲殻類図も魚類図と同様にシーボルト離日後に作成され，オランダに送られた．しかし，慶賀図とムルダー図を比べると，たとえるならば，アナログとハイビジョンの画質差のように，明らかな差がある．仮に慶賀の甲殻類図が当初から届いていたとしても，ムルダーが図版用の作画を依頼されたに違いない．余談だが，ライデンにはムルダーが描いたオオサンショウウオの彩色図版（実際には用いられなかった）が存在する（ファン・オイエン，2007：135，Fig. 5）．オランダには，シーボルトが日本から生きたまま持ち帰り，王立自然史博物館に運ばれ，後にアムステルダム動物園で飼育されたオオサンショウウオがいた（石田，1988；三河内，2016）．生体個体が存在したので，ムルダーは彩色したのだろう．

山口（1994：112-113）によると，シュレーゲルは魚類編を作成していた頃，鳥類編と哺乳類編の執筆と図版作成を平行していたうえ，別の著作類にも従事するなど，非常に多忙であった．「慶賀魚図」は，ほぼそのまま図版に使えたため，シュレーゲルを大いに助けたと思われる．「慶賀魚図」があったからこそ，魚類編は『日本動物誌』の中でも，彩色図版が充実し，白黒図版と合わせて大作になったと考えられる．

『日本動物誌』魚類編の全図版のうち，慶賀の原図を1点以上含む図版が全体の9割，慶賀図のみを含む図版でも約8割を占めた．魚類編で用いられた魚類全身図の合計点数のうち，慶賀図の点数は約8割を占め，しかも大半がほぼ修正なく活用された．『日本動物誌』魚類編はテミンクとシュレーゲルによる新種記載が165種も含まれており，慶賀図は多くの種の掲載図として役立った．慶賀の魚類図は，同時代の西欧で科学的価値を備えた生物画として出版さ

れ，生物学に貢献したといえる．慶賀の仕事は「鎖国」時代の日本人絵師として実に快挙であり，改めて高く評価されるべきである．これは同時に，慶賀の能力を見抜いたシーボルト，指導にあたったビュルガーとドゥ・フィレネゥフェ，そして慶賀自身の努力・鍛錬と根気強さの賜物であるともいえるだろう．

おわりに

　慶賀はシーボルトとビュルガー，ドゥ・フィレネゥフェの指導により，生物学的描写法を習得した．シーボルトはビュルガーに，慶賀に魚類図の制作させるよう指示し，離日した．シーボルト離日後に，ビュルガーは長崎で標本や資料を作成し，慶賀に図を描かせた．オランダに送付された慶賀の動物図は，『日本動物誌』の制作のための資料として役立てられた．なかでも『日本動物誌』魚類編では，慶賀の原図の多くがそのまま図版の原画として活用された．慶賀は多くの日本産動物図を描いた．結果的に，慶賀図の中で『日本動物誌』の原画として活用された図は，魚類編235点，哺乳類編4点であった．『日本動物誌』魚類編は，『日本動物誌』において最大の図版数を誇り，現在も日本産魚類を対象とした研究者にとって重要な文献である．同時に「慶賀魚図」の資料的価値は生物学的に高く，オランダに残る標本群とともに，一次資料として貴重な資料である．慶賀の科学的貢献は大きく，研究の進展とともに，彼の評価がさらに高まるであろう．

　本章をまとめるにあたり故山口隆男博士には，生前，本稿で利用した「慶賀魚図」の画像をご提供いただいたほか，大変多くのことをご教示いただいた．心より感謝申し上げる．ファン・オイエン博士には，ビュルガーの記録についてご教示いただいた．また「慶賀魚図」閲覧を許可して下さったナチュラリスとスタッフの方々にもお礼申し上げる．

引用文献

Boeseman, M. 1947. Revision of the fishes collected by Burger and von Siebold in Japan. Zoologische Mededelingen (Leiden), 28: i-vii+1-242 pp., pl. 1-5.
平岡隆二．2007．「慶賀魚図」の推定制作年代．長崎歴史文化博物館研究紀要，2: 77-112.
ホルサイス，L. B.・酒井　恒．1970．シーボルトと日本動物誌—日本動物史の黎明．学術書出版会．東京．3+4+323 pp., 1+5+32 pl., 1map.
ホルトハウス，リプケ・山口隆男（訳）．1993．ファウナ・ヤポニカを執筆した3名の動物学者．山口隆男（編著），pp. 709-731．シーボルトと日本の博物学：甲殻類．日本甲殻類学会．東京．

石田純郎．1988．オオサンショウウオとオランダ医たち．石田純郎（編著），pp. 309-320．蘭学の背景．思文閣出版，京都．

兼重　護．2003．シーボルトと町絵師慶賀．長崎新聞社，長崎．231 pp．

栗原福也（編訳）．2009．シーボルトの日本報告．平凡社，東京．379 pp．

馬渕浩司．2005．自然遺産としての日本の野生型コイ．生き物文化誌 ビオストーリー，4: 62-65．

Mabuchi, K. H. Senou and M. Nishida. 2008. Mitochondrial DNA analysis reveals cryptic large-scale invasion of nonnative genotypes of common carp (*Cyprinus carpio*) in Japan. Mol. Ecol., 17: 796-809.

三河内彰子．2016．オオサンショウウオと動物園．大場秀章（編著），pp. 172-174．ナチュラリストシーボルト：日本の多様な自然を世界に伝えたパイオニア．ウッズ　プレス，横浜．

宮崎克則．2011．シーボルト『NIPPON』の原画・下絵・図版．九州大学総合博物館研究報告，9: 19-46．

長崎歴史文化博物館（編）．2007．シーボルトの水族館．特別企画展図録．長崎歴史文化博物館，長崎．155 pp．

長崎市立博物館（編）．2000．秘蔵カピタンの江戸コレクション．日蘭交流400周年記念展覧会図録．長崎市立博物館，長崎．257 pp．

野藤　妙・海老原温子・リザ エライン ハメケ・宮崎克則．2013．1831年ビュルガーがシーボルトに出した書簡．九州大学総合博物館研究報告，11: 19-52．

ファン・オイエン，M. J. P.・平岡隆二（訳）．2007．オランダのライデン国立自然史博物館に収蔵されるシーボルトの日本産魚類コレクション小史．長崎歴史文化博物館（編），126-141 pp．シーボルトの水族館．特別企画展図録．長崎歴史文化博物館，長崎．

Siebold, Ph. Fr. von (ed.). 1833-1850. Fauna Japonica. Lugduni Batavorum [Leiden]，4 vols.

ジーボルト，斎藤　信（訳）．1967．江戸参府紀行．平凡社，東京．2 + 347 + 4 pp．

山口隆男（編）．1993．シーボルトと日本の博物学：甲殻類．日本甲殻類学会，東京．731 pp.，図版 24 p．

山口隆男．1994．日本の鳥類研究におけるシーボルトの貢献．Calanus, 11: 23-150．

Yamaguchi, T. 1997. Kawahara Keiga and natural history of Japan I. Fish Volume of Fauna Japonica. Calanus, 12: 1-206.

山口隆男．1997．川原慶賀と日本の自然史研究−I．シーボルト，ビュルガーと「ファウナ・ヤポニカ魚類編」．Calanus，12: 207-250．

山口隆男・町田吉彦．2003．シーボルトとビュルガーによって採集され，オランダの国立自然史博物館，ロンドンの自然史博物館ならびにベルリンのフンボルト大学付属自然史博物館に所蔵されている日本産の魚類標本類について．Calanus，特別号 IV: 87-340．

閲覧ホームページ

京都大学貴重資料デジタルアーカイブ『日本動物誌』https://edb.kulib.kyoto-u.ac.jp/exhibit/b05/b05cont.html

長崎歴史文化博物館のホームページ「川原慶賀の見た江戸時代の日本（I）」http://www.nmhc.jp/keiga01/

第6章

シーボルトは魚類標本をどのくらい持ち帰り，どこに保管されているのか

滝川　祐子・吉野　哲夫

　シーボルトとビュルガーが収集した日本産魚類標本は，当時ライデンの王立自然史博物館に保管された．テミンクとシュレーゲルが『日本動物誌』魚類編を執筆した後，一部の重複標本は，他の博物館との交換標本に用いられたほか，標本商が仲介し売買された．本章ではこれまで訪問した西欧の博物館におけるデータベースや標本調査の結果を先行研究とともにまとめた．シーボルトらが収集した日本産魚類標本は，ナチュラリス（旧ライデンの国立自然史博物館）以外に，ロンドンの大英自然史博物館，ベルリン自然史博物館，ウィーン自然史博物館に存在した．これら4つの博物館に保管されている魚類標本の受け入れ・登録情報や先行研究をまとめると，1800点を超えるシーボルト標本が存在していたことがわかった．パリのフランス国立自然史博物館，コペンハーゲン大学付属動物学博物館，サンクトペテルブルクのロシア科学アカデミー動物学博物館，その他の博物館については，標本と売却記録の対照など，さらなる調査が必要である．

はじめに

　シーボルトとビュルガーが収集した日本産魚類標本は，その大半がライデンのナチュラリス（旧国立自然史博物館）に保管されている．一方，19世紀から20世紀初頭にかけて，西欧の博物館では，コレクションをより充実させるため，重複標本を交換した．また自然史標本を扱う標本商が仲介し，標本を売買した．これにより，シーボルトとビュルガーの日本産魚類標本コレクション（以下，シーボルト・コレクション）は，その一部がライデン以外の博物館の所蔵となった．本章では，これまでの西欧の博物館におけるライデン由来の標本調査をもとに，その概要を報告する．なお，本章で用いる写真はすべて滝川が撮影し，各博物館の許可を得て掲載した．

第 1 部　シーボルトと魚類分類学

シーボルトとビュルガーが収集した日本産魚類標本の調査研究史

　ブスマン（Marinus Boeseman）は，最初にシーボルト・コレクション全体を扱った包括的研究報告を発表した（Boeseman, 1947）．彼はライデン所蔵のシーボルト・コレクションの標本総数を約1500点と報告した．その内訳は，シーボルト標本が700点以上（主に液浸標本），ビュルガー標本が650点以上（主に乾燥標本や剥製）であった．また彼は，標本を精査し，レクトタイプの指定を行い，ビュルガーの原稿や『日本動物誌』魚類編の図版のもととなった原画（川原慶賀の図）についても報告した．彼は，リチャードソン Richardson（1846）らの報告から，大英博物館にビュルガー標本が存在することを指摘し，ギュンター，レーガンが大英博物館の標本を用いた研究報告についても網羅した．

　1975年，講談社から『日本動物誌』の復刻版が出版された．その中の魚類編の解説を担当した阿部宗明（1975）は，ブスマンをもとに，最新の学名と分類学上の問題点などを加えてまとめた．大英博物館の標本についても，同じ論文を引用した．

　ペプケ Paepke（2001）は，ベルリン自然史博物館に現存するシーボルト・コレクションについて標本リストを作成し，報告した．

　山口隆男・町田吉彦（2003）は，ライデンの国立自然史博物館に現存するシーボルト・コレクションを網羅的に調査した．彼らは1989年から合計 5 年間にわたる現地調査で，ライデンの国立自然史博物館の標本棚を 4 回繰り返して精査し，調査研究の結果を標本リストにまとめ，主にレクトタイプ348点の標本写真を掲載し，報告した．また同報告では，大英自然史博物館，ベルリン自然史博物館にあるライデン由来の購入・交換標本についても，調査結果をまとめた．この調査研究によって，ライデンのシーボルト・コレクションの全体像を標本リストと画像で把握することが可能となった．

本章の調査と報告

　筆者らはこれまで，西欧におけるシーボルト以前の日本産魚類研究史をテーマに現地調査に取り組んできた．そのため，山口・町田（2003）の報告に関心を持ち，西欧の博物館に行く折に，少しずつシーボルト・コレクションに関する情報を収集するよう心がけてきた．ただし，サブ・テーマとして限られた時間内の調査であるため，現段階では不完全なデータである．しかし新たな知見

も含まれることから，これまで得た範囲の情報を中間報告としてまとめることにした．ここでは，先行研究を参照しながら，筆者らの調査結果と合わせ，7つの博物館の標本について報告する．

1．ライデン，オランダ国立自然史博物館（略称：RMNH）

ライデンのオランダ国立自然史博物館（Rijksmuseum van Natuurlijke Historie，略称 RMNH，後に Nationaal Natuurhistorisch Museum，略称 Naturalis）は，2010年の博物館統合の後，ナチュラリス生物多様性センター（Naturalis Biodiversity Center，略称 NCB Naturalis，以下，ナチュラリス）と改称した（van den Oever and Gofferjé, 2012）．しかし，標本番号に用いる博物館の略称 RMNH は，そのまま有効である．

ここでは，シーボルトとビュルガーが日本で収集し，オランダに送付された魚類標本数と，ナチュラリスに現存するシーボルト・コレクションの総数をまとめ報告する．

まず，日本からオランダに送付された魚類の標本数を推定するため，山口・町田（2003）の報告からシーボルトの発送記録とビュルガーの送り状を表6.1，表6.2にまとめた．

次に，ナチュラリスのシーボルト・コレクションを把握する方法を検討した．山口・町田（2003）による調査報告や，筆者らのこれまでの調査により，ライデンのシーボルト・コレクションをすべて調査するのは，膨大な時間と作業が必要であることを痛感していた．そこで本章では，シーボルト・コレクションの全体像を把握する目的に絞った．滝川は2015年9月ライデン訪問の際，ナチュラリス魚類部門のコレクション・マネージャーであるデ・ロイテル de Ruiter 氏に研究目的を説明し，日本産魚類標本データを提供いただいた．そのデータからシーボルト・コレクションを抽出し，ロット数と標本数をまとめた（表6.3）．基本的にはナチュラリスのデータを用いたが，データの欠損部や一部については，山口・町田（2003）により補い，修正した．また，ナチュラリスの日本産魚類標本には，1845年までに寄贈された，採集者不明の乾燥標本（51点）と液浸標本（約60ロット）が存在することがわかった．それらがシーボルト・コレクションに含まれる可能性は高いが，標本を直接調査しておらず，判断が困難なため，本章では採集者不明の標本はすべて除外した．なお，山口（2000）によると，シーボルトは日本から追放された後，1843〜44年にテキストールという人物を日本に私費で派遣した．テキストールが収集した標本は，1845年までに寄贈された標本に該当する可能性がある．種の数については，同一ロット内に異なる種が混在する場合もあることと，魚類の分類が進展して種

表6.1 シーボルト発送の魚類標本

発送	オランダ到着年	標本数（点）				種の数（種）		
		乾燥	液浸	骨格	全点数	乾燥	液浸	種の数
1 回目	1827年	9	0	0	9	7	0	7
2 回目	1829年	0	0	0	0	0	0	0
3 回目	1829年8月	40	500	0	540	25	230	230*
4 回目	1830年8月	15	200	2	217	—	—	180
		64	700	2	766	不明	230?	不明

（山口・町田（2003）より作成）　　　　　　　　　　　　　　　　*最初の報告255種

表6.2 ビュルガー発送の魚類標本

発送	ビュルガーが出島で送り状を作成した年月日*	標本数	種の数
1 回目	1830年12月20日	不明	304
2 回目	1831年12月1日	不明	456
3 回目	1832年12月1日	不明	346
4 回目	1834年10月25日	不明	276
合計		不明	不明

（山口・町田（2003）より作成）　　　　　　　　　　*日付は平岡（2007）を参照．

表6.3 ナチュラリスに現存するシーボルト・コレクション：魚類の標本数

	乾燥標本		液浸標本		骨格標本		合計	
	ロット数	点数	ロット数	点数	ロット数	点数	ロット数	点数
シーボルト	36	36	268	741	5	5	309	782
ビュルゲル	646	646	17	18	14	14	677	678
2人のうちどちらか	21	21	4	4	0	0	25	25
合計	703	703	289	763	19	19	1,011	1,485

（ナチュラリスのデータベースより作成，一部は山口・町田（2003）により補正）

の分類が細分化しているため，本章では扱わなかった．

　ナチュラリスのコレクション・データを用いた分析により，シーボルト・コレクションの魚類標本は，1485点存在することがわかった（表6.3）．標本の内訳は，剝製すなわち乾燥標本が703点，液浸標本が763点，骨格標本が19点であった．また，シーボルトの収集標本は合計782点，ビュルガーの収集標本は678点，2人のうちのどちらかが収集した標本は合計25点だった．また，従来から報告されているように，シーボルトの収集標本は大半が液浸標本であるのに対

し，ビュルガーの収集標本は大半が乾燥標本であった．

　山口（2000）は，ライデンで確認したシーボルト・コレクションの魚類標本を307種1588点，内訳はシーボルト標本759（剝製30，液浸724，骨格5），ビュルガー標本678（剝製659，液浸9，骨格10），無記名の標本152（剝製82，液浸69，骨格1）と報告した．今回得られた標本数は，無記名の標本を除くと，彼の報告とほぼ同じ標本数であった．ナチュラリスに現存するシーボルト・コレクションの魚類標本数として約1500という数値がよく用いられるが，この数値が正確であることがわかった．

　発送記録によると，シーボルトが収集した標本点数は766点であった（表6.1）．一方，送り状からは，ビュルガーが送付した標本数の具体的な数値は不明である（表6.2）．山口・町田（2003）が指摘したように，1種1点と仮定すると1382点，1種2点で2764点，1種3点で4146点……となる．希少種を除いて，ビュルガーが1種につき，雄雌，成体幼体など，複数採集したのは間違いない．たとえば，ナマズ標本だけでも，ライデン，ロンドン，ベルリンの3つの博物館で確認された数は合計13点（そのうち剝製4点）であった（滝川，2016）．シーボルトは，標本が1つのシリーズであるべきで，雌雄やさまざまの大きさが揃ってはじめて学術的な標本である，という見識を持っていた．よって，シーボルトの方針に従い，ビュルガーが収集・送付した標本は，種数の数倍あったと推測される．このことから，ライデンに現存するビュルガー標本678点は，実際に送付した標本数に比べて，かなり少ないと思われる．

　標本数が少ない理由に，標本の紛失や交換標本などが挙げられる．紛失について，山口・町田（2003）は，送付リスト等の記録から，送付されたが現存しない標本があることを指摘した．それらは，シーボルトが送付したチョウザメ，ビュルガーの1830年の送り状に含まれるサケ・マスなどである．またビュルガーの観察記録にもある，出島の地元長崎で豊富に獲れるトビウオの標本も欠けているという．標本が長崎からバタフィアを経由し，オランダまで船で送られた道中で，標本ビンの破損や害虫による標本の損傷，腐敗は避けられなかったはずである．日本からオランダに向けて送られた標本は，まずバタフィア湾から60 km離れた標高290 mのバイテンゾルフ（現在のボゴール）まで運ばれた．そこで梱包を解いて中身がチェックされ，腐った標本を取り除き，アルコールを入れ換え，オランダまでの4カ月の船旅に耐えうるよう，再梱包された（ファン・オイエン，2007）．従って，シーボルトとビュルガーが送付した標本数は，現存するものよりはるかに多かったと思われる．交換・売却された標本については後述する．

液浸標本1ロットに含まれる個体数はさまざまであった．液浸標本の中で，1ロットの個体数がもっとも多い種は，シーボルトが収集したゴンズイの幼魚94個体であった（Boeseman, 1947；山口・町田（2003）は96個体と報告）．ゴンズイの幼魚は，集団でいわゆる「ゴンズイ玉」と呼ばれる群れを形成することで知られている．この標本は，ある1つの集団をまるごと捕獲したものではないかと思われる．ゴンズイの成魚2個体は，幼魚とは別の標本番号が与えられている．次に1ロットの標本数が多い種はドジョウで，現在ではレクトタイプ1個体とパラレクトタイプ14個体に分けて2つの標本番号が与えられている．このことから，ゴンズイ幼魚の標本数が1ロットに含まれる個体数として突出していることがわかった．

2. 大英自然史博物館（略称：BMNH）

山口・町田（2003）は，ロンドンの大英自然史博物館（The Natural History Museum, London：大英博物館の自然史部門から独立，本章では大英博物館時代を含め，名称を大英自然史博物館に統一）に保管されているライデン由来のシーボルト標本について調査し，12種16点の乾燥標本を報告した．これは限られた日程で，調査対象を乾燥標本に絞り，鍵の故障から未調査の標本棚を残した状況で得られた結果であった．一方，Richardson（1846）が報告した16種のうち，山口・町田（2003）が確認したのは1種だけであった．このことから，彼らは，ロンドンにライデン由来の魚類標本がかなり多く存在する可能性を指摘した．

滝川はロンドン訪問の機会に合わせ，魚類部門の学芸員であるマクレーン Maclaine 氏にシーボルト・ビュルガー標本について事前に照会した．するとデータベース上，Siebold または Bürger で検索される標本はない，との回答を得た．そこで，2012年5月に同博物館を訪問した際，山口・町田（2003）のリストを手掛かりに，該当する標本を Maclaine 氏と乾燥標本庫の棚を探した．標本は魚類部門のシステムにより分類群番号ごとに標本棚に保管されており，標本番号と分類群番号との相関関係はないため，分類番号から棚を特定し，標本を探した．標本を探すのにかなり時間がかかったため，標本が約20個体集まったところで探索を中断し，撮影と記録を行った（図6.1）．そこで得られた標本のラベル情報から，1844.2.21，1846.2.16という日付がまとまっていることに気付いたため，標本の登録台帳を閲覧し，フランク由来の標本情報を得た．

その後，ロンドン訪問時に，一部のシーボルト標本を閲覧する機会を得たが，短期の訪問ではすべての標本を探すことは困難であると実感した．そこで2016年3月のロンドン訪問の際，滝川は Maclaine 氏にシーボルト・コレクシ

第6章　シーボルトは魚類標本をどのくらい持ち帰り，どこに保管されているのか

図6.1　大英自然史博物館のシーボルト・コレクションの一部（©The Natural History Museum, London）．

ョンの全体像を把握する目的を説明し，日本産魚類標本のデータを提供いただいた．データから標本商フランクを介して購入した日本産魚類標本に絞り，年代別に登録標本をまとめた．"Leyden Museum" の記録はある場合も，ない場合もあった．データの一部は標本の登録台帳にもとづき，加筆・修正した（表6.4）．博物館ではタイプ標本を優先して閲覧した．

Maclaine 氏によると，登録台帳の標本番号は，梱包のまとまりを単位とし，荷物の到着日，あるいは梱包を開封した日付ごとに登録し，日付の後に1からはじまる通し番号を与えたものである．

例）1844.2.21.1　（1844年2月21日の1番目の登録標本）
　　 1844.2.21.2　（1844年2月21日の2番目の登録標本）

標本台帳，標本ラベルには "Purchased of Mr. Franks" という記録が散見された．これは，アムステルダムの標本商であったフランク（Gustav Adolf Frank, 1808〜80）が扱ったことを示す記録である（山口・町田，2003；Fransen et al., 1997）．フランクは，標本商としてヨーロッパ中の博物館や個人の間で売買，あるいは交換に携わっていた．台帳やラベルに "Franks" が散見されたが，正しくは "Frank" である．一部の標本には，ライデン由来を示す "Leyden Museum" と書かれた標本ラベルが付いているものもあった．

表6.4　ライデン由来の日本産魚類標本の登録日と標本数

標本登録年月日	日本産魚類標本の数	同時に登録された標本数	梱包物全体の価格（ポンド）
1844.2.21	37	101	62.00
1844.3.2	14	23	
1844.7.22	1	4	
1845.6.22	29	351	50.00
1846.2.16	65	150	42.00
1846.5.5	8	86	
1849.10.9	1	25	
1853.1.11	3	34	
1862.2.4	1	25	
2004.11.5	（2）*	―	
2004.8.20	1	―	
合計	160		

*2004年の標本2点は，重複標本であるため，合計点数から除外した．
この2点の詳細は Matsunuma and Motomura（2017）を参照．

　大英自然史博物館が1844年から1862年の間に，フランクを介し交換・購入した日本産魚類標本は，合計160点であった（表6.4）．2004年の登録標本が合計3点あった．これらのうち2点は登録番号が不明になり，標本台帳では区別できない同種の標本であったため，近年 Maclaine 氏が新たに標本番号を与え登録した標本であった．この2点の標本は明らかに重複するため，標本数から除外した．同博物館には，他の標本商や有名な魚類学者であるブリーカー Bleeker から1860年代に直接購入した日本産魚類標本もあるが，それらとフランクが仲介した標本は明確に区別されていた．よって，この160点の日本産魚類標本はシーボルト・コレクションであると考えられた．
　1844年2月21日に登録された標本101個体は，全部で62ポンドであった（表6.4）．このうち37点が日本産魚類標本であった．同一の梱包標本の中には日本産以外の魚類標本も含まれていた．日本以外からは，Celebes, Surinam, Java,

表6.5 大英自然史博物館に保管されているライデン由来のホロタイプ・シンタイプ

標本番号	記載の学名	現在の学名	標準和名 タイプ標本を用いた 近年の研究論文
Holotype			
BMNH 1844.2.21.12	*Cheilodactylus quadricornis* Günther, 1860	*Goniistius quadricornis* (Günther, 1860)	ユウダチタカノハ
BMNH 1845.6.22.290	*Ditrema laeve* Günther, 1860	*Ditrema temminckii temminckii* Bleeker, 1853	ウミタナゴ Karafuchi and Nakabo (2007)
BMNH 2004.11.5.11	*Anoplus banjos* Richardson, 1846	*Banjos banjos* (Richardson, 1846)	チョウセンバカマ Matsumura and Motomura (2017)
Syntype			
BMNH 1846.2.16.100	*Muraena similis* Richardson, 1848	*Gymnothorax kidako* (Temminck and Schlegel, 1846)	ウツボ

Sumatra, Moluccaなど，当時のオランダ植民地を産地とする標本が含まれていた．また1844年3月2日の日本産魚類標本の請求書番号が同じ番号であったため，同じ支払に含まれたようである．

時代，物価，文化風習も異なるイギリスの，当時の貨幣価値を正確に換算するのは難しい．アーサー・L・ヘイウォードによると，1844年の比較的裕福な事務職員の年間生活費は家賃25ポンドであった．またこの頃の中産階級，すなわち召使を数人雇える階級の生活を維持する最低限の収入は，年収300ポンドであった．その召使いの年額は，ロンドンの雑役女中6〜8ポンド，奥様附侍女12〜15ポンド，主人附近侍25〜50ポンドであった（ヒューズ，1999）．日本産魚類標本を含む標本一式の値段62ポンドは，当時の価値に換算するとかなり高額であるといえる．

ライデン由来の日本産魚類標本の中に，ホロタイプ（完模式標本）を3点，シンタイプ（等価基準標本）1点を確認した（表6.5）．シーボルト・コレクションはライデンでテミンクとシュレーゲルによって研究された後，フランクを介して大英自然史博物館に購入・交換された．それらの標本を精査して，新種記載された種があったことがわかった．タイプ標本は分類学上，記載された種の基準となる重要な標本である．これらの標本は魚類の分類学に加え，標本の来歴や研究者など，魚類の研究史の観点からも重要な資料である．

3．ベルリン自然史博物館（ZMB）

筆者らは2013年9月に日本産魚類標本調査のためドイツのベルリン自然史博

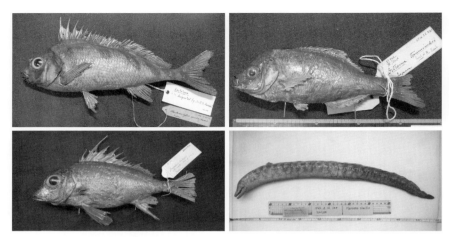

図6.2 大英自然史博物館が所蔵するシーボルト標本のうち，ホロタイプとシンタイプ．
左上：ユウダチタカノハ；右上：ウミタナゴ；左下：チョウセンバカマ；右下：ウツボ
(©The Natural History Museum, London).

物館（Museun für Naturkunde Berlin）を訪問した．その際，閲覧した一部の標本にシュレーゲル由来の日本産標本が含まれていた（図6.3）．そこで同博物館に現存するシーボルト・コレクションの全体像を把握する目的で，魚類部門のバーチ Bartsch 博士にデータベースから標本リストの作成を依頼した．しかし得られた標本26ロットの情報はすべて先行研究で報告されていたうえ，先行研究の報告と比較するとデータベースに未登録の標本が多いことがわかった．そこでベルリン標本については，先行研究の Paepke（2001）と山口・町田（2003）の報告を比較し，まとめた．

　Paepke（2001）は登録標本60ロット61個体と，登録番号のない4ロット4個体，合計65点（このうち14ロット14点は不明）のシーボルト標本を報告した．一方，山口・町田（2003）は，49種59点の標本と4種4点の行方不明のシーボルト標本を報告した．両者を比較すると，山口・町田（2003）は，Paepke（2001）に報告のない1ロット（ZMB 3198, *Cyprinus carpio conirostris*）を写真付で報告したことがわかった．また山口・町田（2003）は，Paepke（2001）が紛失と報告した標本の中から8ロットを確認し，そのうち4ロット4点の写真を掲載した．

　Paepke（2001）と山口・町田（2003）の報告を合わせると，ベルリン自然史博物館に存在するシーボルト・コレクションは61ロット，登録番号のない4ロット4個体，合計66点（液浸標本25点，剥製40点，不明1点）が存在するこ

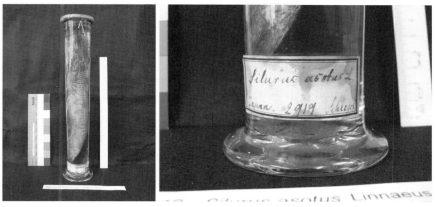

図6.3 ベルリン自然史博物館のシーボルト・コレクション．ナマズ標本とそのラベル．ラベルの学名の下には"Japan. 2919［＝登録標本番号］Schlegel"と書かれている（ZMB2919．©Museum für Naturkunde Berlin）．

とがわかった．また Paepke（2001）とバーチ博士のリストから，ベルリン自然史博物館に所蔵されたシーボルト・コレクションには，ビュルガー，シュレーゲル，ライデン博物館という由来の記録はあるものの，シーボルトを示す記録はないことがわかった．

4．フランス国立自然史博物館，パリ（MNHN）

パリのフランス国立自然史博物館（Muséum National d'Histoire Naturelle, Paris）のデータベースには，フランク由来の日本産魚類標本が17ロット17点登録されていた．このうち，筆者らは2014年12月に同博物館にて15ロット15点を確認した．これらはすべて1896年に購入あるいは交換された標本であった．フランクの没年が1880年であることから，父の仕事を継いだ同じ名前の息子 Gustav Adolph Frank（1844～1921）が扱った標本と考えられた．標本はすべて液浸標本で，いずれも小型の普通種であった．データベース，ラベルにはSiebold，Bürger，Leyden Museum の表記はまったくなかったが，同博物館所蔵の他の日本産魚類標本（ブリーカー標本など）とは明確に区別されていた．息子のフランクは1869年からロンドンを拠点に標本商を営み，1872年から少なくとも1883年まではライデンとの取引があった（Fransen et al., 1997：234）．このことから，1896年の取引標本は，ライデン由来ではない日本産魚類の可能性もある．今後，ライデン，パリにて売買記録などの調査が必要である．

5．コペンハーゲン大学付属動物学博物館（ZMUC）

筆者らは2013年9月，デンマークのコペンハーゲン大学付属動物学博物館

（Natural History Museum of Denmark, University of Copenhagen）を訪問し，同博物館のモラー Møller 博士の協力のもと，登録カードと現存する標本調査を行った．同博物館には，1800年代のシーボルト・コレクション候補と考えられる日本産魚類標本が34ロット46点登録されていた．それらのうち，10ロットの標本を確認した．登録カードの情報から，登録標本は3つのグループに分けられた．第1グループは，主に1840年代に登録され，産地"Japan"しか情報のない標本群16ロット20個体である．第2グループは，主に1886年に登録された"Leyden Museum"由来の標本群10ロット17点である．第3グループは，主に1894年に登録された"Frank"由来の8ロット9個体ある．

　もっとも古い標本は，1842年3月16日登録の2ロット2点であった．1点は第1グループの"Japan"のみの情報を持つ *Scorpaenopsis cirrosa*（Thunberg, 1793），もう1点は第2グループに該当する"Leyden Museum"由来の *Heterodontus philippi*（Bloch and Schneider, 1801）であった．これらの標本は見つけられなかったが，2種とも1842年当時，記載済みの種であった．1840年代に日本産魚類標本を複数種交換することができたのは，シーボルト標本を有するライデンの博物館以外に考えにくい．甲殻類標本では，1837年にライデンから同博物館に送られたシーボルト標本の報告がある（山口・馬場，1993）．また，同博物館の日本産魚類標本コレクションには The Galathea Expedition（1845-1847）やペーターセン Petersen のコレクションもあった．それらは標本情報の記録があるため，ライデン由来の標本と区別することができた．

　同博物館で得た情報から，シーボルト標本がいくつか含まれている可能性はかなり高いと思われるが，確実な証拠はまだ得られていない．今後，ライデンの売却記録などと合わせてさらに検討する必要がある．

6．ロシア科学アカデミー動物学博物館（サンクトペテルブルク）（ZIN）

　筆者らは2013年9月，サンクトペテルブルクのロシア科学アカデミー動物学博物館（Zoological Institute of the Russian Academy of Sciences, St Petersburg）で日本産魚類の調査を行った．その際，同博物館のナザルキン Nazarkin 博士に Siebold, Bürger, Leyden, Temminck, Schlegel, Frank, Japan のキーワードを用いてデータベースの検索を依頼した．その結果，"Japan, 1862, Collected by Schlegel H."と記録された標本が8ロット10個体登録されていることがわかった．ライデンの自然史博物館，第2代館長，ヘルマン・シュレーゲルは来日していないことから，1862年にシュレーゲルが交換標本に携わったシーボルト・コレクションであると考えられた．ナザルキン博士の情報により，同博物館にテミンクの交換標本やフランク Frank が仲介し，購入した魚類標

第6章　シーボルトは魚類標本をどのくらい持ち帰り，どこに保管されているのか

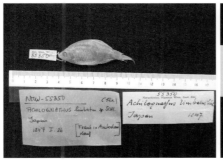

図6.4　ウィーン自然史博物館のライデン由来の標本．左：アブラボテ；右：カマツカ（©Fish Collection, Natural History Museum Vienna）．

本が存在することがわかった．しかしそれらはすべて日本産標本ではなかった．同博物館の1862年受け入れの日本産標本については，今後，標本調査とライデンの関連文書の確認が必要である．

7．ウィーン自然史博物館（NMW）

　オーストリアのウィーン自然史博物館（Natural History Museum Vienna）のパランダチッチ Palandačić 博士にデーデルライン Döderlein 以前の日本産魚類標本について照会し，リストの送付を依頼した．その中にシーボルト・コレクションに該当すると思われる標本があった．2017年5月，滝川が訪問の機会を得て閲覧した．閲覧した標本の中に，シーボルト標本に該当する標本が12ロットあった（図6.4）．閲覧した標本はすべて液浸標本であった．

　同博物館には1800年代中頃の受け入れ記録が残っていた．その記録から，フランクとライデンの博物館から計4回，合計116点の日本産魚類標本が受け入れられていたことがわかった（表6.6）．

　1847年の2回の受け入れは，フランクを仲介とする購入標本であった．リストには産地情報として"Japan"と記されていた．そのほか，1847-Iの標本一覧の学名の後には"F. jap."と書き込まれており，『日本動物誌』魚類編で記載された学名が用いられていたことから，"Fauna Japonica"の省略形であると推測できた．1847-Iのリストには24種の日本産魚類の学名が記され，そのうち13種が淡水魚であった．これらの淡水魚ほとんどは，『日本動物誌』魚類編において1846年までに新種記載された種であった．1847年という受け入れ時期や購入標本の種の多様性，とくに記載されたばかりの淡水魚を多く含むことを考えても，ライデンからのシーボルト・コレクションであると考えられた．また同じリストにはオランダの当時の植民地であるインドネシア産（ボルネオ，

表6.6 ウィーン自然史博物館（NMW）に保管されているライデン由来の標本記録

受入年	月	List No. （標本の状態）	日本産魚類標本		同時梱包の 種数・標本数	入手元，入手方法
			種の数	標本数		
1847		I（液浸）	24	24	50種50標本	Frank in Amsterdam，購入
1847	July	VIII（液浸）	2	2	35種40標本	Frank in Amsterdam，購入
1855		I（不明）	69	74	左に同じ	Leyden Museum，交換
1855		IV（液浸）	14	16	左に同じ	Leyden Museum，交換
合計				116		

モルッカ，ジャワ，スマトラ，セレベス）と，数は少ないがアメリカ産と中南米産（ボリビア，オランダ旧植民地のガイアナ）の魚類標本が含まれていた．日本産標本とともにインドネシア産や中南米産の標本を扱う点は，これまでに調査したフランク仲介の標本と一致していた．

　1855年の2回の受け入れは，ライデンの自然史博物館との交換であった．リストには日本産魚類標本名のみ書かれており，ほぼ1種1標本で構成されていた．受け入れリストの標本数に対し，データベースから抽出された標本数が少ないためパランダチッチ博士に尋ねたところ，データベース化されているのは博物館のコレクションのうち約半分，とのことであった．実際はデータベースに登録されていないシーボルト標本が，まだ博物館内のどこかに現存するのではないかと思われた．

　標本を観察すると，主に中型の海水魚では，片面の体側がきれいに斜めに開腹され，内臓などを取り出した後，きれいな縫い目で縫合されていた．これらの特徴は，大英自然史博物館のフランク由来の乾燥標本の特徴と一致していた．標本は液浸標本であったが，縫い目などはビュルガー標本の特徴を示していた．

8．その他の博物館

　博物館を訪問したり，データベースを検索した結果，シーボルト標本に該当する日本産魚類標本の情報が得られなかった博物館は，スウェーデン国立自然史博物館（NRM），カリフォルニア科学アカデミー（CAS），スミソニアン博物館（USNM）である．しかし，博物館には未登録標本もあることから，今後の現地調査によって存在が確認される場合もあるだろう．またNRMのように，魚類標本はなくとも，他の動物群（哺乳類）の中にシーボルト・コレクションが含まれている場合もあることがわかった．

9．魚類標本調査のまとめ

　西欧の博物館での調査により，シーボルト・ビュルガーが収集した日本産魚

類標本のうち，登録や受け入れが確認できたのは，ライデンのナチュラリス1485点，大英自然史博物館160点，ベルリン自然史博物館66点，ウィーン自然史博物館116点であった．これら4つの博物館の合計は，1827点であった．オランダのライデンからさらに他国へ渡ったシーボルト・コレクションは，ロンドン，ベルリン，ウィーンに，少なくとも342点受け入れられていたことがわかった．しかしこれらの点数は，あくまで1つの目安ととらえるべきであろう．未登録，あるいは記録が失われた標本，登録されていても見つからない標本，戦争・災害により破損・紛失した標本も多いと思われる．フランス国立自然史博物館，コペンハーゲン大学付属動物学博物館，ロシア科学アカデミー動物学博物館（サンクトペテルブルク）では，シーボルト・コレクションの可能性がある標本の存在を確認できたが，まだ調査は不十分である．また，未調査の博物館も多い．

　現時点で記録を確認した魚類標本が1827点ということは，紛失・破損した標本数を考慮すると，日本から送られた魚類標本数は約2000点にのぼると推測される．今後の調査により，世界におけるシーボルト・コレクションの所在地と標本数はさらに増加するであろう．

交換標本の果たした役割

　シーボルトは日本の動物標本を多数収集することが，ライデンの自然史博物館の交換標本として重要になることを認識していた．シーボルトは1824年11月15日，出島からテミンク宛の手紙の中で，オランダの博物館と王室の蒐集物を増やすための他国との交換のために，どのくらいの標本が必要であるか知らせていただきたい，と尋ねている（ホルサイス・酒井，1970：250）．

　甲殻類標本に関して，山口・馬場（1993：156）は，交換や売却，寄贈された標本の記録が残っているものを合計68種398点と報告した．また標本の価格が今日よりはるかにかに高価であったことを算出により示した．さらに交換の事例として，1861年にタカアシガニ1個体をパリに送ったことで，ライデンは北米産の絶滅したスミロドン（剣歯虎）の頭骨を得たことを紹介した（山口・馬場，1993：155）．

　このように，シーボルト・コレクションの一部は交換標本や売却に用いられた結果，ライデン自然史博物館の標本を充実させることに役立った．また幕末に近い時期であったが，当時日本と国交のなかった国々の博物館に，日本産の学術標本を提供する役割を果たしていたといえる．

おわりに

　各地の博物館での魚類標本に関する調査により，日本で収集され，西欧の博物館に渡ったシーボルト・コレクションの概要を把握することができた．とくに大英自然史博物館に渡ったライデンからの購入・交換標本は，リチャードソン，ギュンターによってさらに研究され，新種として記載されていたことが確認できた．テミンクとシュレーゲルが日本産魚類標本を精査した後であるため，記載された種の数は少ない．それでもライデンからの購入・交換標本をもとに新種が記載されたのは，魚類学史上，大変興味深い．リチャードソンやギュンターが交換標本をさらに精査したことと，彼らの注意深い観察・分析によるものであろう．

　このように，ライデンを由来とする日本産の魚類や他の動物群が世界の博物館に交換・購入された経緯と，現存する標本を把握することができれば，シーボルト，ビュルガーが収集した日本産動物標本の全体像，並びに日本産の標本を媒介とした，オランダの近代生物学における貢献が，より具体的に明らかになるであろう．

　本章の調査に際し，各地の博物館で多くの方々からご支援とご協力を賜った．ここにお名前を記して厚くお礼申し上げる．Martien van Oijen, Ronald de Ruiter（RMNH）；James Maclaine, Oliver Crimmen（BMNH）；Peter Bartsch, Christa Lamour（ZMB）；Patrice Pruvost, Romain Causse, Claude Ferrara, Zora Gabsi（MNHN）；Peter Møller（ZMUC）；Mikhail Nazarkin（ZIN）；Anja Palandačić, Christian Pollmann（NMW）（順不同，敬称略）．本研究の一部はJSPS科研費（22700842, 25870485, 15H05234），藤原ナチュラルヒストリー振興財団，および笹川日仏財団の援助を受けたことを，感謝の意とともに記す．

引用文献

阿部宗明．1975．シーボルト日本動物誌 Fauna Japonica 魚類 Pisces, 1842-1850．講談社（編），pp. 135-187．シーボルト　ファウナヤポニカ解説．講談社，東京．

Bleeker, P. 1853. Nalezingen op de ichthyologie van Japan. Verhandelingen van het Bataviaasch Genootschap van Kunsten en Wetenschappen. v. 25: 1-56, 1 pl.

Boeseman, M. 1947. Revision of the fishes collected by Burger and von Siebold in Japan. Zoologische Mededelingen, 28: 1-242.

Fransen, C. H. J. M., L. B. Holthuis and J. P. H. M. Adema. 1997. Type-catalogue of the Decapod Crustacea in the collections of the Nationaal Natuurhistorisch Museum, with appendices of pre-1900 collectors and material. Zoologische Verhandelingen, 311: xvi + 1-344.

Günther, A. 1859～1870. Catalogue of the fishes in the British Museum. British Museum, London, 8 vols.
平岡隆二．2007．「慶賀魚図」の推定制作年代．長崎歴史文化博物館研究紀要，2：77-112.
ホルサイス，L. B.・酒井　恒．1970．シーボルトと日本動物誌―日本動物史の黎明．学術書出版会．東京．3 + 4 + 323 pp., 1 + 5 +32 pl., 1 map.
ヒューズ，クリスティーン（著），植松靖夫（訳）．1999．十九世紀イギリスの日常生活．松柏社．東京．viii + 343 pp.
Katafuchi, H. and T. Nakabo. 2007. Revision of the East Asian genus *Ditrema* (Embiotocidae), with description of a new subspecies. Ichthyol. Res., 54: 350-366.
Matsunuma, M. and H. Motomura. 2017. Review of the genus *Banjos* (Perciformes: Banjosidae) with descriptions of two new species and a new subspecies. Ichthyol. Res., 64: 265-294.
van den Oever, J. P. and Gofferjé, M. 2012. 'From Pilot to production': Large Scale Digitisation project at Naturalis Biodiversity Center. ZooKeys, 209: 87-92.
ファン・オイエン，M. J. P.，平岡隆二（訳）．2007．オランダのライデン国立自然史博物館に収蔵されるシーボルトの日本産魚類コレクション小史．長崎歴史文化博物館（編），126-141 pp. シーボルトの水族館．特別企画展図録．長崎歴史文化博物館，長崎．
Paepke, H.-J. 2001. Comments on the old Japanese fish collections in the Museum of Natural History of the Humboldt University of Berlin. Ichthyol. Res., 48: 329-334.
Richardson, J. 1846. Report on the ichthyology of the seas of China and Japan. Report of the British Association for the Advancement of Science, 15th meeting. pp. 187-320.
滝川祐子．2016．ナマズの絵図から見た東西の博物学的交流史．秋篠宮文仁・緒方喜雄・森誠一（編著），pp. 44-73. ナマズの博覧誌．誠文堂新光社，東京．
Temminck, C. J. and H. Schlegel. 1842-1850. Pisces. Siebold, Ph. Fr. de (ed.). Fauna Japonica, sive descriptio animalium, quae in itinere per Japoniam, jussu et auspiciis superiorum, qui summum in India Batava imperium tenent, suscepto, annis 1823-1830 collegit, notis, observationibus et adumbrationibus illustravit Ph. Fr. de Siebold. Conjunctis studiis C. J. Temminck et H. Schlegel pro vertebratis atque W. De Haan pro invertebratis elaborata. Regis auspiciis edita. Lugduni Batavorum [Leiden], apud A. Arnz et Socios. 323 pp. 161 pl.
山口隆男・馬場敬次．1993．シーボルト（及びビュルゲル）収集の甲殻類標本．山口隆男（編著），pp. 154-570. シーボルトと日本の博物学：甲殻類．日本甲殻類学会，東京．
山口隆男．2000．オランダのライデンに所蔵されている日本の動物，植物に関するコレクション．長崎市立博物館（編），pp. 218-221. 秘蔵カピタンの江戸コレクション．日蘭交流400周年記念展覧会図録．長崎市立博物館，長崎．
山口隆男・町田吉彦．2003．シーボルトとビュルガーによって採集され，オランダの国立自然史博物館，ロンドンの自然史博物館ならびにベルリンのフンボルト大学付属自然史博物館に所蔵されている日本産の魚類標本類について．Calanus，特別号 IV：87-340.

第2部
江戸参府に見る水辺の原風景

第7章

長崎から江戸までのシーボルトの足跡

朝井　俊亘

　シーボルトらがオランダへ持ち帰った標本の多くは，彼らが長崎滞在時から江戸参府道中にかけて収集したものである．それらは現在，ナチュラリスで厳重に保管されているが，その標本群および関連資料を精査した記録はきわめて少ない．本コレクションから収集地が明らかになれば，わが国の淡水魚類相の原風景を再現することが可能となり，ひいては水辺環境の重要性および種多様性への理解も深まる．その一環として，わが国におけるシーボルトの活動歴を分析することは，水辺の原風景，生物多様性の復元目標を設定するうえで大変意義深い．ここでは第3章に関連して，国内における彼ゆかりの地を訪ねた筆者らの調査をもとに，当時，普通に見られた水辺の原風景について生態学の視点から検証するとともに，滞在時の記録や江戸への参府日記と照らし合わせ，その概要について述べる．

はじめに

　わが国に分布する淡水魚の種の多くは，シーボルトらがオランダに持ち帰った標本をもとに学名が付けられているが，それら標本の詳しい採集場所や周囲の水辺環境における情報には不明な点が多く残されている．一方で，標本から読み取れる情報からは，当時の情景が今日にほとんど残されていないことも明白となっている（第3部参照）．このように自然環境が激変し，多くのものを失ってしまった現在，当たり前の光景として身近に感じることができた水辺の原風景を再生することは，水辺環境の保全に関わりを持つ私たちが担う役割の1つであると考えられる．そのためにも，手放した数多くの自然とともに本来の水辺の原風景を取り戻すべく，分類学的見地から生物多様性保全に向けた新たなアプローチが必要である（第1部第1章参照）．採集日と採集場所，そして保存状態が良好な標本は，それだけで当時の状況を詳細に伝えてくれる．まるで，大洪水によって失われたもとの環境を復元するため，ノアの方舟に乗せ

られた各動物のように，唯一無二の情報を私たちに提供してくれる．

江戸参府に見るシーボルト標本の収集地

　『日本動物誌』では，タイプ標本が収集された産地は単に「日本」あるいは「長崎近辺」としか記されていない．しかし，よく調べてみるとシーボルトの淡水魚の採集地には明らかな偏りがある．シーボルトが直接的に収集した物は西日本に分布する淡水魚ばかりで，ビュルガーが送ったものを除きサケ，サンマ，タラなど東日本に分布する一般の魚は含まれていない．

　確かに鎖国状態にあった日本で，生物を自由に収集できるはずがなく，さまざまな制約が収集場所の偏りを生じさせたことは当然である．彼が収集した淡水魚は主に長崎周辺の北九州，および京都・滋賀大津周辺の琵琶湖・淀川水系に大別される．北九州の標本は，当時出島から出ることのできなかったシーボルトに，彼の助手や研修生・門弟たちが長崎周辺から入手した個体を提供したものであるといわれている．これには，エツ，アリアケギバチ，ハゼクチなどの有明海周辺部に偏って分布する種が含まれている．また，形態的特徴からミナミメダカやカワヒガイも長崎周辺から同様な方法によりシーボルトに届けられたものと考えられる．このような長崎周辺の標本収集では，シーボルト付きの絵師であった川原慶賀の役割が大きかったと考えられている．

　当時制約があったとはいえ，オランダ人たちは出島から一歩も外に出られなかったわけではない．シーボルトは医師として医療活動・採薬のため，役人の監視付きで長崎近郊に出かけることは許されていた．それどころか，茂伝之進という通詞目付のおかげで，長崎から6マイルまでの外出も許されていた（栗原，2009）．実際に1826（文政9）には第11代将軍 徳川家斉への挨拶のため江戸参府を行っている．このとき，日本の自然に関する詳細な記録はシーボルトの紀行文である『江戸参府紀行』や，彼が本国に送った『日本報告』に詳しく記載されている．『江戸参府紀行』によれば，シーボルトは2月15日に長崎の出島を出発し，22日には下関に到着している．その後2月23日〜28日まで下関に6日間滞在するが，この間，門弟たちがヘイケガニを入手し，シーボルトに贈呈している．このヘイケガニについては，シーボルトが来日直後に商館長ヤン・コック・ブロムホフの収集した標本を用いて，*Dorippe japonica* Von Siebold, 1824という学名で新種記載している（滝川，2017）．3月1日には下関から船に乗り，7日後には室（現在の兵庫県室津）へ上陸し，13日に淀川にたどり着いている．大阪で4日間滞在した後，3月17日に枚方，八幡，淀と淀

川沿いに陸路を移動し，伏見で宿をとっている．その後，3月18日〜24日まで京都に滞在し，翌25日には草津に到着している．シーボルトが琵琶湖を直接目にしたのはまさにこのときで，大津と膳所(ぜぜ)の風景が記録として描かれている．その日の宿は草津宿本陣であった．以後，琵琶湖を離れ，東海道を江戸へ向かうが，翌日の草津から土山へ向かう道程で，トキ2羽を含む剥製の鳥を買っている．また，鈴鹿山中では生きたオオサンショウウオも入手している．それらはオランダに持ち帰られ，その後も長い間，アムステルダムのアルティス動物園で生き続けていたようだ（カウヴェンホーフェン・フォラー，2005）．

　1カ月余りの江戸滞在の後，復路では5月18日に江戸を出発し川崎まで移動している．5月31日には東海道を石部(いしべ)から草津を通り，大津にある中津候の美しい宿舎に泊まったとある．その日の日記には，とくにおいしい料理として，とれたてのコイが食べられるとある．翌6月1日〜7日まで京都に滞在し，7日の夕方に伏見から大坂行きの船（三十石船）に乗り，淀川を下り，8日の明け方には大坂に到着している．途中，清水寺や三十三間堂などにも立ち寄っている．興味深いことに，6月10日の日記には，天王寺において3月の往路の時に，ここですでに1匹のヤマイヌを購入したことが記されている（第2部第10章参照）．このうちどちらかが後に，ニホンオオカミの剥製のタイプ標本となったものと考えられる（細谷，2012）．

　『江戸参府紀行』では魚市場や琵琶湖・淀川の自然環境に関する記述はあっても，残念ながら淡水魚入手に関する直接的な記述が見られない．しかし，シーボルトが収集した標本にはゲンゴロウブナやニゴロブナなど琵琶湖の固有種などが含まれることから，江戸参府の際に購入した可能性が高い．これら琵琶湖産淡水魚の入手日については，往路の3月25日（草津）と復路5月31日（大津）がもっとも可能性が高いと思われるが，現在のところ『江戸参府紀行』だけの情報では特定することが難しい．また，シーボルトが本国に向けて送った『日本報告』の中には，1824年11月26日付の自然収集品リストにアラク酒漬けのサカナ38種類があり，1825年に発送した希少な自然物のリストには

>　「魚類として数種類の squalus（ツノザメ科のサメのこと）を収納した箱1個，きわめて注目すべき Squalus cerratus Bose，また蝦夷産の Haipens steelatur 1種と新種の Heipenser が入っております[1]．」

という内容の記述が残されている（栗原，2009）．これらも加味して，シーボルトが立ち寄った記録のない場所も考慮しながら，採集地を考察する必要があ

---

[1] 蝦夷産ということからも *Acipenser*（チョウザメ属）の綴り間違いだと考えられる．

図7.1 　左：出島正面入り口に建てられた石碑．側面には，大正11年に建てられたことが書かれている．右：出島の全景．現在では中洲のように，周囲は高い建物と道路に囲まれ，当時の情景が読み取れる状態ではない．

る．さらに，シーボルトにより1個体のみ収集されたアユモドキは，琵琶湖・淀川水系と岡山平野に不連続分布しているが，そのタイプ産地については琵琶湖・淀川水系であると考えられる（第4部20章）．

3．シーボルト赴任の地：長崎

　1823年8月7日の夕方にシーボルトは長い船旅の末，長崎半島の南端にある野母崎沖に到着している（シーボルト記念館，2005）．この後，1829年に国外追放処分となるシーボルト事件が起きるまで，出島のオランダ商館で生活することになる．

　彼の日本研究はここからはじまったが，オランダ人が出島の外に出て資料の収集や調査に当たることは，決して容易ではなかった．むしろ，1808年に日本との貿易権をオランダから奪おうとしたイギリスによって起こされたフェートン号事件以降，江戸幕府は余計なトラブルが起きないよう，オランダ商館に勤めるオランダ人が出島から出ることを禁じていた（シーボルト記念館，2005；蓮見ほか，2016）．

第7章　長崎から江戸までのシーボルトの足跡

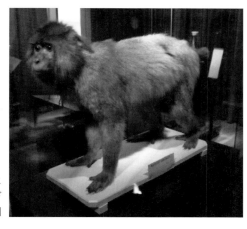

図7.2　ライデンのシーボルトハウスに展示されていた，シーボルトが日本から連れて帰ったサルの剥製．

出島：2012年9月，筆者らは国内におけるシーボルトの足跡をたどるため，長崎を訪れた（第1部第3章参照）．現在，この出島は町並みが復元されており，国指定史跡 出島和蘭商館跡として一般公開されている（図7.1，左）．しかし，明治以降，出島周辺の埋め立てが進み，1904年の港湾改良工事の完成をもって当時の海に浮かぶ扇形の姿は失われている．そのため筆者らにとって，原風景を想像するにはあまりに困難な状況であった（図7.1，右）．それどころか，シーボルトの玄孫（孫の孫）にあたるブランデンシュタイン家に所蔵されているマイクロフィルムには，約200年前のシーボルト本人によって，すでに原風景が失われてきていることが記録されている（宮坂，2012）．そこには，1826年9月のビュルガーともう1人の絵師カール・フルベルト・デ・フィルネーフェ（Carel Hubert de Villeneuve）をともなった長崎近郊の動植物調査の際，哺乳類，鳥類があまり棲息しておらず，その原因として長崎の都市化による生息域の縮小や，西洋人による狩りが原因と考えられる旨が記されていた．また，2回目の滞在時にも，さらに減少著しい旨が残されており，文明の目覚ましい発展とともに自然破壊が急速に進んだことがうかがえる．

一方で，当時の情景を知ることのできる貴重な資料が，長崎市立博物館に所蔵されている．「蘭館絵巻」と呼ばれる当時のオランダ商館員の生活を10枚の水彩画に描いたものである（シーボルト記念館，2005）．これら一連の水彩画は川原慶賀が描いたもので，なかには「動物園図」という商館員の食用として家畜が飼われている絵が存在する．絵には木につながれたサルが見られ，シーボルトがオランダに連れ帰ったペットだと思われる（図7.2）．この絵を裏付けるように，出島の敷地内からは多数の骨が出土している．

図7.3　出島から出土した動物の骨．写真からはサメ，サカナ，ヤギ，イヌと書かれていることがわかる．イヌを食したとは考えられず，また，右図上部の黄色いテープにカピタンの表記も見られることから，当時の詳しい情報が本同定により蓄積されてきている．

　筆者らが訪ねたときも，骨格の同定作業が長崎市の関係者らによって着々と進められていた（図7.3）．当時の情景がほぼ失われているにもかかわらず，骨格の分析からは約200年前の出島にいた動物を観察することができる．

　鳴滝：オランダ商館の医師は，薬草採集のために役人の監視付きで長崎近郊に出かけることだけは許されていた．そのため，シーボルトは，オランダ領東インド（現インドネシア）の総督 ファン・デル・カペレン男爵（Baron Godert van der Capellen）と，オランダ商館長 ヨハン・ウィレム・デ・ステュルレル（Joan Willem de Sturler）が長崎奉行に取り付けた外出許可により，来日翌年の1824年には，日本人の名義を借りて長崎郊外の鳴滝に民家と土地を購入している．そこで，診療所兼私塾を開設するとともに植物園（薬草園）を設けている（石山・宮崎，2011）．これにより多くの門弟を抱え込み，さらに日本研究へ没頭していくことになる．なお，西欧で猛威をふるい，多くの死者を出した天然痘に対する予防法として医師のジェンナー（Edward Jenner）がはじめて施し，その技術を確立した種痘法（天然痘のワクチン療法）を，日本ではじめて施したのもシーボルトであった（中西，2009）．

　現在，鳴滝にはシーボルトが居住していた塾舎はなく，邸宅跡地として国指定文化財に指定されている．邸宅跡地の中心に筆者らが目をやると，そこにはやはりシーボルト像が建立されており，日本とのつながりの深さを改めて認識

第7章　長崎から江戸までのシーボルトの足跡

図7.4　左上：旧鳴滝塾舎跡でもあるシーボルト旧邸宅跡全景，左下：邸宅跡中心部に建てられた晩年のシーボルト像，右：シーボルト旧邸宅跡前を走る，三面護岸された急な水路．クロヨシノボリのタイプ産地かもしれない．

させられた（図7.4）．なお，邸宅跡地そばにシーボルト記念館が併設されており，当時の生活や資料，そしてシーボルトの活動履歴などを詳細に知ることができる．

4．日本見聞の好機：江戸参府

そもそも江戸参府とは，オランダ商館長が貿易許可の御礼として，江戸の将軍に拝礼し土産物を献上する一連の行程のことである（松井，2014）．日蘭貿易の円滑化と両国の友好関係を維持するために行われたものであるが，オランダ人にとっては，出島を出て直接日本と日本人を観察できる唯一の機会でもあった．シーボルトは助手のビュルガーとともに1826年4月の162回目に当たる江戸参府に随行し，道中を利用して多くの標本を収集することに成功している．加えて，日本の自然を研究することに没頭し，地理や植生，気候や天文学なども調査している．彼らにとって，この江戸参府がどれほど貴重なものであったかは想像に難くない．合わせて，筆者らもこれら道中が標本の収集に関してとくに重要であったと考えており，彼らの標本を手にした足跡には水辺環境を再

生するために寄与できる多くの情報が残されているはずである.

癒しの湯　嬉野：(2-9参照)：2月15日に出島を立ったシーボルトらは，2日後の17日昼すぎには嬉野に到着している．この嬉野温泉は当時から湯治場として有名だったらしく，エンゲルベルト・ケンペル（Engelbert Kaempfer）の『日本誌』やカール・ペーテル・ツュンベリー（Carl Peter Thunberg）の『江戸参府随行記』に詳しく記載されている（ケンペル・斎藤，1977；ツュンベリー・高橋，1994）．シーボルトは，ここでビュルガーに温泉や周囲の河川調査を行わせているが，彼自身は母国でそのような習慣がなかったためか，温泉に浸かるという行為そのものにあまりよい印象を持っていなかったようである（宮坂，2012）．

なお，第2部第9章において魚類相の詳しい言及がなされるので，ここでは筆者自身の専門でもあるミナミメダカに絞って詳述する．シーボルトの『江戸参府紀行』によると，彼らは嬉野を立った後，同じ温泉地として紹介されている武雄へと移動している．筆者が巡察したところ，六角川から分かれた各支流が周辺一帯の水田に灌漑用水として供給されており，武雄市の先につながる白石町までの水田地帯には，浅く流れの緩やかな水路が数多く残されていた．ミナミメダカが生息するにはまだ十分な環境が整えられており，実際，筆者による調査では本種を多く採集できている．このことからミナミメダカの原記載に記されている水田環境，そしてビュルガーの解説に記述されている長崎郊外というキーワードから，嬉野市，武雄市，白石町一帯の水田地帯がタイプ産地（模式産地）として可能性が高いと考えられる．しかし，一部では圃場整備が進んでいることも事実としてあり，将来にわたりミナミメダカの生息できる水辺環境を維持できるかどうかが，シーボルトが見た水辺の原風景を後世に残すための重要なファクターとなるに違いない．

海路の終着地　室津：長崎から下関までは，下関海峡を渡るとき以外は陸路をとっていたシーボルト一行であったが，下関からは水路による船旅に切り替えている．これは旅行期間の短期化と効率化を図ったものと考えられ，3月1日に下関を立ってからは6日の早朝，日比に到着するまでは一切上陸していない．

その後，7日の午後3時頃に，一行を乗せた船は室の港に到着する．次の日，シーボルトは室の港を見物した際に，オランダ外交官としての顔をのぞかせ，『江戸参府紀行』には

「この港をより詳しく知ることは，商業上ならびに戦略上の観点からとくに重要である」

図7.5 左：室津漁港の全景．静かで波ひとつない穏やかな入り江に船が所狭しと係留されている．右：室明神を祭る賀茂神社敷地内参籠所横からの眺め．シーボルトに「われわれがこれまで日本で見た最も美しい景色のひとつ」といわしめ，川原慶賀にも水彩画を書き残させた多島海の景色．

と記している．そして，ここからシーボルト一行は陸路をとるが，なぜ大阪まで海路をとらずに室から上陸したのか，その理由を詳述している．

「大坂の港はただ小さい船だけを入れるにとどまり，かなり大きい船が停泊する兵庫の錨地は，積み荷を降ろすにはあまり開放的でこの地方によくある危険な暴風にさらされているのである」

とし，

「室の港は，東北に入り曲がっている狭い入り江からなり，その背後に小さい室の町が広がって……掃射する砲台が造られている」

と，その優れた港のつくりを評価している（図7.5）．兵庫の危険な暴風は，まさに六甲山地を吹き降りてくる六甲おろしだと考えられ，その風を防ぐ地形になっていることから「室」という名が付けられたと，『播磨国風土記』には書かれている．そして現に，ケンペルは江戸参府道中にあたり，室について，

「港は大して広いわけではないが，四方とも暴風や波浪から守られていて安全」

と書き残したうえで，兵庫から小さな船に乗り換えて大坂へ向かっている（ケンペル・斎藤，1977）．なるほど，確かに室津に入る前の山間では風が吹き荒れていたが，いったん港に入ると不気味なほど波は凪いだ状態であった．船の就航地だったことから「室津千軒」と呼ばれるほど代表的な商業地でもあったようだが，

「室津のさびれは，急変することがない」とうたい，室の町にも「湾は意外に小さい．湾の小ささが室津の風情をいっそう濃くしている」

と詩の一説を司馬遼太郎が残したように（司馬，2005），今では砲台など当時

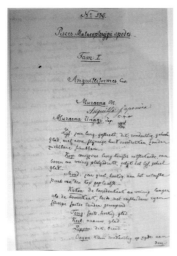

図7.6　左：ビュルガーによる原記載の原稿ともいえるニホンウナギに関する記述．中央右寄りに「鰻(ウナギ)」と書かれた文字を見て取れる．これを参照して『日本動物誌』が編纂された．右：『日本動物誌』の図版元になった川原慶賀の原図．原図にはシュレーゲルによる「真っ直ぐではなく曲げて書くように」という鉛筆書きの指示が見て取れる．原図下部にはニホンウナギの学名である Anguilla japonica が書かれている．

の面影を残すところは見当たらない．現在ではカキ養殖が盛んに行われており，漁港近くにはカキの即売所が併設されていた．なお，シーボルト以外に室へ上陸し，当時の情景を書き残しているオランダ人には，出島の三学者の１人であるケンペル，ステュルレルの前任者で1817年〜23年11月までオランダ商館長を務めていたオーフェルメール・フィッセル（Johan Frederik van Overmeer Fisscher）がいる（片桐，2000；柏山，2000）．

　滋賀　大津周辺（第２部第12章参照）：折しも，2011年10月に，滋賀県草津の琵琶湖畔において，第５回シーボルト・コレクション国際会議が開催された．その際，筆者らは日本での初開催となった年に参加できるという幸運に恵まれただけでなく，シーボルト・コレクションの研究に従事するさまざまな研究者と一堂に会することができた（朝井・滝川，2012）．なかには，マルティン・フォン・オイエン博士もおられ，ビュルガーが日本からオランダに送り出した収集標本に添えられた詳細な積み出しリストに関する興味深い話をうかがうこともできた（第１部第３章参照）．現在それが貴重な情報として，どれだけ標本管理に役立っているかを知るきっかけにもなり，採集された当時の状況を丁寧に記すことだけで，どれだけ将来にわたり有効活用できるか，本書の出版目

図7.7 琵琶湖博物館にて，シーボルト，ビュルガーの子孫達とともに．左：Bob Kernkamp 氏，右：Constantin Von Brandenstein-Zeppelin 卿，中央：筆者 朝井．

的の裏付けにもなる重要な内容であった．また，オイエン博士はシーボルト・コレクションの1つである，『日本動物誌』の図版元となった川原慶賀が描いたニホンウナギの水彩画を持参していた（ナチュラリス所蔵）．水彩画にはシュレーゲルによる鉛筆書きの指示が残されていた（図7.6）．

　さらに，本会議にはシーボルトとビュルガーのご子孫が参加されており，両人ともと話をする機会を得ることができた（図7.7）．シーボルトの玄孫にあたる現ドイツ シーボルト協会会長ブランデンシュタイン＝ツェッペリン卿（Constantin Von Brandenstein-Zeppelin）は，ブランデンシュタイン家の当主としてブランデンシュタイン城においてシーボルトの遺品を収蔵公開している．なお，ブランデンシュタイン家は，シーボルトが帰国してから結婚したヘレーネ・フォン・ガーゲルン（Helene Von Gagern）の次女ヘレーネの家系である．そして，ワーヘニンヘン市公文書館に務められるボブ・ケルンカンプ氏（Bob Kernkamp）からは「ビュルガーからの手紙『親愛なる閣下そして尊敬する友へ』」と題した発表がなされ，ビュルガーがシーボルトに宛てた手紙から，ビュルガーの個性やシーボルトに対するビュルガーの尊敬度合などの情報を読み解き，丁寧に説明されていた．残念ながら，ケルンカンプ氏の話によると，現在ビュルガー姓の子孫は3人いるが，1人は年齢の問題，残り2人はともに女性であることから，ビュルガー姓が消えるのは時間の問題であるようだ．約200年という時を超えて，彼らがこの地を踏んだであろう琵琶湖畔の草津でシーボルト，ビュルガーの子孫たちと対面できたことに，運命的なものを感じず

第2部　江戸参府に見る水辺の原風景

図7.8　左：シーボルトも見たであろう福禅寺 対潮楼からの美しい眺め．頭上には，1711年にその景色から朝鮮通信使が書き残した「日東第一形勝」の文字が見てとれる．
右：シーボルトがコフキコガネを見つけた医王寺 太子殿からの眺め．鞆の港が一望でき，街の先端には鞆のシンボルでもある燈籠塔が見てとれる．

にはいられなかった．
　本会議の催しの一環として，対岸に位置する大津港から会場まで汽船に乗船し琵琶湖南湖を渡る機会に巡り合えた．琵琶湖では，長年，魞（えり）などの伝統的漁法が継承されてきたが，筆者らの目に入ってきたのは漁師の営みではなく，プレジャーボートで特定外来生物であるブラックバス釣りを楽しむバサーたちであった．悲しくも，約200年前にシーボルトが見たであろう琵琶湖の原風景は，現在では失われてしまっている．本会議の後，筆者らはシーボルトが宿泊したと思われる草津宿本陣を訪れ，彼らが通っただろう東海道と中山道の分岐点を後にした．
　「潮待ち」の港町　鞆の浦：　6月14日，正午に大坂を出発したシーボルトは，船で淀川を尼崎に向かっている．このとき
　「魚のたくさんいるこの川を西南から西へと町の中を縫って進んだ」
と言及している．その後，19日には兵庫を出発し，明石海峡を通過している．復路は往路と違い室の港に入らず沖合で停船し，21日に日比半島沖へ船を進めている．ここでシーボルトとビュルガーは1隻の船で与島に上陸し休憩するかたわら，多くの植物を調査している．現在この与島は，瀬戸大橋の橋脚を支える島になっており，高速自動車道のサービスエリアから見える夕日が観光スポットとして有名である．しかし，高速道を通し交通の便が快適になったことと引き換えに，島の1/3ほどの自然が消失してしまったことはあまり知られていない．
　6月23日，シーボルトらの船は瀬戸内海に突き出た沼隈半島の東南端に位置する鞆の港に，引き船に引かれて入っている．当時，多くの船が潮の満ち引き

を利用して，潮の流れに一気に乗る航法を採っていた．そのため，内海の潮の干満の分岐線に当たるここ鞆の浦は，潮のタイミングを計るための船が多く寄港することで「潮待ち」の港町と呼ばれていた（福山市鞆の浦歴史民俗資料館，2007）．彼が

「たいへんきれいな町並みで，船の出入りがあり活気にあふれた町」

であると評したこの地は，参勤交代の西国大名や江戸参府道中のオランダ商館長，琉球使節，そして朝鮮通信使などが来航するほど，商業都市として栄えた町である（福山市鞆の浦歴史民俗資料館友の会，2011）．シーボルトも鞆の浦を観光しており，福禅寺の対潮楼について

「ある寺へも行ったが，その場所は美しさとひらけた眺望で有名であった」

と紀行文に記している（図7.9）．また，シーボルトは郊外の高所にある医王寺にも出かけており，そこで植物相の調査を行っている．当時の記録にカシ・コナラ・マツ・クリ・エノキ・イヌヒバ・ツツジ・グミ・ハゼ・タケ・クズなどが書かれており，筆者が訪問した際も，それら植物群落はそこに自生していた．さらに，医王寺の裏手から590段ほどの階段をのぼった先には太子殿があり（図7.8），シーボルトはそこで昆虫を見つけている．この昆虫について

「大きさや形態は全くわれわれの国のものと似ているが，甲と腹部の色が
　異なっている．これが原種なのか，それとも気候や食物がこういう変化を
　もたらしたのか」

と考察を加えている．

引用文献

朝井俊亘・滝川祐子．2012．第5回シーボルト・コレクション国際会議参加報告．魚類学雑誌，59：103-105．

福山市鞆の浦歴史民俗資料館．2007．特別展 鞆まるごと博物館 鞆の街並みと商家の賑わい～シーボルトも称賛～．歴史民俗資料館活動推進協議会．福山．1＋95＋1 pp．

福山市鞆の浦歴史民俗資料館友の会．2011．鞆の浦の自然と歴史．福山市鞆の浦歴史民俗資料館活動推進協議会．福山．8＋58＋4 pp．

蓮見清一・井野澄恵・熊谷みのり．2016．江戸の蘭学．宝島社，東京．95pp．

細谷和海．2012．シーボルト標本に見る日本の水辺の原風景．環境と健康．共和書院，京都．25（2）：224-230．

石山禎一・宮崎克則．2011．シーボルトの生涯とその業績関係年表1（1796-1832年）．西南学院大学 国際文化論集．26（1）：155-228．

ジーボルト，斎藤信（訳）．1967．江戸参府紀行．平凡社，東京．350pp．

柏山泰訓．2000．室のオランダ人．会報 むろのつ．「島屋」友の会，7：31-33．

片桐一男．2000．カピタンの江戸参府．pp.8-13．特別展 オランダ商館長の江戸参府．御

津町教育委員会，兵庫．
カウヴェンホーフェン＝アルレッテ・マティ＝フォラー．2005．シーボルトと日本，その生涯と仕事．Hotei 出版，オランダ．110pp．
ジーボルト，栗原福也（編訳）．2009．シーボルトの日本報告．平凡社，東京．379pp．
ケンペル，斎藤信（訳）．1977．江戸参府旅行日記．平凡社，東京．vi＋371＋12 pp．
松井洋子．2014．ケンペルとシーボルト「鎖国」日本を語った異国人たち．山川出版社．東京．96pp．
宮坂正英．2012．シーボルトの雑記帳．シーボルト宅跡保存基金管理委員会．長崎．78pp．
中西　啓．2009．シーボルト評伝．シーボルト宅跡保存基金管理委員会．長崎．4＋49＋1 pp．
シーボルト記念館．2005．シーボルトのみたニッポン．シーボルト宅跡保存基金管理委員会．長崎．64pp．
司馬遼太郎．2005．「室津のさびれは，急変することがない」播州揖保川・室津みち抄録2．街道をゆく．25：14．
滝川祐子．2017．西欧人による江戸時代の生物研究史 —瀬戸内海を中心に—．pp. 93-117．地域創造学研究．
ツュンベリー，高橋文（訳）．1994．江戸参府随行記．平凡社，東京．406pp．

第8章

シーボルト・コレクションにおける「NAGASAKI」

新村安雄

　シーボルトの魚類標本に記された「NAGASAKI」という産地表記につい採集地の推定を試みた．「NAGASAKI」標本の多くは，シーボルトの後任ビュルガーが採取した．採集地については，大村湾流入河川は出島からの利便性も高く，とくに，川棚川水系石木川が魚類の採集と運搬に適していた．江戸参府時の彼杵宿代官，川原悠々は，シーボルトらと面識があり，農業土木（井堰）の専門家である．悠々が採集にあたり便宜を図った可能性について検討した．

はじめに

　シーボルトの集めた標本には個別の採集情報はないものがほとんどで，採集地についても，その多くは記録が残されていない．シーボルト一行が日本列島を移動した江戸参府については，その行程，採取された生物の分布から，その採取場所を推定できる可能性がある．筆者は，魚類標本に記された「NAGASAKI」という産地表記に含まれる，淡水魚の採集地点について，その採集河川がどこであったのか，当時の歴史資料と，現在の河川環境をもとに推定を試みた．

いつ採集されたのか

シーボルトによる標本採集

　シーボルトが淡水魚の標本を集めることができたのはいつだろうか．シーボルト在日中，とくに江戸参府の旅程では，彼とその弟子が直接魚類標本を採取し，帯同した川原慶賀に，新鮮な状態で標本画を描かせることは可能だった（第1部第5章参照）．江戸参府の期間以外でも，シーボルトは出島から外に出ることは可能だったから，出島滞在中にも，標本を集める機会はあっただろう．ただし，淡水魚の採集に出掛けたという記録自体はない．

シーボルトは，いわゆるシーボルト事件により離日まで13カ月，出島で行動を制限された．外部から魚類を持ち込み，標本とすることは可能だったろうが，その期間は標本画を手掛けた，川原慶賀も取り調べを受け，蟄居などの処罰を受けている．そのため標本をもとに，標本画を作製することは困難だったと思われる．

シーボルトは1828年（文政11）9月24日，出島における予定任期を終える直前に，彼自身の調査成果をまとめた帰国前報告の中で以下のように述べている．「私は動物学のこの分野［＝魚類学］について他より時間を割いてきませんでしたが，それはこれらの生き物たちの絵を，自然に忠実に制作することが決定的に必要だと考えたからです．そのような絵の制作はこれまで成しえませんでしたが，それは私が自由に描かせることのできる唯一の有用な絵師が，植物やその他のものを描くので全く手一杯だからです．それゆえ私は，有益かつ楽しく，それほど骨の折れるものではないこの仕事を後任者に託すことにし，ここに日本のすべての魚種を，それが未知であれ既知であれ，また珍しいものであれ一般的なものであれ，生きた標本に基づいて絵に描かせることを提案します．日本人絵師・登与助［＝慶賀］の精確さと，彼が用いる生き生きとした色彩は，自然と生命に匹敵するものとなるでしょう」（ファン・オイエン，平岡訳，2007）

この報告によって示されているのは，シーボルトは魚類標本の描画にあたり，「新鮮な」状態で行うことにこだわり，その信頼する絵師，川原慶賀が描画することを求めていた．結果として，シーボルト滞在中は慶賀による描画の時間がとれず，魚類標本の作製については後任者に託すことになった．「NAGASAKI」標本の多くは，シーボルト離日後，ビュルガーによって採集されたものと考える．

ビュルガーによる標本採集

シーボルト離日後の1830～34年，後任となったビュルガーが魚類標本の採集と描画の指示を行った．外国人であったビュルガーの行動も制限された．医師として出島を出て医療行為をする機会があったシーボルトに比べ，ビュルガーが出島の外に出掛ける機会は限られていたものと推測される．よって，標本とされた魚類は，直接出島の港へ，あるいは陸路で出島に運ぶことができた「新鮮な」魚に限られた．

海産魚については，海で獲った魚を直接出島の港に運ぶことができた．また，長崎湾周辺の河川については，船による採集旅行の記述があることから，採取した魚などを，船を利用して出島まで運ぶことはできただろう．

第8章　シーボルト・コレクションにおける「NAGASAKI」

長崎県内の他の河川についてはどうだろう．主要交通路であった長崎街道沿いの大きい河川，たとえば本明川（諫早市）は出島からの交通網が整備され，直線距離としては近いが，採集場所からは，陸路，水とともに桶などで，生きた魚類を運搬することが必要となる．

魚類の輸送

長崎街道の基本ルートは，出島を出て諫早で泊まるのが１日の行程だったが，江戸時代に，時津港から大村湾の彼杵港まで舟で渡るルートもあった．当時の彼杵宿（現東彼杵町）は長崎街道の宿場町として交通の要衝で，陸路なら到着に２日を要した．

出島から時津までは陸路で，距離にして10km程度，１時間余かかった．時津港からは大村湾を舟で渡り，対岸の彼杵港までは距離にして４里（16km），およそ４時間で定期船が就航していたという（東彼杵町誌，1999）．

重量物の輸送に，既存の定期船を利用できた大村湾流入河川の利便性は，長崎周辺の他の河川よりも高く，舟を使用した場合，出島から彼杵宿までは５時間ほどで桶などを運ぶことができた．彼杵宿周辺の河川であれば，朝採捕した魚類をその当日中に出島まで持ちかることは十分に可能だった．

大村湾に流入するその他河川についてはどうであったか．たとえば，長崎でもっとも淡水魚相が豊かとされ，現在でも河川で唯一の漁業協同組合のある川棚川からの生魚の運搬は可能だろうか．当時，川棚の海岸には塩田が発達しており，塩を運ぶ運搬船が彼杵へ塩を運搬していた．川棚から彼杵までは海路で２里，２時間の距離だった．すなわち，川棚川で採捕した魚類についても，舟を利用して７時間程度で，時津港経由で出島まで輸送することが可能であった（東彼杵町誌，1999）．

彼杵の代官・川原悠々

シーボルトが離日した後，彼の後任となったビュルガーは魚類標本をどうやって取得できたか．行動の制限される外国人として，ビュルガーは，川原慶賀ないしは出島に出入りする日本人を通じて魚類を集める必要があった．その場合，採集する場所をよく知り，採集，運搬等について便宜を図ることが可能な人物が存在することが重要となる．

江戸に向かうシーボルトら３名が，間違いなく出会った人物がいる．江戸参

第２部　江戸参府に見る水辺の原風景

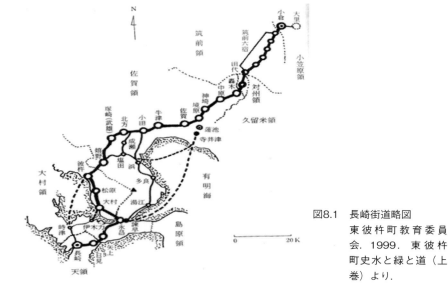

図8.1　長崎街道略図
東彼杵町教育委員会．1999．東彼杵町史水と緑と道（上巻）より．

府時，彼杵の代官だった川原悠々である（図8.2）．

　安永5年生まれ．肥前大村藩（長崎県）藩士．享和元年江戸藩邸詰めとなる．病気で帰郷し，松島村横目．その後，1814年（文化11）より4年間川棚村で習書師．1819年（文政2）より1830年（文政13）まで彼杵代官．天保元年世子伊織（のちの11代藩主大村純顕）の守役を命じられる．京都の呉服商寿堂に俳諧を学び，句集『荻苞集(てきほう)』を出した．1859年（安政4）11月27日死去．82歳．名は元治．（東彼杵町誌，1999）．

　シーボルト一行の江戸参府の行き帰り，彼杵の代官であった川原悠々が一行の対応にあたったことは間違いない．悠々は若いときには江戸詰であったことから江戸についての情報も詳しかったであろう．また，引退後俳人として全国的に知られるようになることからも，文化的素養も高い人物であったと考えられる．

　後に，悠々は当時の文化人，広瀬淡窓を彼杵に迎えて案内している．シーボルトの開いた鳴滝塾の初代塾頭岡研介，蘭学者高野長英は，両名とも一時期，日田で広瀬淡窓[1]の弟子であった．広瀬淡窓を通じて岡研介や高野長英ら

---

[1]　広瀬淡窓（ひろせたんそう：1782〜1856年）は，江戸時代の儒学者で，教育者，漢詩人でもあった．豊後国日田の人（東彼杵町誌，1999）．

第8章　シーボルト・コレクションにおける「NAGASAKI」

図8.2　川原悠々（かわはらゆうゆう　1776～1858）．江戸時代後期の武士，俳人．東彼杵町教育委員会．1999．東彼杵町史水と緑と道（上巻）より．

は，川原悠々と交流していた可能性もある．

　高野長英は，シーボルトの命で日本の鯨漁について，オランダ語の論文を作成している．当時の彼杵港は沿岸捕鯨の基地であった．長英が，捕鯨に関する資料を集めるにあたり，彼杵で後に代官を務めるなど，大村藩の要職にあった川原悠々と接触を持っていた可能性は高い．

　川原悠々は，シーボルトの後任としてコレクションを集めたビュルガー，および川原慶賀とは直接面識があり，シーボルトの門下生たちとの係わりもさまざまにあったと考えられる．彼杵宿の代官であり，後の大村藩の重鎮となる川原悠々は，もともとは農業土木の家系で，灌漑工ことや井堰建設を行っており河川への造詣も深かった．川原悠々の存在は，シーボルト・コレクションの成立を考える上で大きな意味を持つものと考える．

魚類の採集

　シーボルトの滞在した時代，実際に魚類を採集するにはどのような方法をとることが可能であっただろうか．

　江戸時代の魚類の採捕方法としては網の使用は限定的だっただろう．シーボルト・コレクションの時代よりも半世紀ほど後の明治時代，長崎県の多様な漁法について記載された『漁業誌』（1896）を参照して，当時でも河川において行われていた漁法について検討した．

　河川で行われて，多種類の小型魚の採捕に適した「鮎簗」（図8.3　現地名：

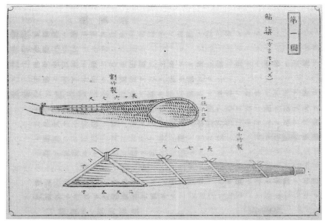

図8.3 鮎簗の図（鶴野，1869）．提供：国立研究開発法人水産研究・教育機構

モドラズ）という漁法がある．この漁法は堰堤などを利用して竹の筌を設置するもので，灌漑水路や水車用の用水などの横断構造物がある，河川勾配の大きい河川が設置に適していた．

『漁業誌』に記載されている漁法としてはその他に「鰻塚」（石倉漁）がある．鰻塚は，現在でも川棚川の石木川合流点の下流で行われている．鰻塚はその名の通りウナギを対照としたものだが，水温が低下すると，コイ目などの淡水魚が積んだ礫の間を利用するので，それらを生きたまま採補することができる．

鰻塚と鮎簗を比較すると，漁期が夏以降とされる鰻塚に対して鮎簗は春先から秋までの期間使用された．鮎簗は，簗の目が小さいことからアユ以外にも小型魚の採捕が可能で，生きたまま，魚体を傷付けることもなく採集するのに適している．鮎簗を使って採捕を行ったと仮定して，ここで重要となるのは，川原悠々が単なる武士，行政官だったわけではないことである．

川原悠々は俳人として，後の世に知られるが，彼の家系はもともと堰堤，灌漑などを行う技術者の系譜であった．最初に横目として赴任した松島村，千綿村，代官であった彼杵村で新田開発にあたり多くの堰堤や水車などを造ったとされている．すなわち，悠々は今日の農業土木の専門家で河川の状況について詳しく，鮎簗の設置可能な堰堤の場所，利用実態についても知識があった（東彼杵町誌，1999）．

シーボルトの川を探す

　シーボルト・コレクションの保管瓶に記載された「NAGASAKI」．それが1つの場所を示しているわけではないことは明らかだ．筆者が本章で述べたのは，「NAGASAKI」には現在の長崎市周辺域以外に大村湾流入河川も含まれているのではないかという提案である．
　大村湾に注ぐ河川から，出島への移送手段には舟を使うルートがあることは前節で述べた．それでは，大村湾に流入する河川の中でも，どの川がもっとも魚類の採集に適していたか．
　大村湾流入河川の中で最大の河川は川棚川である．川棚川は，現在でも長崎県で唯一河川の漁業協同組合が存在し，河口域ではウナギ塚を使用したウナギ漁が行われている．
　前出した川原悠々は，川棚川の下流域の川棚村で習書師を4年間務めている．川棚川水系の中で，石木川は最下流で合流する支流で，当時の川棚村集落に近い場所に合流点がある．石木川の上流には，現在日本棚田百選に選ばれている「日向の棚田」がある．棚田の開発は享保年間（1716ごろ）からといわれており，悠々が川棚村にいたころには，すでに稲作が営まれていた．当時，悠々が石木川で堰堤を造るなど，河川工ことに直接携わったという記述は見出せなかったが，農業土木の家系にあった悠々は，石木川と石木川の灌漑施設を知っていたと考える．
　川棚川は勾配のゆるい河川で本流には井手（井堰）が5カ所であったのに対して，石木川（支流　岩屋川を含む）には井手が51カ所あった（川棚物語，1972）．
　河川の長さ，水源の標高について川棚川と石木川を比較すると，河川長は川棚川が19.4kmと石木川の4倍ほど長いが，水源の標高は川棚川が340mであるのに対して，石木川は608mである．石木川は，河川勾配も大きく，河川感潮域に合流することから河川環境の変化が大きく，魚類の生息環境の多様性も高いと判断される．
　また，石木川は，川棚村の市街に近い河口から2kmの下流域で川棚川に合流している．市街地に近く，漁具を設置できたであろう井手までの距離は，川棚川本流よりも近かった．
　川の濁度という問題がある．川棚川の上流に位置する波佐見町は，400年続く窯業の一大生産地で，大阪に出荷された「くらわんか茶碗」は江戸時代最大の出荷量を誇っていた．波佐見焼の素地（胎土）は川棚川の上流，三股地区で

産出された．三股陶石は水車を動力源とした唐臼(からうす)によって粉に加工された（武内・木須，2011）．

　江戸後期，日本最大級の生活用品の産地であった波佐見を貫流する川棚川は，陶土生産により白濁していた可能性がある．これ対して，支流石木川は，明治期に天草から陶石が運ばれてくるまで，流域内に陶石原料を加工する水車，唐臼などはなかった（長崎県窯業技術センター調べ）．したがって，川棚川の下流域では本流に比べ，石木川の水は透明度が高く，魚類等の生息条件もよく，捕獲も容易であったと考えられる．

　これらの諸条件を整理する．
・本流よりも河川勾配が急で，水源の標高が高く，魚類相の生息環境が多様だった．
・河川勾配の急な石木川は，鮎簗の設置場所として利用できる井堰が多くあった．
・石木川は本流川棚川よりも濁度の低い「清流」だった．
・支流石木川は川棚村市街地近くに合流し，川原悠々の居住地に近かった．
・石木川は河口から近く，大村湾の舟運利用には便利だった．

　以上から川棚川の支流石木川は，大村湾流入河川の中でも魚類の採捕については条件のよい河川であったと考える．

　シーボルト・コレクションの採集河川はどこであったのか．大村湾流入河川が他の長崎近郊の河川よりも利便性が高く，川棚川，とくに支流，石木川がその条件にもっとも近い川であると推論する．

引用文献

川棚物語．1972．川棚町，pp. 46-49．長崎県川棚町．
武内浩一・木須一正．2011．「波佐見焼」素地（胎土）の化学組成と時代的変遷．波佐見の挑戦：地域ブランドを目指して．長崎新聞社，pp. 155-165．長崎．
鶴野鱗五郎．1896．漁業誌（長崎県編纂），174 pp．水産研究・教育機構図書資料デジタルアーカイブ．
東彼杵町史　水と緑と道（上巻）．1999．東彼杵町教育委員会，pp. 496-504．長崎県東彼杵町．
M.J.P. ファン・オイエン．平岡隆二（訳）．2007．オランダのライデン国立自然史博物館に収蔵されるシーボルトの日本産魚類コレクション小史．長崎歴史文化博物館，pp. 132-133．シーボルトの水族館．長崎歴史文化博物館，長崎．

第9章

シーボルトが見た嬉野の淡水魚

川瀬　成吾

　嬉野はシーボルトの江戸参府における重要な淡水魚採集地の1つと考えられている．しかし，これまで嬉野の淡水魚についてまとまった研究は存在しない．また，シーボルトによってどのような淡水魚が採集されたかも十分に検証されていない．そこで，筆者は文献調査を行うと同時に嬉野で魚類調査を行った．そこからシーボルト・コレクションと『江戸参府紀行』からシーボルトがどのような淡水魚を採集したかを予想した．

はじめに

　『江戸参府紀行』によれば，1826年（文政2）2月17日，長崎を出発したシーボルトは自身の30歳の誕生日を温泉とお茶で有名な佐賀県嬉野で迎えることになった．17日朝，彼杵を出た一行は昼すぎに嬉野に到着した（図9.1）．シーボルトと弟子のビュルガーは早速，温泉の成分分析をはじめ，絵師・川原慶賀には温泉が川に流れ込むようすを描かせた．さらに，温泉が流れ込む川にどのような魚がいるのか調査も行っている．帰路にはこの町で宿泊もして，クスノキの老樹の下でお茶を飲んでいる．

　シーボルトの江戸参府は情報が何もない状態からはじまったわけではない．江戸参府を経験している科学者はシーボルト以前にもおり，その中でも有名なのがケンペルとツュンベリーである．シーボルトを含めて出島の三学者と呼ばれる科学者たちはそれぞれ江戸参府で見た日本を書物として残している．すなわち，シーボルトはケンペルとツュンベリーが伝える江戸参府を土台に，自身の江戸参府での資料収集計画を組み立てていたに違いない．

　ケンペルもツュンベリーも嬉野の温泉について記述しており，当時から有名であったことがうかがえる．とりわけケンペルの江戸参府では嬉野の温泉について詳しく記され，川に温泉が流れ出て冷たい水と暖かい水が混ざり合っていることに言及している．シーボルトはこれらを読み，温泉の流れる川にはどのような魚がいるのであろうと興味を持ったはずである．それを明らかにするた

第 2 部　江戸参府に見る水辺の原風景

図9.1　現在の嬉野川（塩田川本流）．中央の建物は公衆浴場「シーボルトの湯」（2016年 2 月12日）．

めに魚類調査を行い，魚類標本として残した可能性が高い．嬉野はシーボルトが淡水魚について言及している数少ない場所であり，シーボルトの淡水魚採集地としてきわめて重要である．ここでは，まず嬉野の魚類相を明らかにした後，文献やシーボルト・コレクションを参照しながら嬉野周辺の水辺の原風景を想像してみたい．

嬉野周辺の魚類相

　嬉野市嬉野は佐賀県西部の小高い山に囲まれた盆地にあり，塩田川水系の上流部に位置している．塩田川は有明海に注ぐ二級河川で，嬉野には塩田川の本流である嬉野川に加え，支流の岩屋川，下宿川，吉田川などが流れている．シーボルトが採集した魚類を推測するためには，塩田川にどのような魚類が生息しているのか把握しておく必要がある．

　塩田川の魚類相を調査した文献は少なく，小仲ほか（1973），佐賀県（1979），坂本・田島（1996）があるにすぎない．これらの文献に現在筆者らが進めている魚類相調査の結果を加えると，7目11科35種の魚類が確認されている（表9.1）．この中には国外外来種のカムルチー，国内外来種のゲンゴロウブナとハスが含まれている．また，バラタナゴ類については，九州におけるニッポンバラタナゴの分布の現状を調べた三宅ほか（2008）によると，塩田川に近い鹿島川のクリークではタイリクバラタナゴが侵入していることが示されている．佐賀県（1979）では，ニッポンバラタナゴおよびタイリクバラタナゴは塩田川に分

第9章　シーボルトが見た嬉野の淡水魚

表9.1　塩田川水系の淡水魚類相

和名	学名	生活史型	嬉野周辺	佐賀県RL	その他
ウナギ目					
ウナギ科					
1 ニホンウナギ	Anguilla japonica		●		
ニシン目					
カタクチイワシ科					
2 エツ	Coilia nasus		―		
コイ目					
コイ科					
3 コイ	Cyprinus carpio		○		
4 ゲンゴロウブナ	Carassius cuvieri		△		国内外来種
5 ギンブナ	Carassius sp.		○		
6 オオキンブナ	Carassius buergeri buergeri		●		
7 ヤリタナゴ	Tanakia lanceolata		●		
8 アブラボテ	Tanakia limbata		●		
9 バラタナゴ類	Rhodeus ocellatus		●		
10 オイカワ	Opsariichthys platypus		○		
11 ハス	Opsariichthys uncirostris uncirostris		△		国内外来種
12 カワムツ	Candidia temminckii		○		
13 カワバタモロコ	Hemigrammocypris neglectus		●	絶滅危惧I類種	
14 ウグイ	Tribolodon hakonensis		●		
15 タカハヤ	Phoxinus oxycephalus jouyi		●		
16 モツゴ	Pseudorasbora parva		●		
17 ムギツク	Pungtungia herzi		○		
18 カマツカ	Pseudogobio esocinus		○		
19 ツチフキ	Abbottina rivularis		●		
20 イトモロコ	Squalidus gracilis gracilis		○		
ドジョウ科					
21 ドジョウ	Misgurnus anguillicaudatus		○	絶滅のおそれのある地域個体群	
22 ヤマトシマドジョウ	Cobitis sp.		○		
ナマズ目					
ナマズ科					
23 ナマズ	Silurus asotus		○		
サケ目					
サケ科					
24 アユ	Plecoglossus altivelis altivelis		○		
ダツ目					
メダカ科					
25 ミナミメダカ	Oryzias latipes		○	準絶滅危惧種	
26 クルメサヨリ	Hyporhamphus intermedius		―	絶滅危惧II類種	
スズキ目					
スズキ科					
27 スズキ	Lateolabrax japonicus		―		
カジカ科					
28 ヤマノカミ	Trachidermus fasciatus		―	絶滅危惧II類種	
ドンコ科					
29 ドンコ	Odontobutis obscura		○		
ハゼ科					
30 マハゼ	Acanthogobius flavimanus		―		
31 カワヨシノボリ	Rhinogobius sp.		○		
32 トウヨシノボリ	Rhinogobius sp.		○		
33 ヌマチチブ	Tridentiger brevispinis		―		
34 シモフリシマハゼ	Tridentiger bifasciatus		―		
35 カムルチー	Channa argus		―		国外外来種

小仲ほか(1973), 佐賀県(1979), 坂本・田島(1996), 佐賀県(2003), 川瀬ほか(未発表)を元に作成. 嬉野周辺で筆者らが採集した種を○で, 実際に確認はしていないが文献情報から生息していもおかしくない種を●で示した. 自然分布でないものは△とした.

布しないことになっている．したがって，塩田川の個体群は近年侵入したタイリクバラタナゴとの交雑個体群である可能性があるため，ここでは単にバラタナゴとして扱っておく．以上の外来種や外来種の可能性が疑われるものを除い

た在来種は31種となる．

　佐賀県の河川は，筑後川，嘉瀬川（かせ），六角川，塩田川，松浦川，有田川の6つの水系に大別される（佐賀県，1979；坂本・田島，1996；田島，2014）．既存の文献によると塩田川水系は，他の水系と比べるとカワヒガイやアリアケギバチなどを欠き，出現種数が少ない（佐賀県，1979；坂本・田島，1996）．この理由として，塩田川が他の河川よりも流呈が短いことや，近年塩田川水系から姿を消してしまったことなどが考えられる．

江戸参府紀行に記された嬉野の魚類

　シーボルトが魚類を採集した嬉野は塩田川河口から上流へ約20 km付近にあり，生息する魚類の多くが純淡水魚と考えられる．したがって，シーボルトは，塩田川で確認されている魚類31種のうち純淡水魚の26種に遭遇した可能性がある．

　シーボルトは温泉の熱湯が流れ込む小川で魚類採集を行った．『江戸参府紀行』（ジーボルト，斎藤訳，1967）には，ハイ・ハエ，キンフナ，クロフナ，シロフナ，ショウトク，アブラハエ，シロハエ，ドジョウ，ナマズ，トビハゼの9種が挙げられている．これらの名前は，現在普及している標準和名ではなく，多くが地方名となっている．地方名とは地域特有の呼び名のことで，同じ種であっても地域によって異なる名で呼れることがしばしばある．これらの地方名は嬉野で記録したものもあれば，旅の途中で聞いたものを後から書き足した可能性もある．実際にシーボルトは江戸や京都で使われている名前を使用するようにビュルガーにアドバイスしている（山口，2007）．そのため，九州北部に伝わる地方名だけでなく，近畿から関東地方で使用されている地方名も考慮する必要がある．それでは，シーボルトが挙げた地方名がどの種に該当するのか，『日本産魚名大辞典』に掲載されている地方名や江戸時代の書物に登場する魚名などを参考に検討してみよう．

　まず"ハイ"と"ハエ"は一般的にオイカワ，カワムツ，ウグイなどコイ科の遊泳性の淡水魚類に対して付けられる名称として知られる．しかし，九州北部や佐賀県ではニッポンバラタナゴやヤリタナゴなどタナゴ類に対して付けられることもあるようだ（日本魚類学会，1981）．したがって，塩田川水系の魚類から"ハイ"と"ハエ"に該当する魚類は，オイカワ，カワムツ，ウグイ，ヤリタナゴ，アブラボテが考えられる．

　フナ類に関しては3つもの地方名が見られる．現在，塩田川水系からはオオ

キンブナ，ギンブナ，ゲンゴロウブナの3種のフナ類が見つかっているが，琵琶湖・淀川水系固有種のゲンゴロウブナは国内外来種で九州地方に移殖されはじめたのは1933年頃である（田島，2014）．シーボルトが旅した当時は2種しか分布していなかったので，数が合わない．嬉野に生息するフナ類から推測すると"キンブナ"はオオキンブナを，"クロフナ"はギンブナを指している可能性が高い．『江戸参府紀行』に記載されているフナの地方名は石川県で使われていたもの（シロブナ）や文献に記載のないもの（クロフナ）が含まれる．今後，精査が必要であろう（シーボルト・コレクションのフナ類については第4章4〜7を参照）．

"シロハエ"と"ショウトク"はそれぞれオイカワとカマツカ（普通，ジョウトクと呼ばれる）に対する佐賀県や長崎県の方言であることからこれらに該当するものと思われる．ただし，ジョウトクはツチフキとの混称でもある．

"アブラハエ"は『日本産魚名大辞典』では長崎県東彼杵郡周辺でアブラハヤに対して呼ばれる地方名とされている．現在は分類学の進展により九州北部に生息するヒメハヤ属魚類はタカハヤであることがわかっているため，ここではタカハヤとするのが妥当であろう．また，佐賀県ではカワヒガイに対してもこの地方名が使われていることが知られている（田島，2014）．現在，カワヒガイを塩田川水系で見ることはできないが，当時生息していてもおかしくはない．したがって，"アブラハエ"に対してはタカハヤとカワヒガイが考えられる．

"ドジョウ"と"ナマズ"はそれぞれ静岡県や高知県で海産魚に対して呼ばれることがあるようだが，ここではその名の通りドジョウとナマズと考えて問題ないであろう．ただし，"ドジョウ"に関してはドジョウだけでなくヤマトシマドジョウを含んでいる可能性も高い．

最後に"トビハゼ"はアナハゼ，イトヒキハゼ，カエルウオ，トビハゼ，ドンコ，ナベカなどハゼ類に広く使われている地方名である．嬉野は海に面していないため，アナハゼ，イトヒキハゼ，カエルウオ，ナベカなどの海産魚類の可能性は低い．また，同様にトビハゼも基本的に河口干潟に生息しており，塩田川の干潮域区間が長いとはいえ，嬉野まで生息していたとは考えにくい．最後に残ったのはドンコであるが，ドンコが"トビハゼ"と呼ばれている地域は岡山県で，佐賀県や長崎県でこのように呼ばれていたかはわからない．しかし，ドンコは嬉野周辺に多数生息しており，これに該当する可能性は十分考えられる．以上から，"トビハゼ"に関して決め手となる魚種がないが，生息環境と魚類相から判断するとドンコがもっとも可能性が高い．

以上をまとめると，シーボルトが嬉野で採集した魚類は，オイカワ，カワムツ，ウグイ，ギンブナ，オオキンブナ，ヤリタナゴ，アブラボテ，タカハヤ，カワヒガイ，カマツカ，ドジョウ，ヤマトシマドジョウ，ナマズ，ドンコが考えられた．しかし，文献に掲載されている地方名もあればそうでないものもあり，正確に特定することは難しい．そこで，次は実際にシーボルトが持ち帰った標本から検討したい．

シーボルト・コレクションに見る嬉野の淡水魚

　『日本動物誌』に記載されているか，記載がなくてもシーボルト・コレクション中で確認された淡水魚類は58種に上る（Temminck and Schlegel, 1842～50；Boeseman, 1947；山口・町田，2003；細谷ほか，未発表：付表２）．このうち塩田川水系で確認される魚類は22種で（表9.1），さらに『江戸参府紀行』の中の地方名とも一致するものはオイカワ，カワムツ，ギンブナ，オオキンブナ，ヤリタナゴ，アブラボテ，カワヒガイ，カマツカ，ドジョウ，ヤマトシマドジョウ，ナマズ，ドンコとなる（第４部参照）．これらの魚類はすべて標本が残されている．しかし，ウグイとタカハヤはシーボルト・コレクションには含まれていない．そのため，これらの魚類は標本として残されなかったのか，地方名が別の魚種を指している可能性が考えられた．

　以上から，嬉野で採集された可能性のもっとも高い種はオイカワ，カワムツ，ギンブナ，オオキンブナ，ヤリタナゴ，アブラボテ，カワヒガイ，カマツカ，ドジョウ，ヤマトシマドジョウ，ナマズ，ドンコの12種となった（図9.2）．

タイプ産地としての嬉野

　第１章にあるように，タイプ産地は分類学的に重要な場所であり，健全な個体群が存続していることが望まれる．このことはタイプ産地に限ったことではないが，保全の優先順位としては上位に位置づけるべき地域といえる．嬉野は，個々の検討は必要だが，現在でも学名が有効な種に限っても，ドジョウ，ヤマトシマドジョウ，ナマズ除く９種の淡水魚のタイプ産地である可能性が高く，日本産淡水魚類の分類の安定に重要な場所であることは間違いない．今後は各種の地理的変異を明らかにすると同時に，シーボルト・コレクションの形態形質などの情報を蓄積・比較することで，タイプ産地であることを実証する必要があるであろう．

第9章　シーボルトが見た嬉野の淡水魚

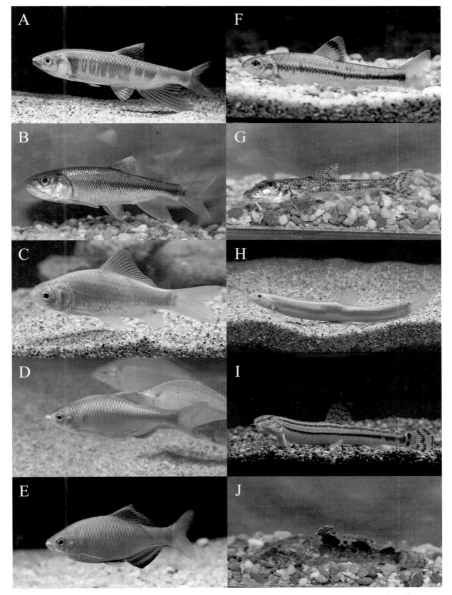

図9.2　嬉野で採集された可能性の高い魚類．A: オイカワ，B: カワムツ，C: ギンブナ，D: ヤリタナゴ，E: アブラボテ，F: カワヒガイ，G: カマツカ，H: ドジョウ，I: ヤマトシマドジョウ，J: ドンコ．（被写体の個体には嬉野以外の個体も含まれる）．

117

第2部　江戸参府に見る水辺の原風景

図9.3　豊玉姫神社に祭られているナマズ（2016年2月12日）.

嬉野の過去と現在

　シーボルトが見た嬉野と現在の嬉野ではどのような違いが見られるであろうか．川原慶賀はシーボルトに指示されて温泉が川に流れ込む嬉野川のようすを描いている．川には湯気が立ち込めており，川に温泉のお湯が大量に流入しているようすがうかがえる．泉質は塩化物泉で，魚類への温泉の成分による影響はそれほど大きくなかったと考えられる．ただ，温泉の影響で水温が他の場所より少し高かったことが予想され，シーボルトが訪れた2月でも魚が活発に活動していたかもしれない．現在でも一部温泉が流入しているところがあるが，流入量は少ないので河川への水温などへの影響は昔ほど大きくはないと考えられた．

　現在の嬉野川は堰が多いため，湛水区間が長く単調な環境が多く見受けられる．魚道が設置されている堰もあれば，設置されていない堰もあり，魚類の往来が難しい状況となっている．とりわけ，ニホンウナギやアユなどの回遊魚にとっては大きな障害となっていると推察される．また，嬉野川周辺の水田地帯は圃場整備がなされており，水田と水路や水路と河川との行き来が困難となっている．そのため，ミナミメダカやドジョウなど，水田との結び付きが強い魚類の生息個体数はかなり少ない．タナゴ類やカワヒガイの産卵床となる二枚貝もほとんど見られず，これら魚種の生息も難しいのが現状である．

　シーボルトは嬉野の人たちがナマズをはじめとする淡水魚を大切にしていることを書き残している．現在でも嬉野ではナマズが神様の使いとして，信仰の対象となっている（図9.3）．今日の嬉野川本流における魚影は決して薄くはな

いが，オイカワやカマツカなど河川改修に強い魚種が優占している．堰に魚道をつけて上下流の行き来を容易にすることでアユ，ウナギなどの通し回遊魚が，水田・水路と河川とのつながりを修復することでミナミメダカ，ドジョウ，タナゴ類などの魚種が戻ってくることが期待される．シーボルトが見た淡水魚を大切にする文化がこれからも引き継がれることを願いたい．

引用文献

Boeseman, M. 1947. Revision of the fishes collected by Burger and von Siebold in Japan. Zoologische Mededelingen, 28: 1-242.

小仲貴雄・道津喜衛・田北 徹．1973．多良岳山系の河川に産する魚類．多良岳自然公園候補地学術調査報告（編）．73-100．国立公園協会，東京．

三宅琢也・中島 淳・鬼倉徳雄・古丸 明・河村功一．2008．ミトコンドリアDNAと形態から見た九州地方におけるニッポンバラタナゴの分布の現状．日本水産学会誌，74: 1060-1067.

日本魚類学会．1981．日本産魚名大辞典．三省堂，東京．834pp.

佐賀県．1979．動物分布調査報告書（淡水魚類）．佐賀県，佐賀．

ジーボルト，斎藤 信（訳）．1967．江戸参府紀行．平凡社，東京．350pp.

坂本兼吾・田島正敏．1996．佐賀県の淡水魚類．pp. 193-223．「佐賀県の生物」編集委員会（編）．佐賀県の生物，佐賀県生物部会，佐賀．

田島正敏．2014．改訂版 佐賀県の淡水魚—人と川と自然を考える．佐賀県立図書館，佐賀．155pp.

Temminck, C.J. and H. Schlegel. 1842-1850. Pisces. In: Ph. F. von Siebold, Fauna Japonica, Leiden.

山口隆男．2007．シーボルト，ビュルガーと川原慶賀の魚類写生図．長崎歴史文化博物館（編）．pp. 142-147．シーボルトの水族館，長崎歴史文化博物館，長崎．

山口隆男・町田吉彦．2003．シーボルトとビュルゲルによって採集され，オランダの国立自然史博物館，ロンドンの自然史博物館ならびにベルリンのフンボルト大学付属自然史博物館に所蔵されている日本産の魚類標本類について．CALANUS カラヌス特別号，4: 109-321．

第10章

シーボルトは大阪で何を買ったのか？

細谷　和海

　シーボルトの日記である『江戸参府紀行』には，シーボルトが長崎と江戸との行き帰りに大阪に立ち寄り，彼の研究に必要な品々を購入したと記述されている．そこには，魚類を購入したとは直接言及していないが，天王寺界隈でニホンオオカミを購入したことが明記されている．商業の中心地であった大阪での生物標本の入手方法とシーボルトの足跡を探りたい．

はじめに

　江戸時代末期，鎖国状態にあったとはいえ，オランダ人たちは出島から一歩も外に出られなかったわけではない．実際に1826年（文政9）には第11代将軍徳川家斉（いえなり）への挨拶のため江戸参府を行っている．この時，シーボルトにとって長崎から江戸までの旅は，日本の生物相にふれる千載一遇のチャンスであったに違いない．その記録についてはシーボルトの紀行文である『江戸参府紀行』に詳しく記されている（図10.1）．『江戸参府紀行』によれば，シーボルトは新暦2月15日に長崎を経ち，瀬戸内海を船で渡った後，兵庫県室津港より陸路で3月13日には淀川にたどり着いている（第2部第7章参照）．大阪で4日間滞在した後，3月17日に枚方，八幡，木津など淀川沿いに陸路を移動し，伏見で宿を取っている（第2部第12章参照）．その後3月18～24日まで京都に滞在している．シーボルトが琵琶湖を直接目にするのは3月25日で，大津と膳所（ぜぜ）の風景が描かれ，その日の宿は草津となっている．以後，琵琶湖を離れ，江戸に向かうことになる．

　1カ月あまりの江戸滞在の後，復路では5月31日に東海道を石部から草津を通り，大津で宿を取っている．その日の日記には膳所のおいしいコイ料理について記されている（第2部第13章参照）．翌6月1～7日まで京都に滞在し，7日の晩に伏見から淀川を船で下り，8日の明け方には大阪に到着している．

　このように江戸参府の往復を通じ，シーボルトには大阪で生物資料を収集で

第 2 部　江戸参府に見る水辺の原風景

図10.1　シーボルトの長崎から江戸への旅行記『江戸参府紀行』（斎藤　信（訳），1967）．原典は"Nippon"（1832）の「日本とその隣国および保護国蝦夷・南千島列島・樺太・朝鮮・琉球諸島の記録集」第 2 章である．

きる，2 回のチャンスが与えられたわけである．

大阪での行動・往路

　3 月14日から17日に大阪に滞在している．3 月14日シーボルトと文通をしていた友人が，京都から贈り物として「天産物」を携え，会いに来ている．その際，オオカミ，ウサギ，鳥類が運びこまれ，その日の夜に 1 匹のカメを入手と明記されている．それがニホンイシガメ（図10.2）なのかクサガメ（図10.3）なのかは明らかではない．

大阪での行動・復路

　6 月 9 日の日記には，その日の感想などの記述はほとんどないが，明確に，
　　「私の研究に必要な品々の購入や注文に一日を過ごす」
と記されている（ジーボルト，斎藤訳，1967：240）．興味深いことに，6 月10日の日記には，天王寺界隈で動物を売っている街，今でいうペットショップ街を通り抜けたと記されている．そこではニホンカモシカ，ツキノワグマ，ニホンザル，シカが売られているのを目撃し，3 月の往路の時にここですでにヤマイヌを購入したと記している．ナチュラリスには剝製標本（図10.4）と頭骨がそれぞれ 1 体ずつ保管されている．京都から持ち込まれたオオカミにしろ，天王寺で購入したヤマイヌしろ，このうちどちらかが後にニホンオオカミ

第10章　シーボルトは大阪で何を買ったのか？

図10.2　シーボルト・コレクションのニホンイシガメの剥製標本．6142の登録番号が付けられている．背甲後縁が鋸歯状となっている．

図10.3　「川原慶賀図」に描かれているクサガメ．首と頭部腹側面に特有の斑紋が描かれている．現在，外来種と見なされているが，少なくとも江戸時代後期には生息していたことは間違いない．その由来については再検討を要する．

Canis lupus hodophilax Temminck の剥製のタイプ標本となったものと考えられる．ニホンオオカミが最後に捕獲されたのは1905年（明治38）に奈良県吉野郡小川村鷲家口（現：東吉野村小川地区）で，その個体はロンドンの大英博物館（自然史博物館）に保存されている（平岩, 1992）．岐阜大学の石黒直隆名誉教授によれば，骨から取りだしたミトコンドリアDNAの解析（第1部第1章参照）はニホンオオカミが約10万年前に大陸のオオカミから分化し，日本列島に渡来後，小集団として各地で存続してきたことを示しているという．一方，『江戸参府紀行』にはヤマイヌとオオカミが記されている．ヤマイヌはオオカミと犬との雑種との見解もあり，両者が同じものか，あるいは別物なのか議論の余地が残されている（Funk, 2015）．

高津の黒焼店
こうづ　くろやきみせ

　シーボルトは往路も復路も天王寺界隈のペットショップ街に立ち寄っている．目的とする生物標本を購入しようとする意図が『江戸参府紀行』から十分に読み取れる．当時のペットショップは鑑賞用の動植物の販売と同時に，肉屋も兼務していたと言われるので，むしろ日本独特の鳥獣店と呼ぶべきかもしれない．そのような店として江戸・両国の「ももんじ屋」がよく知られている．「ももんじ屋」とは「モモンガ屋」がなまったものとか「百獣屋」の訓読みの転用とも言われ，ウシ，ウマ，イヌ，ニワトリのような家畜・家禽に加え，農民が捕獲したオオカミ，キツネ，サルなどの野生動物の肉を販売するとともに，料理して江戸っ子に食べさせる，いわばジビエ専門のレストランの役目も果たして

図10.4 シーボルト・コレクションのニホンオオカミの剥製標本．ナチュラリスでは他に頭骨が保管されている．

図10.5 高津にあった黒焼店の図

いた．これと同じような店が大阪にもあったことが，1798年（寛政10）に俳諧師・秋里籠島によって出された『摂津名所図会』のなかに詳細に記されている．それによれば，シーボルトが訪れた天王寺界隈では高津の「黒焼店」が有名で，上方落語の中でもしばしば江戸時代後期の話のなかで引き合いに出されるという（図10.5）．店の看板の黒焼とは，野生の動植物を蒸し焼きにして炭のように黒く焼くことを表象しており，マムシは強壮剤，イモリは夫婦間のつなぎ薬として効果があると信じられていた．『摂津名所図会』には，高津の「黒焼店」の軒先にクマ，キツネ，タヌキはもとより，トラやヒョウなど外国産の哺乳類までも毛皮として吊り下げられていたと記されている．シーボルトらが「江戸参府」のため通った航路・街道は，当時の参勤交代のそれから外れない．当時の普通の旅行者が大阪滞在中にはやりの「黒焼店」を訪れるように，目的は異なるとしても，シーボルトが「黒焼店」を訪れても何ら不思議なことではない．むしろ，『江戸参府紀行』に示されている購入に関する記述と照らし合わせれば，シーボルトが高津の「黒焼店」でニホンオオカミを購入した可能性は高い．

おわりに

シーボルトが日本で得た生物標本の入手方法を精査すれば，タイプ産地を特定する鍵が得られるはずである．入手方法には，採取，寄贈，購入が考えられる．しかし，そのうちどのような方法で彼が生物標本を入手したのか解明することは容易なことではない．ちなみに『江戸参府紀行』を熟読すると，野生動

植物の観察についての記述は散見するが，シーボルト自身による採取についての記述は見当たらない．当時の日本人はシーボルトが高い医療技術と知識を備えるのと同時に，博物学に強い関心を持っていることを知っていた．そのため，場所，時間を問わず，訪問者たちは生物標本の原物を土産として持ち込んでいる．それよりもオランダの使節が持つ豊かな財を目当てにしていたのかもしれない（第1部第4章参照）．一方，商いの中心地大阪についてはかなりのスペースを割いて商業・流通・運輸に関する状況を詳述している．また，3月16日の日記に書かれている，シカの奇形児ならびにアルビノ個体の売買に関するやり取りはきわめてリアルである（ジーボルト，斎藤訳，1967：156）．

『江戸参府紀行』と歴史書をすり合わせると，シーボルトが行く先々で野生動物を購入し，あるいはそれを知る現地の日本人が販売目的で訪れていたことが読み取れる．シーボルト・コレクションの入手先をめぐり，生物学，歴史学，社会学の壁を越えて横断的にアプローチすれば，シーボルトと日本人の関係，ひいては江戸時代末期における日本人の野生動物への接し方が浮き彫りとなり，シーボルト研究はなお一層興味深いものになるだろう．

引用文献

秋里籬島．1798．摂津名所図会大成　巻之四下．
Funk, H. 2015. A re-examination of C.J. Temminck's sources for his descriptions of the extinct Japanese wolf. Archives of natural history, 42(1): 51-65.
平岩米吉．1992．狼―その生態と歴史．築地書館，東京，308 pp．
ジーボルト．斉藤　信（訳）．1967．江戸参府紀行．平凡社，東京，347pp．

第11章

シーボルトが見た淀川の原風景

川瀬　成吾

　シーボルトは淀川とその流域について，魚や水が豊富な川であることを書き記しており，豊かな水辺環境が広がっていたことが想像される．しかし，現在，都市化や河川改修のなどの影響により，淀川流域の水辺環境は改変され，多くの淡水魚が絶滅危惧種となっている．淀川の原風景とはどのようなものであったのか．本章では，江戸参府紀行における記述と淀川の現況を比較し，在来の淡水魚の構成からシーボルトが見たであろう淀川の原風景の復元を試みた．

はじめに

　シーボルトがはじめて淀川と出会ったのは1826年（文政9）3月13日の雪のちらつく寒い日であった．彼は淀川流域を旅するうちに，文化が深く根付き，生命の活気にあふれる淀川とその流域に魅了されていく．シーボルトは，往路は淀川沿いを歩いて上流へ向かい，復路は夜分に船で下っている．そのため，淀川の河川構造に関する記述は少ないが，水田地帯や周辺地域について次のように言及している（ジーボルト，斎藤訳，1967：155）．
　　「大部分のイネを植えた田には，これまで見たのとは違ってたくさんの水がある．それゆえ至るところに細い水路や人がひとりで踏む水車がある．……けれどもこの川京都近くの琵琶湖という大きな湖水に続いているので，ひどい洪水を引き起こすこともしばしばである．ことに左岸にある田畑は川そのものよりずっと低いところにあるので洪水はそれだけ恐ろしい．」
　以上のように，人々は洪水や悪排水と闘いながらも，豊富な水を利用して淀川の周囲を見事な水田地帯に変えていたことがうかがえる．また，淀川について「魚がたくさんいる川」と書き記しており，水の豊富なこの流域は魚影の濃い川であったことがうかがえる．
　しかし，現在，淀川を取り巻く水辺環境は都市化により悪化の一途をたどっている．そのため淡水魚は大幅に減少し，姿を消してしまった種もいる．現在

の淀川とその流域から，生命あふれる力強さ，魅力を感じ取ることは難しい．シーボルトを魅了した200年前の淀川とは一体どんな姿だったのだろうか．そこには自然豊かな原風景があり，淀川再生のヒントが隠されているはずである．そこで，本稿では，淀川の原風景について魚類生態学の視点から探ってみたい．

淀川の特徴と歴史

　淀川は琵琶湖を主水源とし，瀬田川，宇治川と名を変えた後，京都府大山崎付近で，北から桂川，南から木津川が合流して淀川本川となり，やがて大阪湾に注ぐ．流域面積は8240 km^{2}と日本で7番目の大きさを誇る．淀川は河川勾配が小さく，淀川本川の河川勾配は1/4700〜1/2000，宇治川で1/2900〜1/640となっており，まさに水の澱む川といえる（西野，2009；河合，2011）．現在の淀川本川は，6000年前の縄文海進期は海の底だった．海水面の低下とともに，河内湾，河内湖と変化し，上流から供給される大量の土砂によって沖積平野が形成され，大阪平野ができた．この頃の淀川は生駒山地と六甲山地に囲まれた平野を縦横無尽に流れ，周囲には後背湿地が広がっていたと思われる．

　淀川流域は豊富な水や発達した平野を有することから，早い時代から人々に利用されてきた．豊富な水によって私たちの食糧となる魚介類や稲などの農作物を育み，舟運による物流を支えて，やがて千年の都・京都や天下の台所・大阪といった大都市を生み出すまでに至った．シーボルトが訪れた江戸時代後期にはすでに堤防の設置や流路の付け替え，さらに舟運や今でいう内水面漁業が盛んに行われていた．淀川は古くから人の手が入った川であったといえる．

淀川の魚類多様性

　淀川は純淡水魚の多様性がきわめて高く，また個性ある河川である．淀川で確認されている淡水魚の数は68種と全国の河川中10位であるが，純淡水魚に限れば，その数は全国の河川中もっとも多い約50種に上る（長田，1975；2000）．しかし，上流にはわが国最大にして最古の湖・琵琶湖が控えており，琵琶湖における純淡水魚の数と比較すると少し見劣りする．淀川は琵琶湖の下流域に位置するため，その魚類相は単純に琵琶湖の縮小版かと思われがちである．実際に，琵琶湖を主な生息地とするビワコオオナマズ，ワタカ，ハスなどは淀川にも生息している．しかし，話はそう単純ではない．

　琵琶湖・淀川水系固有の魚類（種・亜種および準固有種ともいえるハスを含

第11章 シーボルトが見た淀川の原風景

表11.1. 淀川流域に生息する淡水魚類の生活史型

生活史型	氾濫原性魚類		河川性魚類			不明
	氾濫原定住	河川－氾濫原回遊	河川定住	湧水依存	大阪湾－河川回遊	
種	ヌマムツ[1,2] カワバタモロコ[1,2,3] モツゴ タモロコ[2] ツチフキ[1,2,3] ヨドゼゼラ[1,2,3] ヤリタナゴ[1,2,3] アブラボテ[1,2,3] ニッポンバラタナゴ[1,2,3] イタセンパラ[1,2,3] イチモンジタナゴ[1,2,3] ドジョウ[1,2] ヨドコガタスジシマドジョウ[1,2,3] ミナミメダカ[1,2,3] シマヒレヨシノボリ[1,2,3]	オイカワ ワタカ[1,2,3] カワヒガイ[1,2,3] コウライニゴイ ゲンゴロウブナ[1] ギンブナ オオキンブナ コイ カネヒラ[3] シロヒレタビラ[1,2,3] アユモドキ[1,2,3] チュウガタスジシマドジョウ[1,2,3] ナマズ[2] ビワコオオナマズ[2,3] カマツカ ドンコ	ハス[1,2] カワムツ ウグイ タカハヤ ムギツク[2] コウライモロコ イトモロコ[2] ズナガニゴイ[1,2] ナガレホトケドジョウ[1,2,3] アジメドジョウ[1,2] オオシマドジョウ[2] ギギ[2] アカザ[1,2,3] オヤニラミ[1,3] カジカ（大卵型）[2] ウキゴリ[2] カワヨシノボリ	スナヤツメ南方種 ミナミトミヨ[1,3] アブラハヤ[3]	ニホンウナギ[1] アユ[2] サツキマス[1]	デメモロコ[3] ゼゼラ[1,2] ニゴロブナ[1,3] ホトケドジョウ[1,2,3] ウツセミカジカ
計（種数）	15	17	17	2	3	6
レッドリスト記載率（%）	80.0	41.2	29.4	100	66.6	50
〃（地方版含む）	93.3	58.8	70.6	100	100	83.3

1．環境省版レッドリスト記載種
2．大阪府版レッドリスト記載種
3．京都府版レッドリスト記載種

む）は19種存在し，琵琶湖で適応進化した初期固有種[1]か，当流域でしか生き残れなかった遺存固有種[2]で構成されている．前者はニゴロブナ，ホンモロコ，イワトコナマズ，ビワマスが，後者はワタカやビワコオオナマズがその代表種である．ほとんどの固有種が琵琶湖に生息している一方で，特異的に淀川を中心に分布する淀川固有ともいえる種が存在する．それがヨドゼゼラとヨドコガタスジシマドジョウで，両者ともに氾濫原にできる水域（氾濫原水域）に強く依存している．スジシマドジョウ類を除くと，固有種としてはヨドゼゼラのみ唯一淀川，すなわち河川性の氾濫原水域に適応している．以上のように，淀川には氾濫原水域を主な生息場所とする固有のヨドゼゼラやヨドコガタスジシマドジョウが生息しており，単純な琵琶湖の流出河川でないことがわかる．

さらに，淀川ではイタセンパラ，イチモンジタナゴ，ツチフキ，アユモドキなど氾濫原水域に好んで生息する魚類"氾濫原性魚類"が多数存在し，淀川の魚類相をいっそう個性豊かにしている．ここで氾濫原性魚類について定義しておきたい．本用語は近年学術誌などで見られるようになってきた．中島ほか（2010）は氾濫原水域として比較的干上がりやすく不安定な水域である農業水

---
[1] 系統的に新しい種のことを初期固有種という．新しい環境に適応進化して生じることが多い．近縁種が地理的に近くに分布する．
[2] 系統的に古い種のことを遺存固有種という．ある場所でしか生き残れなかった場合に生じることが多い．近縁種が地理的に近くに分布しない．

図11.1 氾濫原水域の模式図．ワンド，タマリ，二次流路が含まれる河道内氾濫原と水田や水路が含まれる堤外氾濫原に大別される．（イラスト：小田優花）

路，ワンド，小規模なため池などを挙げこれらを利用する魚類を氾濫原水域依存種とした．Onikura et al.（2016）は中島ほか（2010）で氾濫原水域依存種とされたものと氾濫原と恒久的水域を行き来する魚類を氾濫原性魚類 floodplain fish と定義している．これらの分類を参考に，淀川産淡水魚の生活史型を類型化すると表11.1のようになった．氾濫原に強く依存している氾濫原定住型の種が15種，繁殖や成育のために氾濫原水域が欠かせない河川－氾濫原型の種が17種，河川定住型が17種，湧水依存型が2種，大阪湾－河川回遊型が3種，不明が6種となった．これを見ると半数以上の種が氾濫原に何らかの形で依存している氾濫原性魚類であることがわかる．

氾濫原水域の種類

淀川を特徴づけている氾濫原性魚類にとって氾濫原水域は欠くことができないことはいうまでもない．しかし，一口に氾濫原水域といってもその形態や特性は大きく異なり，魚種によって利用する氾濫原水域は違ってくる．氾濫原水域を類型化しその役割を明らかにすることはそれぞれの魚種の生態的特性を明確にするだけでなく，近年の減少要因を特定や保護対策を講じるための有効な

表11.2 氾濫原水域の類型化

	大分類	中分類	小分類	例
氾濫原水域	河道内氾濫原	ワンド	自然由来ワンド	くさび形ワンド
				受口ワンド
			人工物由来ワンド	ケレップワンド
				橋脚ワンド
				人工ワンド
		タマリ	自然由来タマリ	一次タマリ
				二次タマリ
			人工物由来タマリ	ケレップタマリ
				橋脚タマリ
				人工タマリ
		二次流路	自然二次流路	
			人工二次流路	
	堤内氾濫原	後背湿地＝水田・水路	氾濫原性水田・水路	
			その他水田水路	

目安になる．また，シーボルトの時代から現代までどのように環境が変化してきたか知る重要な手がかりにもなる．

まず，類型化の対象となる氾濫原水域を定義しておく．氾濫原とは洪水時に流水が河道から溢れて氾濫する範囲のことをいう（日本陸水学会，2006；Tockner and Stanford，2002）．すなわち，堤防の内外にかかわらず，潜在的に洪水の浸水可能性のあるまたは過去に氾濫の形跡のある場所はすべて氾濫原ということになる．ここでは氾濫原に自然作用または人工的に作られた水域のことを氾濫原水域と呼ぶ．氾濫原水域は，程度の大小や直接的・潜在的の違いはあっても河川本流あるいは支流と何らかのつながりがある．河川とのつながりの程度がそれぞれの魚種の生息に重要な意味を持っている．そこで，以下で氾濫原水域の類型化を行う（図11.1；表11.2）．

河道内氾濫原

現在ほとんどの河川に堤防が築かれ，堤防間に川が流れている．堤防より川の流れている方を堤外と呼び，堤外のいわゆる河川敷に形成される水域のことを河道内氾濫原と呼ぶ．河川管理が行き届き，洪水が抑えられている現代の河川において，堤外は増水に伴う氾濫原水域の形成が許容されるわずかな場所となっている．堤外は増水の影響を受けやすいため，自然の作用や人工構造物などによってワンド，タマリ，二次流路などさまざまな水域が形成される．ワン

ドとタマリは本流と接続があるかないかで決まる．水量や増水などによって接続の有無は変化しやすいため，まとめてワンドと呼ばれることもあるが，ここでは便宜的に分けて扱う．

ワンド　　ワンドは河川の入り江または湾入部のことをいい（日本陸水学会，2006）．自然の作用によって形成されるもの，人為的営みおよびそれと自然作用が組み合わさって形成されるものに大別される．前者はワンドの開口部が河川上流に向いているものと下流に向いているものに分けられる．ワンドの開口部が上下どちらに向いているかでワンドの環境は大きく変わり，魚類相も異なってくる（斉藤，2010）．

　人為的行為が伴うものとしてはケレップワンド，橋脚ワンド，人工ワンドが挙げられる．ケレップワンドはワンドという言葉の原型ともいえるもので，明治初期にヨハネス・デ・レーケをはじめとした明治政府お雇いのオランダ人技師達が舟運のために淀川や木曽三川などに設置したケレップ水制を基礎として，その後の河川の堆積作用によって形成された水域のことをいう．淀川では特にイタセンパラやアユモドキなど氾濫原性魚類のきわめて重要な生息場所になっていた．橋脚ワンドは河川にかかる橋の橋脚に増水などで水が当たってその周囲が掘削されることで形成されるワンドのことである．人工ワンドは自然再生などで人工的に造成されたものを指す．

タマリ　　河道内の本流から分離孤立し，河川敷の窪地に水のたまった止水域のことをタマリと呼び（日本陸水学会，2006），ワンドとの違いは本流との接続があるかないかで決まる．タマリもワンド同様に自然に形成されるものと人為的作用が関わっているものに大別される．

　タマリはタナゴ類，モロコ類，ドジョウ類など小型魚類の生息場所となるだけでなく，産卵場や仔稚魚の生育場としても重要な役割を果たす．しかし，タマリは伏流水や増水などによる水の交換がないと，小さな止水域であるために，時間の経過とともに死水域となってしまう．また，適度な攪乱がないと底に有機質の泥が厚く堆積してしまい魚類の生息に不向きな環境となってしまう．

　自然由来のものは，形成過程によって一次タマリと二次タマリに分けられる．一次タマリは増水時の洪水流の影響によって河川敷が掘削されてできるタマリのことである．二次タマリは旧河道の名残ともいえるタマリで本流の流路変更によって形成される．たとえるならば，二次タマリは河川敷に形成される小さな三日月湖のようなものである．

　人為的作用が関わっているものは基本的にワンドと同様で，ケレップタマリ，橋脚タマリ，人工タマリなどが挙げられ，本流と独立している点でワンドと異

なる.

二次流路　二次流路は河川流路のうち本流とは別の流れのことをいう．本流よりも水量が少なく流れが緩いため，小型魚類が生息しやすい．比較的安定した二次流路の場合，流路中に砂泥底や泥底環境が形成される．そうすると二枚貝が多産するようになり，タナゴ類やヒガイ類にとって良好な生息環境が生まれる．二次流路も自然に形成されるものと人工的に形成されるものに大別される．

　自然由来の二次流路形成過程は，増水による洗掘と土砂の堆積の作用とが関わって，新たな流路が生じる場合と，旧本流がそのまま二次流路となる場合とが考えられる．人工的なものとしては，農業用水確保のために掘削される導水路や自然再生事業の一環として創出される水路がこれにあたる．

堤内氾濫原

　河川管理が徹底された現代において，大雨が降っても想定外の事態が起こらない限り，水は堤防と堤防の間を流れ，私たちの生活圏に影響を与えることはない．しかし，自然河川は本来ひとたび増水すると平野や盆地を自由に動き回るきわめて動的なものである．自然河川といわれる人為的影響の少ない河川の周囲には後背湿地と呼ばれる沼沢性の低湿地ができる．この後背湿地は肥沃であるため，水稲の到来と土木技術の発達とともに水田へと改変されてきた．灌漑のために水田地帯には水路が網状に形成され，水田とともに一大湿地帯を形成する．水田地帯は河川とは別物として扱われることが多いので，河川の一部と認識することは難しい．しかし，自然が担っていた洪水撹乱という機能を人が稲作の中で代替するようになっただけで，生物にとって重要な湿地帯が維持されてきた．

水田・水路　一口に水田・水路といってもきわめて多様な立地条件や形態があり，水田・水路における生物多様性を論じるときは，これらを十分に配慮する必要がある．ここでは，立地または水利の観点から氾濫原の代替湿地といえる氾濫原性の水田・水路とその他の水田・水路を分けるにとどめる．氾濫原性水田・水路は沖積平野や盆地に形成され，水路は河川二次流路と同じような役割を果たし，水田は生物生産の場，魚類の仔稚魚の生育場として重要である．

　氾濫原性水田・水路は河川とのつながりや水田があってはじめて河川氾濫原の一部として機能するが，堰などによる分断や水路の三面コンクリート化による劣化，および，宅地化などによる水田の消失が生じると生物多様性や生産性は大きく衰退する．

　淀川流域の水田地帯における魚類に関する研究は少なく，斉藤ほか（1988），

紀平（1983）や田中ほか（2015）があるにすぎない．これらを参考にすると，水田地帯はカワバタモロコ，イチモンジタナゴ，ヨドゼゼラ，スジシマドジョウ類，アユモドキなど氾濫原性魚類にとって，きわめて重要な生息場所になっていたと推察される．

氾濫原水域の役割

　先に分類した氾濫原性魚類についてさらに詳しく氾濫原水域の利用様式について見て行きたい．氾濫原定住型の種はその名の通り，生活史のほとんどを氾濫原水域ですごす種で，固有種のヨドゼゼラとヨドコガタスジシマドジョウもここに含まれる．氾濫原定住型の種の中でも好む氾濫原水域は異なっており，ヌマムツ，ツチフキ，ヨドゼゼラ，イタセンパラ，ヨドコガタスジシマドジョウなどは河川本流に近いワンド，タマリ，二次流路，水田・水路を好む．一方で，カワバタモロコ，モツゴ，ニッポンバラタナゴ，ミナミメダカなどは河川との距離にそれ程影響されず出現し，谷地のため池でも生息できる．ヤリタナゴとアブラボテは農業水路や二次流路のような緩やかな流れのある水域に多い．
　河川－氾濫原型に含まれる種は氾濫原の利用パターンが大きく2つに分けられる．まず，氾濫原水域を繁殖場として利用する種である．これにはワタカ，フナ類，カワヒガイ，タナゴ類，アユモドキ，チュウガタスジシマドジョウ，ナマズ類が含まれ，氾濫原水域の有無が種の存続に大きな影響を与える．もう一方は氾濫原水域を若魚などの生育場として利用する種である．これにはオイカワやニゴイ類などが含まれ，稚魚や若魚期に餌を求めて氾濫原水域に侵入する（田中ほか，2015）．そのため，これらの種にとって氾濫原水域は個体の成長や集団における個体数の維持に役立っていると考えられる．
　氾濫原水域はイシガイやドブガイ類などのイシガイ科二枚貝にとっても重要な生息場所になっていることが知られており（萱場・根岸，2011など），イシガイ科二枚貝に産卵するタナゴ類やヒガイ類にとっては，繁殖場として欠くことができない場所となっている．

消えゆく淀川の淡水魚

　近年，河川改修や都市化による水田の消失，水路の三面コンクリート化，水田の圃場整備などにより淀川流域における氾濫原水域の消失および環境の悪化が急速に進んでいる．それに伴って，生息場や繁殖場として氾濫原を必要とす

る氾濫原性魚類も激減している．先に挙げた淡水魚のうちイタセンパラ，イチモンジタナゴ，アユモドキは環境省版レッドリストにおいて絶滅危惧 IA 類のカテゴリーに分類され，イタセンパラとアユモドキは国指定の天然記念物，種の保存法の希少野生動植物種に指定されている．さらに，ヨドゼゼラ，ツチフキ，ヨドコガタスジシマドジョウも環境省版レッドリストに絶滅危惧種として掲載されている．ツチフキはかつて淀川に多産し，ツチフキ属の名前のもとになった個体が採れた場所（ツチフキ属の模式種 *Abbottina psegma* Jordan and Fowler, 1903の模式産地）でもあるが，現在では20年以上見つかっていない．ヨドコガタスジシマドジョウについても1996年以来確認されておらず（斉藤，2005），京都府版レッドリストでは絶滅種として掲載されている（京都府，2015）．淀川の淡水魚はこれまでにない試練の時を迎えている．

　生活史型ごとにレッドリストをあてはめてみると，湧水依存型100％，氾濫原定住型80％，大阪湾－河川回遊型66.6％，河川－氾濫原型41.2％，河川定住型29.4％が絶滅危惧種やそれに準ずるランクに選定されていた．湧水依存型はスナヤツメとミナミトミヨの2種のみで構成され，都市化や河川改修による地下水位の低下，湧水の枯渇，埋め立てなどの影響によりミナミトミヨは絶滅，スナヤツメも河川内にわずかに残された伏流水中にわずかに残るのみとなっている．大阪湾－河川回遊型はアユを除くニホンウナギとサツキマスが絶滅危惧種となっている．これは淀川大堰やダム，堰の建設によって海と川，川の上下流のつながりが分断されたことが主な原因と考えられる．淀川産淡水魚の半数以上が含まれる氾濫原性魚類はその多くが減少傾向にあることがわかる．とりわけ氾濫原定住型はレッドリスト掲載率がきわめて高い．河川－氾濫原型の中でも，氾濫原を繁殖の場としているタナゴ類，アユモドキやチュウガタスジシマドジョウといった種は氾濫原定住型と同様に軒並み絶滅危惧種となっている．

　氾濫原水域は上で示したように河道内氾濫原と堤内氾濫原に分けられるが，淀川流域においては両者ともに多くが失われている．淀川における河道内氾濫原の象徴ともいえるワンドやタマリの数は，1970年以前は800近くあったが（綾，2005），1970年代からはじまった淀川改修工事後は50未満と1/10以下にまで減少している（河合，2009）．また，淀川流域の堤内氾濫原は，大都市大阪と京都に近いという立地条件，および水田においては農家の担い手不足という状況が重なって，宅地化や商・工業地化などの都市化が進んでいる．大阪府の水田耕地面積は1900年初頭から現代にかけて1/10以下になっている（図11.2）．

　この数値には淀川流域以外の水田も含まれるが，淀川は大阪府最大の河川であるから同様の傾向ととらえて問題ないだろう．氾濫原は生物の多様性や生産

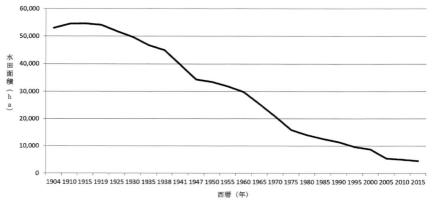

図11.2　大阪府における水田耕地面積の変遷．

性の中枢といわれている（Tockner and Stanford, 2002）．その氾濫原の消失は，淀川の魚類多様性にとって深刻な問題を引き起こしているに違いない．

シーボルトが残したメッセージ

　淀川の純淡水魚の多様性は日本でも指折りで，それはワンド・タマリや水田地帯などの氾濫原水域によって支えられてきたことはこれまで記してきた通りである．残念ながら，これまでのところシーボルトが確実に淀川で採集したと断定できる記録や標本はない．しかし，琵琶湖・淀川水系と岡山平野にしか分布しないアユモドキはシーボルトの江戸参府の経路から，淀川水系で採集された可能性も考えられる．標本の精査など今後の研究が望まれる．
　淡水魚をはじめ生物が豊かな水辺は人々をひきつけ魅了してやまない．シーボルトもその1人で，自身の著書『日本』の中で淀川について以下のような文を書き残している（ジーボルト，斎藤信訳，1967：157）．
　　「枚方の環境は非常に美しく，淀川の流域は私に祖国マインの谷を思いだ
　　させるところが多い．」
約200年前の淀川はシーボルトに故郷を思い出させるほど風光明媚な場所だったであろう．さらに，シーボルトはその風景の裏に洪水を繰り返す淀川流域で生きる人々の苦労とたゆまない努力があったことを見抜いている．上流の琵琶湖に保障された豊かな水と広大な氾濫原，それと付き合いながら暮らす人々という，まさに里川としての淀川の姿がそこにあったといえる．
　淀川の氾濫原と淀川を特徴づける氾濫原性魚類，すなわち淀川の原風景をこ

のまま失ってもいいのであろうか．昔に戻ることはできないが，そこから学ぶことは可能である．私たちは何を考えどう行動すればいいのだろうか．大きな岐路に立っているといえよう．

引用文献

綾　史郎．2005．ワンド・タマリの水理および生態系機能と保全・復元．河川環境管理財団（編），pp. 149-152．流水・土砂の管理と河川環境の保全・復元に関する研究（改訂版）．河川環境管理財団，東京．

乾　幸次．1987．南山城の歴史的景観．古今書院，東京．221 pp.

Jordan, D.S. and H.W. Fowler. 1903. A review of the cyprinoid fishes of Japan. Proceedings of the United States National Museum, 26: 811-862.

河合典彦．2009．淀川の原風景：ワンド・タマリと魚貝類．西野麻知子（編），pp. 185-200．とりもどせ！琵琶湖・淀川の原風景．サンライズ出版，彦根．

河合典彦．2011．淀川の水環境とその変遷：大規模な河川構造の変化が水環境に与えた功罪．渡辺勝敏・前畑政善（編），pp. 71-98．絶体絶命の淡水魚イタセンパラ―希少種と川の再生に向けて．東海大学出版会，秦野．

萱場祐一・根岸淳二郎．2011．イタセンパラを守る要石：二枚貝からみた氾濫原の劣化機構．日本魚類学会自然保護委員会（編），pp. 179-193．絶体絶命の淡水魚イタセンパラ―希少種と川の再生に向けて．東海大学出版会，秦野．

紀平　肇．1983．環境変化と魚類相の変遷―用水路の変化と魚相の変遷―．淡水魚，9: 58-59.

京都府．2015．京都府レッドデータブック2015第1巻野生動物編．京都府，京都．503 pp.

長田芳和．1975．淀川の魚．淡水魚，1: 7-15.

長田芳和．2000．淡水魚．大阪府（編）．pp. 139-172．大阪府における保護上重要な野生生物．大阪府環境農林水産部緑の環境整備室，大阪．

中島　淳・島谷幸宏・厳島　怜・鬼倉徳雄．2010．魚類の生物的指数を用いた河川環境の健全度評価法．河川技術論文集，16: 449-454.

日本陸水学会．2006．陸水の事典．講談社，東京．596 pp.

西野麻知子．2009．とりもどせ！琵琶湖・淀川の原風景．サンライズ出版，彦根．298 pp.

Onikura, N., J. Nakajima, R. Inui and J. Kaneto. 2016. Priority maps for protecting the habitats of threatened freshwater fishes in urban areas: a case study of five rivers in the Fukuoka Plain, northern Kyushu Island, Japan. Ichthyological Research, 63: 347-355.

斉藤憲治．2005．スジシマドジョウ種群―高密度なのに，実は希少種―．片野　修・森　誠一（編）．pp. 186-192．希少淡水魚の現在と未来―積極的保全のシナリオ―．信山社，東京．

斉藤憲治．2010．くさび形ワンド．ボテジャコ，15:

斉藤憲治・片野　修・小泉顕雄．1988．淡水魚の水田周辺における一時的水域への侵入と産卵．日本生態学会誌，38: 35-47.

ジーボルト，斎藤　信（訳）．1967．江戸参府紀行．平凡社，東京．350 pp.

田中和大・川瀬成吾・須藤允之・辻　晃一・細谷和海．2015．京都市区が水路における魚類

群集.地域自然史と保全,37: 35-45.
Tockner, K. and J. A. Stanford. 2002. Riverine flood plains: present state and future trends. Environmental Conservation, 29: 308-330.
淀川百年史編集委員会.1974.淀川百年史.建設省近畿地方建設局,大阪.1821 pp.

第12章

シーボルトが見た京都伏見の原風景

朝井　俊亘

　シーボルトは江戸参府の際，大阪の淀川を北上し，伏見から京都市内へとたどり着いている．悠久の古都とうたわれる京都の地は，昔から商業地ならびに観光地として栄えており，シーボルト一行も江戸参府道中とはいえ，ある程度の時間を市場の調査や市内散策など，調査・観光に費やしたに違いない．筆者らが得ることのできた情報はあまり多くはないが，京都でも多くの物品を収集したと考えられる．ここでは，京都伏見周辺でシーボルトが立ち寄った当時の記述からどのような情景が存在していたかを，推察する．

1．はじめに

　江戸参府には，通常オランダ人として3名以上の参加は許可されていなかった．そこで，出島商館長ステュルレルは，自身と医師シーボルト，そして書記役として薬剤師ビュルガーの2名を随伴させている．そのためシーボルトはもう1人の絵師であるデ・フィルネーフェを連れて行くことができず，彼はこの江戸参府には帯同していない（ジーボルト，斎藤訳，1967）．このとき彼ら以外の日本人として57名がつきしたがい，シーボルトの標本作成および収集などの助手として高良斎，二宮敬作，石井宗謙，川原慶賀といった門弟や絵師が同行していた（シーボルト記念館，2005；松井，2014）．第7章でも述べたが，一行は往路の3月17日に枚方，八幡，淀と淀川沿いに陸路を移動し，夜の9時に伏見へたどり着き，ここで宿をとっている．そして，翌日18日の11時ごろには京都の宿へ到着している．しかしシーボルト一行は，天皇が江戸へ遣る勅使の行列のために，24日まで京都に足止めされることになり，25日には江戸へ向けて，山科を通り草津へと進路をとっている．

　復路においては，江戸へ向かった時とは逆の順路をたどることになる．6月1日に京都の山科に入り，その日のうちに三条に到着している．2日～6日までは京都に滞在し，その翌日6月7日の夕方には伏見から大阪行きの舟（三十石舟）に乗り，淀川を下っている．シーボルト一行は帰路の途中，江戸へ向か

うときには見られなかった場所を見学することができており，詳細な風景画を川原慶賀にスケッチさせている．また，朝廷の医師とも面会し，朝廷に関する情報を仕入れている（ジーボルト，斎藤訳，1967：236）．

2．往路：大阪から京都・伏見を抜け琵琶湖へ

　シーボルト一行は3月17日の午前8時頃に大阪を出発し，淀川沿いを枚方，淀と通り，伏見に至っている．その際，淀川を故郷のマイン川と重ね，祖国への郷愁を覚えている（第2部第11章参照）．また，伏見に到着する前に「有名な八幡太郎の神社（石清水八幡宮）に行けなかったのはたいへん残念であった．」と記述しており，観光への興味もことさらあったことがうかがえる．これは翌18日の行動にも表れており，伏見の宿を出た後に，ビュルガーとともに伏見稲荷大社を訪れている．そこでも「建物のどぎつい赤い色といちじるしい清浄さでとくにわれわれの目についた」と残している．朱塗りの本殿とともに，稲荷山のいたるところに建てられた大小無数の鳥居，その奥に一種独特な妖しい空気をまとう千本鳥居などは，訪れたものを惹き付けて止まない．現代でもそうであるように，いつの時代も外国人が訪れ，惹かれる雰囲気は同じものであるのかもしれない．

　そこからシーボルトらは，東福寺と大仏の前を通り，11時頃に京都の宿に到着したと『江戸参府紀行』には書かれている．この記述から伏見街道，つまり現在の本町通を伏見稲荷大社からひたすら北上していることが見てとれる．その後，正面通に到達すると耳塚観光を兼ねて，大和大路通に東へと進路を変えたと考えられる（白幡，2009）．ここでいう大仏とは当時の方広寺にあったものと思われ，シーボルトらは進行方向の右手側に方広寺，建仁寺を順に見るかたちで，大和大路通を四条通まで進んだに違いない．そこから，祇園の大枝垂れ桜で有名な八坂神社・円山公園を背に進路を西へ取り，四条大橋を渡ったと推測できる．四条河原町まで来ると，そこから北へ進路をとることで左手にようやく当時の宿の場所をとらえるができた．当時の四条大橋は庶民が掛けた仮橋であったため，江戸参府のように重要な旅団が使用したとは考えにくく（池田東籬亭，1841；竹原，1862），公儀が掛けた1つ南にある五条大橋，もしくは1つ北にある三条大橋を渡った可能性が非常に高い．

　江戸参府道中でシーボルトらが数日に渡り宿泊した各地の宿は，「阿蘭陀宿」と呼ばれ，江戸参府の際に必ず宿泊所として利用する「定宿」である．この「阿蘭陀宿」は当時の日本では，江戸・京都・大阪・下関・小倉の5カ所

第12章　シーボルトが見た京都伏見の原風景

6軒のみが設けられており，長崎奉行の支配下に置かれていた（片桐，1998）．これは出島を擁し，オランダとも少なからず関係が深かった長崎奉行が，江戸参府においても影響力をおよぼしうる存在であったことを物語っている．片桐（1998）によると，京都に到着した一行が宿泊した阿蘭陀宿は「海老屋」と呼ばれ，享保のはじめ（1716年頃）に，京都の町奉行所によって作成された「京都御役所向大概覚書」の記載によると「河原町通三条下ル町」にその宿があったようだ．また，京都の阿蘭陀宿海老屋を継いだ当主は村上文蔵であり，村上家が現在の大黒町に位置しているとも述べている．この地は以前の京都スカラ座・駸々堂あたりで，現在ではミーナ京都が建っている．この場所こそシーボルト一行が宿泊していた．

　当時，舟運が大いに活用されていたことから，海老屋から2〜3分の所まで高瀬川から支流が引かれており，そこに舟入が作られていた．現在では三条大橋の北側に一ノ舟入跡だけが残っており，国指定史跡として登録されている．陸揚げ場だった場所には日本銀行京都支店が建っており，一ノ船入町という地名として残っていることは，当時の情景を推測する上で大変ありがたい．高瀬川の舟入は二条〜四条間に9カ所作られており，海老屋正面には五ノ舟入があったと思われる．舟入で積んだ荷物は旧高瀬川を下り，伏見港まで運ばれた後，大阪へ向けて出発する三十石舟に積み替えられる．ここで数泊しているシーボルトが，苦労せず収集物を運ぶことができる好機に気付かず，また何も手に入れることなく次の宿場まで移動するとは考えられない．実際，シーボルトはステュルレルの捻挫を理由に，京都入りする前から奉行所への延泊願いを出させている．それどころか，海老屋などの阿蘭陀宿には，指定された出入りの商人がおり，オランダ人との商談の場として活用されていた記録までもが残っている（片桐，1998）．そこでの取り引き収入が少なからず奉行や商人たちの懐を潤していたことは，疑う余地がないだろう．江戸参府はシーボルトにとっては日本を知る絶好の機会であったかもしれないが，参府旅行を受け入れた側も，ただで手の内をさらけ出すことはしなかったようだ．しかし，残念ながら海老屋では主として，工芸品などの取り扱いのみで，生ものなどは含まれていないところであった．この町中では魚類の収集はできなかったようである．

　観光地として多くの旅行客を集める京都であるが，水運が発達していたであろう当時の姿は，その面影すら残っていない．もし，高瀬川から引き入れられていた舟入がすべて残っており，そこを起点に町中が整備発展されていたなら，どれだけ山紫水明のごとく水の都が広がっていただろうか．想像するだけでも大変楽しみである．

3月25日にシーボルトらは江戸へ向けて出発する．このとき四条の橋を渡ったとあるが，文章の内容，そして当時の既定路線である東海道を歩き山科へ出るルートを考えると，三条大橋を渡り，東山・蹴上・御陵と三条通を抜ける道程が正しく，シーボルトの数え間違いであると考えられる．この後，琵琶湖へ至り多くの魚類と出会うことになる（第2部第13章参照）．

3．復路：滋賀琵琶湖畔の草津から京都を抜け大阪へ

シーボルト一行は6月1日に山科に到達している．そこからは，
　「われわれはそれからまもなく京（Miako）の郊外三条に至り，大三条橋（Osansiobasi）と小三条橋（Kosansiobasi）を渡り，京都に着いた」
と書かれているように，順調に海老屋まで帰ってこれたようだ．しかし，ここで今までにない表現である大三条橋と小三条橋がどの橋を指すのかが筆者には少し気にかかった．仮に復路の道順として，往路の逆を通ってきたと考えると，大三条橋は三条大橋のことだと推測される．さらに，三条大橋の手前には白川橋がある．しかし，この白川橋は当時から白川橋と呼ばれていたことから，シーボルトがこの橋を小三条橋と記述するとは考えにくい（池田東籬亭，1841；竹原，1862）．また，文章の順番から小三条橋は，三条大橋の次に来ている．そこで京都市歴史資料館で公開されていた「今村家文書」の一部をよく確認してみると，鴨川とともに江戸時代初期に作られた高瀬川が描かれた地図があり，シーボルトのいう小三条橋は，高瀬川にかかる三条小橋のことであるという確信を得ることができた．これは曖昧な状態である往路の道順を考えるヒントにもなるかもしれない．京都にしばらく滞在したシーボルトは，7日に大阪へ向けて出発している．その際，すぐには伏見へと向かわず，京都の主要な観光地を巡りながら移動している．その観光地には，知恩院・祇園社（現在の八坂神社・円山公園）・天台宗の清水寺・禅宗の高台寺・真言宗の大徳寺・一向宗の大行寺・浄土宗の大恩寺とさまざまな宗派の代表的な寺院が含まれている．シーボルトは往路の京都滞在時に，あまりの来客の多さに，
　「残念ながら京都の名所見物は帰りの時まで延ばさねばならない．当地の数多い神社仏閣がとくに興味をそそる」
と愚痴っていたことから，ここぞとばかりに名所見物を楽しんだに違いない．また，八坂神社では茶屋で少し飲んで元気をつけたとあるが，同時に非常にたくさんの見物人に取り囲まれていたとも記述している．清水寺では景色を堪能したともあり，一通り京都を楽しめていたようだ．しかし，1日で観光と伏見

第12章　シーボルトが見た京都伏見の原風景

図12.1　左：伏見港公園内にある船着き場と十石舟のレプリカ．当時はこのような簡易小型舟が所狭しと行き来していたに違いない．右：船宿として繁栄していた旅籠屋，寺田屋事件で有名．

港までの移動をこなす旅程としては体力的にも大変厳しいものであったに違いない．

　伏見港へと到着したシーボルト一行は，そこから大阪へ向けて三十石舟に乗り，往路で郷愁に駆られた淀川を下っている．大阪と淀川でつながっている伏見は，江戸時代に盛んだった水運の上流発着地であり，河川港として伏見港を擁していた（図12.1，左）．当時，大阪の八軒家まで三十石舟が定期便で伏見港との間を往復しており，移動手段として人気を集めていたようだ．現在の京阪天満橋駅前に，八軒家の船着き場跡がある．また，伏見港は京阪電鉄の伏見桃山駅と中書島駅の中間あたりに位置する．宇治川に繋がる水路がちょうど町中に入り込んでくるところに港跡がある．その近くには維新の史跡として有名な寺田屋があり，現在では公園として整備され，河川港としては機能していない（図12.1，右）．伏見港のさらに上流は旧高瀬川に繋がり，高瀬舟で京都市内に細かな舟運網を作っていた．伏見は京都と結ぶ高瀬舟，そして大阪とを結ぶ三十石舟の中継地点として栄えた町である．また，当時は宇治川，桂川，木津川の比較的大きな3河川が流れ込むことで，絶えず遠浅の湿地帯として巨椋池が形成されていたことから，必然的に舟運が発達したこともうなずける．現在，伏見港公園には，港の名残として三栖の閘門が見られるが（図12.2），それも昭和時代に造られたもので，少なくともシーボルトが舟で通った江戸時代

図12.2 宇治川と高瀬川の水位差があまりにも大きいために設置された水位調節のための三栖閘門.

図12.3 水路をゆっくりと走る十石舟. 静かで当時の雰囲気と水辺を感じられる.

の伏見港を連想させる情景ではない. 一方で, 伏見港では月桂冠大倉記念館裏を船乗り場として, 三栖の閘門までを往復する十石舟と三十石舟に観光乗船することができる. これに筆者らが乗船したところ, まるで高瀬舟に乗っているかのような気分になった. 当時はこのような感じであったに違いないとノスタルジーを感じさせてくれた（図12.4）.

　水路には明治時代に引水された琵琶湖疏水が伏見墨染から濠川を経て, 本公

第12章　シーボルトが見た京都伏見の原風景

図12.4　水路で捕獲できた在来のタナゴ亜科のカネヒラ（第4部15参照）．

園内に通じている．水路内には在来の淡水魚が普通に見られる（図12.4）．今以上に京都・伏見周辺の自然環境が悪化しないことを祈りたい．加えて，本書から水辺の原風景を復元・回復する手がかりとなるヒントが1つでも見つかることを願いたい．

引用文献

池田東籬亭考正．1841．天保改正袖中京絵図．竹原好兵衛．国立国会図書館デジタルコレクション，info:ndljp/pid/9367511．（DOI: 10.11501 / 9367511）．

ジーボルト，斎藤信（訳）．1967．東洋文庫87．江戸参府紀行．平凡社，東京．2 + 347 + 4pp.

片桐一男．1998．京のオランダ人　阿蘭陀宿海老屋の実態．吉川弘文館，東京．217pp.

松井洋子．2014．ケンペルとシーボルト「鎖国」日本を語った異国人たち．山川出版社．東京．96pp.

シーボルト記念館．2005．シーボルトのみたニッポン．シーボルト宅跡保存基金管理委員会．長崎．64pp.

白幡洋三郎．2009．和蘭人観耳塚．京都新聞社（編），pp. 58-61．江戸時代の京都遊覧　彩色みやこ名勝図会．京都新聞出版センター，京都．

竹原好兵衛．1862．新選京繪圖．国立国会図書館デジタルコレクション，info:ndljp/pid/2543054．（DOI: 10.11501 / 2543054）

第13章

シーボルトが見た琵琶湖の原風景

川瀬　成吾

　シーボルトが見た江戸時代の琵琶湖の風景は，環境悪化や生物多様性の損失が進む現在，自然を再生するための重要な基準を与えてくれる．しかし，江戸参府やシーボルト・コレクションから琵琶湖に焦点を当てた研究はこれまで十分に行われてこなかった．ここでは，はじめに琵琶湖の歴史について概観する．次に，江戸参府紀行とシーボルト・コレクションから琵琶湖で採集された魚類を推察する．最後にこれまでに得られている情報から，琵琶湖の原風景を想像してみる．

はじめに

　鎖国下にあった日本において，琵琶湖は西洋からみて未開の地にある神秘の湖であったに違いない．当時，琵琶湖は一夜にしてできた湖と信じられていたようで，ケンペルやツュンベリーも著書の中でこの伝説にふれている（ケンペル，斎藤訳，1977；ツュンベリー，高橋訳，1994）．
　野心家であったシーボルトが江戸参府中に通るこの伝説の湖に興味を持っていたことは間違いない．なぜなら，シーボルトは自身の日記の中で琵琶湖の魚類に関心があるような記述を残し（ジーボルト・斎藤訳，1983），実際にコレクションの中には琵琶湖の固有種が含まれている．シーボルトは琵琶湖でどのような生物と出会い，どのような風景を見たのだろうか．琵琶湖の概要について記した後，江戸参府やシーボルト・コレクションからシーボルトが見た琵琶湖を想像してみたい．

奇跡の湖　琵琶湖

　琵琶湖は約400万年の歴史を持つ古代湖で，日本最古の湖である．もちろん当時思われていたように一夜にしてできたわけではなく，三重県伊賀地方に生じた断層の裂け目に水がたまって誕生した構造湖である．その後，複雑な地

殻変動に伴って長い年月をかけて形を変えながら湖盆が西へと移動し，今日の"琵琶の形"になったのは約40万年前と考えられている．すなわち，現在の形になってからでも約40万年続いており（琵琶湖自然史研究会，1994），1万年といわれる湖の一般的な平均年齢からすると，驚くべき長さである．

琵琶湖は広大な沖帯と氾濫原という2大環境で特徴づけられる（西野，2008）．琵琶湖といえばまず思い浮かぶのは広い湖面だろう．琵琶湖の面積は約670 km^{2}と日本一の広さを誇る．広大な湖面，すなわち沖帯は琵琶湖最大の特徴といえる．狭い日本の国土の中でこのような広い湖面があることは、すなわち、魚類の進化を促す引き金となる．加えて、琵琶湖の周囲には氾濫原と呼ばれる広大な湿地帯が広がっている．内湖やヨシ帯を中心に見られる抽水植物帯，水田地帯などがそれに当たり、エコトーン[1]である水陸移行帯の役割を果たしている．さらに，湖岸には岩礁，砂浜，抽水植物などさまざまな景観が見られる（西野，1991；西野，2005）．

以上の歴史性と環境の多様性・広大さが1000種以上の生物の生息を可能にし，57種・亜種という固有種を生み出して（Nishino and Watanabe, 2000），特有の水辺生態系を作り出している．このように日本という小さな島国で、琵琶湖のような古代湖が現在まで脈々と続いているのは、奇跡といえるのではないだろうか．

琵琶湖に生息する魚類

一生を淡水で過ごす，いわゆる純淡水魚類に限ると，その種数は約60種と日本でもっとも多く，19もの固有種（亜種を含む）が含まれる．種数の多さもさることながら，固有種の多さにも驚かされる．固有種には淀川の章でも紹介したように初期固有と遺存固有が含まれる．初期固有種には，ニゴロブナ、ゲンゴロウブナ，ホンモロコ，スゴモロコ，イワトコナマズ，ビワマス，オオガタスジシマドジョウ，ビワコガタスジシマドジョウ，ビワヨシノボリ，オウミヨシノボリ，イサザが挙げられる．スジシマドジョウ類やオウミヨシノボリを除き，琵琶湖の広大な沖帯という生物学的に空白地帯だった新しい環境にうまく適応し，進化してきた種と考えられている．ただし，近年の遺伝学的研究によ

---

[1] 移行帯または推移帯ともいう．性質を異にする2つの生態系の重複部分をいう．エコトーンの生物多様性は、それぞれに由来する異なる生物種に加えエコトーン固有の生物種から構成されるため、きわめて豊かである．

って単純に一義的に琵琶湖の環境に適応したのではなく，種によって分散と隔離を繰り返した複雑な形成プロセスがあることが示唆されている（Okuda et al., 2014）．そのため，この区分はあくまで便宜的なもので，初期や遺存という言葉にとらわれてしまってはいけない．遺存固有種にはヨドゼゼラ，ハス，ワタカ，ビワコオオナマズが含まれる．日本では琵琶湖水系でしか生き残れなったため遺存固有といわれているが，琵琶湖の環境に2次的に適応し独自の進化もとげている．興味深いことに，琵琶湖流出河川である淀川下流域まで分布する固有種はもっぱら遺存固有の種である．これは，沖帯という環境への依存度よりも水域の大きさや近縁種との分岐の深さが関係しているのかもしれない．固有種も含め琵琶湖産魚類の中にはいまだ分類が確立されていない種があり，正確な種数は明確になっているとはいえない．これは分析ツールとしての分類学が遅れているためで，今後の大きな課題といえる．

人と湖が織りなす琵琶湖の歴史

　琵琶湖周辺は水が豊かでタンパク源となる魚の資源量も多いことから古くから人々が暮らしてきた．その歴史は，少なくとも縄文時代まで遡るという（中島・宮本，2000）．すなわち，人と魚と湖の関係が2000年以上にもわたって連綿と続いてきたことになる．人と湖の関係性だけを見ると，琵琶湖は人によって耕された里湖といってもよいだろう．これまでに多くの人が琵琶湖に魅了されてきたが，その風土はどのように培われてきたのであろうか．それを解く鍵は琵琶湖で生活する漁師と瑞穂の国ともいわれる日本において，水田稲作に従事する農家にある．

　漁場は沖帯や内湖が中心である．琵琶湖における漁はエリ，コイト，ウケ（タツベ，モンドリ）などの待ちの漁がほとんどで，これは日本一広いといっても海とはけた違いに小さい琵琶湖で資源を絶やさないために工夫された知恵である（戸田，2002）．オイサデ，沖すくい，沖曳などの攻めの漁法もあるが，オイサデや沖すくいは魚の習性を利用したもので，節度もなく採りつくすということはない．琵琶湖の魚類が，近年まで大きな個体群を維持してきたことは人と魚の関係がバランスよくいっていた証拠だろう．これは琵琶湖に生かしてもらっているという漁師精神の賜物と考えられる．

　一方，琵琶湖周辺で水田稲作を中心とした農業を営む人々にとっても琵琶湖の恵みは欠くことのできないものだった．琵琶湖の周囲には約420 km^2 もの水田が広がっており，その広さは琵琶湖面積のおおよそ6割にもおよぶ．もちろ

んこのすべてが琵琶湖と直接的に関係しているわけではないが，ほぼ琵琶湖流域にあり，魚類などの生物を通じて深く関わってきた．これだけの面積を人々が耕作しているのであるから，琵琶湖の環境や生物に大きな影響を与えているに違いない．

　水田に代表される琵琶湖周囲の氾濫原水域は魚類の重要な繁殖場や生息場であったのみならず，琵琶湖周辺に住む大多数の人にとって魚類との関わりを持つ重要な場であったと考えられる（中島・宮本，2000；滋賀の食事文化研究会，2003）．すなわち，3月から6月にかけてのコイ，フナにはじまり，ナマズ，ホンモロコ，ワタカなど多くの魚類が産卵のために氾濫原水域めがけて押し寄せてくる．この時期は水田にあるいは周囲の水路に魚が自然と大量にやってくるため，農家の人々でも容易に魚を捕獲することができた．食卓にコイの洗い，フナの子まぶし，モロコの佃煮，シジミの味噌汁や佃煮などが並び，湖魚食文化が育まれてきた．また，産卵期にまとまって取れるので，捕獲した魚類を保存する手段として，ふなずしに代表されるお米で発酵させて保存するなれずし文化が発達してきた．なれずし文化は，魚とお米で作られることから，まさに琵琶湖と水田のつながりの象徴といえる（滋賀の食事文化研究会，2003）．このように，琵琶湖の周囲に住む人々は漁師でなくとも琵琶湖から多くの恵みを享受してきた．これは，タダで受けていた恩恵ではなく，多大な労力のかかる日々の水田管理，肥料にするための水草の刈り取りなど，琵琶湖とその周囲を耕してきたからこそ得られたものである．琵琶湖は人と自然の高度な共生関係ができ上がった場といってよいだろう．以上のように，琵琶湖周辺に住む人々は琵琶湖の環境や魚とうまく付き合いながら風土を育んできた．シーボルトが琵琶湖を訪れた江戸時代後期は人々と琵琶湖の関係がもっとも成熟した時期であったと考えられる．

江戸参府紀行に記された琵琶湖

　1826年（文政9）3月25日京都を発し，牛車とそれを助ける車石を見ながら逢坂峠を越えたシーボルト一行は滋賀の地に足を踏み入れた．多くの商店が並ぶ大津の街に着き，大津の湖に突き出た露台からはじめて琵琶湖を望むことになる（図13.1）．この日は天気が悪く風も強く寒かったため，ゆっくりと琵琶湖を眺める余裕はなかったようであるが，それでも耕された湖畔，背後に控える雪を冠した高い山々（おそらく比良山系），帆かけ舟や漕ぎ手の乗った舟が湖に浮かぶ様にシーボルトは感激している．「耕された湖畔」という表現を使

第13章 シーボルトが見た琵琶湖の原風景

図13.1 瀬田から臨む琵琶湖と西岸．ちょうど比叡山手前の湖岸の木々が生えている場所が膳所城跡．

用していることからもシーボルトは琵琶湖がすでに人の手のかかった里湖であることを見抜いている．大津を出たシーボルト一行は膳所の町を通る．日本三大湖城にも数えられる水城の膳所城は，シーボルトの目にも美しく映ったようである．膳所周辺の湖上には鳥屋と呼ばれる水鳥を撃つための小屋があったことを記述している．膳所から瀬田までの道は松並木が続き，湖畔にはヤナギ，マツ，ハンノキが茂っていたようで，美しかったに違いない．日記には田上山地のはげた山肌にもふれられている．瀬田の唐橋を渡ったところで日が暮れて，宿泊地の草津までの景色については残念ながら記述されていない．草津を出ると琵琶湖から離れてしまうが，途中の大野（現甲賀市土山）でトキの剝製を2羽購入している．実際に，オランダのナチュラリス生物多様性センターには2羽のトキの剝製標本が保存されている（図13.2）．トキは"シラサギ"と一緒にこの辺りの田畑に姿を見せると書かれている．ここでいう"シラサギ"は，田畑という環境から，シラサギはチュウサギかアマサギのいずれかを指すと思われる．琵琶湖流域にもトキが多数生息していたことがうかがえ，この辺りが模式産地と考えてよいだろう．そして，亀山へ向かう途中の鈴鹿山脈では1匹のオオサンショウウオを手に入れ感激している．このように琵琶湖流域においてシーボルトは，往路でさまざまな生物に出会っている．

　復路は，5月30日に滋賀に入り，シーボルトが見たことない樹木などの植物を観察しながら野洲川に沿って東海道を石部に向かう．途中大雨に遭い，夜遅くなって石部宿に到着する．翌日，朝早くに石部を立ち，大津に向かって出発する．瀬田の唐橋で琵琶湖の魅するような風景に再会する．膳所では，見晴ら

151

図13.2　ナチュラリスに所蔵されているトキのタイプ標本（レクトタイプ）．タイプ産地は現在の滋賀県甲賀市土山と考えられる．

しのよい茶屋で一服し，取れたてのコイ料理を食べられることを知る．大津に入り，中津候の美しい宿舎に入って，屋上の櫓から美しい夕日を眺める．すでに5月末日にもかかわらず比良山系にまだ雪が残っていると記している．例年のことなのか，この年に雪が多かったためなのかわからないが，今日ではあまり例のないことである．翌日，出島への帰路につき，滋賀の地を後にする．

　このようにシーボルトは，往復路ともに東海道沿いに滋賀県を横切り，琵琶湖とその周辺の風景を楽しみながら，調査を行ったのだろう．では，シーボルトはどこで魚を入手したのだろうか．残念ながら，これは推測の域を出ない．シーボルトが通った中で湖魚文化が根深いのはやはり大津や膳所であろう．大津は現在でも湖魚の消費地として知られ，商店街にいくつか湖魚専門店がある．現在はきわめて少なくなったが，膳所にも湖魚専門店が点在していた．シーボルトは大津に宿泊もしているので，大津で魚類を入手した可能性は高い．ただし，お隣の京都も湖魚の一大消費地として知られる．京都での滞在時間は他より長いので，京都で入手した可能性も否定できない．

シーボルトが琵琶湖で収集した魚類

　シーボルトは琵琶湖とそこに住む生物に強い関心を持っていたことは間違いない．シーボルトの書籍や日記には具体的な魚種に関する記述は残っていないが，日記（ジーボルト，斎藤訳，1983：65）に，
　　「（この湖水の歴史についての論文），魚類は？　このほかにいろいろな種類の淡水の貝（？のような貝，コレクションを参照）」
とあり，琵琶湖の魚類に関心があって琵琶湖周辺でコレクションを収集したことを示唆する．実際にシーボルト・コレクションには琵琶湖固有種が含まれている．それでは，シーボルトはどんな魚類と出会い，収集したのだろうか．
　まず琵琶湖で収集したと特定できる種は，固有種・亜種のゲンゴロウブナ，ニゴロブナの2種が挙げられる（第4部参照）．さらに，琵琶湖の準固有種ともいえるハスもコレクションに含まれる．ハスは淀川にも生息するが，生息数，漁労や利用の観点から，淀川で採集したとは考えにくい．琵琶湖には個体数が豊富であるため，ハスも琵琶湖周辺の市場や湖魚専門店などで入手したと考えるべきだろう．
　その他の種に関してはどうだろうか．上野（1984）は，その著書の中で「淀川水系の魚類研究史」という文をまとめており，シーボルト・コレクションと淀川水系の魚類について考察している．上野はシーボルトの江戸参府の行程からコレクションのほとんどを京都か大津を中心に集めたと推測している．その根拠としてコレクションの顔ぶれから琵琶湖・淀川水系に分布している種が多いということを挙げている．しかし，シーボルトの淡水魚採集地候補である九州北部にも共通して自然分布する種が多く，実際に私たちの調査から九州北部で採集した種も多いことは明らかである．そのため，今後，広域分布種の採集地に関しては地理的変異を考慮して慎重に検討する必要がある．
　このような視点でもう一度コレクションを見直すと，本州西部と四国に分布するが，九州に分布しない種としてはタモロコが挙げられる．タモロコは地理的変異が顕著であることが知られており（細谷，1987），形態的特徴を精査することでさらに産地を絞ることができる．タモロコのレクトタイプを調査したところ，写真のように体高が高く，寸詰まった体形を呈していた（川瀬ほか，未発表；図13.3）．このような形態を持つタモロコはホンモロコと同所的に分布する琵琶湖産タモロコの特徴であることがわかっている（細谷，1987）．したがって，タモロコも琵琶湖周辺で収集された可能性がきわめて高い．
　シーボルト・コレクションの一員で，広域に分布し九州北部と琵琶湖にも分

図13.3 ナチュラリスに保管されているタモロコ *Gnathopogon elongatus* のレクトタイプ[2]（RMNH 2496）（A）と琵琶湖産現存個体（B）．

布する種は，上述と嬉野の節（第2部第9章）で挙げた種を除くと，コイ，アブラボテ，カネヒラ，ヌマムツ，モツゴ，ニゴイ，アユモドキ，ギギが挙げられる．消去法で考えると，これらの種は琵琶湖産の可能性が高い．ただし，これらの種は既存の情報だけでは産地を特定できないので，今後，地理的変異，形態的特徴や寄生虫などを精査する必要がある．

シーボルトが見た琵琶湖の原風景

　シーボルトが見た琵琶湖は彼が期待通り，それ以上の景色だったに違いない．単純に広く大きな湖というだけでなく，そこに住む人々との関わりまで気付いていた．自然と調和した日本人の暮らしに魅了されたシーボルトは琵琶湖でもその一端を垣間見たのである．シーボルトは，現在，環境省レッドリストで絶滅危惧IB類に選定されているニゴロブナとゲンゴロウブナ，絶滅危惧II類の

---

[2] 後進の研究者が，複数の模式標本（シンタイプ：等価標本）の中から，ホロタイプように学名を任うようにするため選んだ標本のこと．

ハスなどの魚類を容易に入手することができた．食材としてよく利用されるこれらの魚類を入手しているという事実は，琵琶湖周辺で湖魚文化がよく根付いていた証拠であろう．また，水田生態系の頂点に立ち，その象徴ともいえるトキが琵琶湖流域の水田地帯にいたことは，豊かな生物多様性がそこにあったことを物語っている．琵琶湖の原風景は，手つかずの自然ではなく，人と自然がうまく調和した自然といえよう．シーボルトの言葉を借りると琵琶湖は地元民によって"よく耕された"湖だったのである．

生物多様性の劣化は，人と自然の関係の劣化とも深く関係している．これからも豊かな琵琶湖を維持していくためには，湖魚食や水辺遊びなど文化的観点も含め，流域レベルの視野をもって保全を考えて行く必要があるだろう．

引用文献

琵琶湖自然史研究会．1994．琵琶湖の自然史―琵琶湖とその生物のおいたち．八坂書房，東京．344 pp.

藤岡康弘．2017．淡水魚の重要な生息地 琵琶湖．西野麻知子・秋山道雄・中島拓男（編），pp. 152-156. 琵琶湖岸からのメッセージ―保全・再生のための視点．サンライズ出版，彦根．

細谷和海．1987．タモロコ属魚類の系統と形質置換．水野信彦・後藤 晃（編），pp. 31-40. 日本の淡水魚類―その分布，変異，種分化をめぐって．東海大学出版部，平塚．

ケンペル，斎藤 信（訳）．1977．江戸参府旅行日記．平凡社，東京．371 pp.

中島経夫・宮本真二．2000．学際的研究から総合研究へ 自然の歴史から見た低湿地における生業複合の変遷．松井 章・牧野久実（編），pp. 169-184. 古代湖の考古学．クバプロ，東京．

西野麻知子．1991．底生動物から見た湖岸の景観生態学的区分．pp. 47-63. 琵琶湖岸の景観生態学的区分．滋賀県琵琶湖研究所プロジェクト研究報告書．

西野麻知子．2005．琵琶湖と内湖の関係．西野麻知子・浜端悦治（編），pp. 54-61. 内湖からのメッセージ―琵琶湖周辺の湿地再生と生物多様性保全．サンライズ出版，彦根．

西野麻知子．2009．とりもどせ！ 琵琶湖・淀川の原風景水辺の生物多様性保全に向けて．サンライズ出版，彦根．298 pp.

Nishino, M. and N.C. Watanabe. 2000. Evolution and endemism in Lake Biwa, with special reference to its Gastropod mollusc fauna. Advances in ecological research, 31: 151-180.

Okuda, N., K. Watanabe, K. Fukumori, S. Nakano and T. Nakazawa. 2014. Biodiversity in aquatic systems and environment Lake Biwa. Springer.

ジーボルト，斎藤 信（訳）．1967．江戸参府紀行．平凡社，東京．350 pp.

シーボルト，斎藤 信（訳）．1983．参府旅行中の日記．思文閣出版，京都．222 pp.

滋賀の食事文化研究会．2003．湖魚と近江のくらし．サンライズ出版，彦根．242 pp.

ツュンベリー，高橋 文（訳）．1994．江戸参府随行記．平凡社，東京．406 pp.

戸田直弘．2002．わたし琵琶湖の漁師です．光文社，東京．204 pp.

上野益三．1984．博物学史論集．八坂書房，東京．595 pp.

第14章

トキのいた濃尾平野の田んぼ

新村　安雄

　シーボルトは江戸参府の途上，濃尾平野において，植物採取と標本作製に注力し，淡水魚の採集と標本作製を行わなかった．しかし，トキの非繁殖個体群の記載など，当時の水田生態系の状況が記録されている．また，遠州灘でナメクジウオを採取したことは，貴重な記録である．その液浸標本が存在していないことは，参府時に携行したアラク酒が十分ではなかったことを示唆している．

はじめに

　江戸参府の旅においてシーボルトが同行したオランダ商館長の一行は往路，1826年（文政9）3月28日，土山着（滋賀県甲賀市）から3月31日，浜松（静岡県浜松市）着の4日間．復路は5月26日浜松発5月29日，関（三重県亀山市）着，濃尾平野を横断するように東海道を移動している．
　濃尾平野には西から木曽三川（揖斐川，長良川，木曽川），庄内川，境川，矢作川，豊川という河川が流れ，沖積平野が広がっている．東海道はこれらの河川の下流域を通り，渡船，橋などで川を渡ることになる．そこで，シーボルトはどのような自然を見たのか，江戸参府紀行，ジーボルト（斎藤訳，1967）の記述からたどってみることにする．

トキを求む

　シーボルトが江戸参府の途上，取得した日本の生物でもっとも有名なものといえばトキ *Nipponia nippon* Temminck ではないだろうか．学名に日本の名を持つこの鳥は，一度は日本国内の個体群は絶滅し中国から借用した個体群から増殖し，2008年に佐渡ヶ島で自然界に再放鳥が行われ，自然再生が進められている．
　シーボルトがオランダに持ち帰ったトキの採集地について，『江戸参府紀

図14.1　ナチュラリスに保存されているトキ *Nipponia nippon* のパラタイプ[1]（副模式標本）．

行』には東海道を江戸に向かう途上，2個体のトキの剝製を野洲川流域の大野（滋賀県甲賀市土山町大野）で求めたという記述がある（第2部第12章参照）．新暦で3月26日のことだった．『江戸参府紀行』には，

> 「トキはそこいらの田畑でよく姿をみせ，シラサギと一緒にいることがある」

とあるが，実際に大野周辺で見たものについて記述したかどうかはわからない．

シーボルトが濃尾平野において明らかにトキを見たのは宮（名古屋市熱田区）から知立（当時は池鯉鮒と書いた．愛知県知立市）に至る東海道沿いの稲田であった．

3月29日の記述に，

> 「途中で私はまた稲田の中に何羽かの白いトキを認めた．トキはオオサギに似てゆっくり歩いて餌を探していた」

と記述が具体的であることからシーボルトが現認しているのは間違いない．また，次の村に着き村の名主に，

> 「お礼を出してこの珍鳥を2，3羽撃たせてもらいたい」

---

[1] 学名を担わない模式標本のこと．

旨申し出て，藩主が火器の使用を禁じていることを理由に断られている．

この村が当日の宿泊地となった知立を指すのか，それより西の地域を指すのかは明らかではないが，現在の境川（愛知県刈谷市）の流域の水田であったと推定される．ここで興味深いのは，トキをさして「珍鳥」と述べていることだ．特徴のはっきりした大型の鳥類で，江戸に向かう往路，濃尾平野を通過した季節は3月後半であることから，田植え前の水田にいるトキは容易に視認できたものと考える．あえて珍鳥と記述したのは個体数が他の鳥，サギ類などと比較して多くはないことを示していると理解するべきだろう．

また，白いトキという記述には意味がある．トキの繁殖期は1月から6月にかけてで，繁殖個体群は黒色の色素を体表から分泌して羽の色が灰色に変化する．3月末の繁殖個体ならば羽の色は白色ではなく，また営巣はつがいで行い，採餌は単独で行う．他の個体と群れとなって採餌している可能性は高くない．したがって，シーボルトが濃尾平野で目撃したのは非繁殖個体の群れであったものと推定される．

佐渡で放鳥されたトキの生態的特徴からトキの移動性はあまり大きくなく，繁殖地の山裾と水田を季節的に移動して生活圏を形成していると考えられている（佐渡トキ情報センターホームページ：トキ情報）．

シーボルトが見た濃尾平野の原風景は，水田が広がり，若いトキの群れが採餌する開けた里山の光景であったのであろう．

なぜ魚類標本がないのか

江戸参府において，シーボルト一行が濃尾平野で積極的に魚類標本の収集を行った記述はない．現在でも淡水魚の利用の多いこの地方にあって，淡水魚と接する機会がなかったとは考えにくいが，濃尾平野から持ち帰ったと特定される魚類標本はない．その理由について以下の2点について検証したい．

・植物学発祥の地

江戸参府の往路，3月29日，宮（名古屋市）の宿でシーボルトは出島にいる時から手紙のやり取りをしていた水谷助六という植物学者，シーボルトが植物採取を依頼していた同覚と待ち合わせて，宮周辺の植物標本を確認している．また，このとき，後日，日本での植物学研究の礎を築くことになる伊藤圭介と大河内在真を紹介されている．シーボルトが彼らの提供した植物標本を確認し，情報を整理するのに多大な時間を要したのは間違いない．また，同29日の記述に，

「われわれは使節の要請によって江戸到着を早くするため，ほとんど毎日10里以上すすんだ」

とある．平坦な濃尾平野ではあるが1日40km以上を移動するのは大変であり，植物標本の整理をしながら，魚類採取を行うということは時間的に困難であったと推測される．

　長崎へ向かう復路についてはどうであったか．まだ春も早い3月末の往路と比較して植物の咲き誇る5月下旬の復路の記述は多くない．シーボルトは浜名湖を越え白須賀（豊橋市愛知県）に達すると，

　「たくさんの珍しい植物を見つけた」

と記述している．さらに，東海道沿いの岩谷観音（豊橋市）から脇道にそれ本隊から分かれて植物採取に向かっている．ここでシーボルトらが向かった先は，標高が低いにもかかわらず，弓張山系からの湧水によって形成された湿原と考えられる．現在でもその一部5haが，葦毛湿原として，愛知県指定天然記念物として残されているが，江戸時代は同様な湿原が岩崎町（豊橋市）周辺に点在していた．

　葦毛湿原は水がつねに流れているため珍しい植物が多く，北方系の植物と南方系の植物が混在しているという特徴がある．モウセンゴケ，サギソウなどの群落は有名で，5月末の時期は，多くの湿原植物が開花している季節で，シーボルトは採集に励んだのではないか．彼らは本隊に大きく後れ，豊川に夕方になって着き，そこから，乗り物を使って赤坂の宿まで移動している．

　「夜更けまで私は今日あつめた植物の調査や乾腊（かんせき：乾燥標本）に没頭した」

とある．

　赤坂の宿を出て宮の宿に向かうがそこには江戸への往路に出会った植物学者（水谷助六，大河内在真，伊藤圭介）らが周辺の植物の乾燥標本と絵図を持って待っていた．午前三時まで，

　「これらの植物を調べたり鑑定した」

という記述がある．空が白むまで植物の研究に没頭したという．

　植物標本の採集と処理に追われて，シーボルトは魚類採集をする余裕はなかったのである．

・植物標本と魚類標本

　植物と魚類の標本の作製と保存方法について述べておきたい．植物は乾燥させれば保存が容易だが，魚類については液浸あるいは乾燥して保存しなくてはならない．3月末という乾燥した季節であっても移動しながら魚類を乾燥させ

第14章　トキのいた濃尾平野の田んぼ

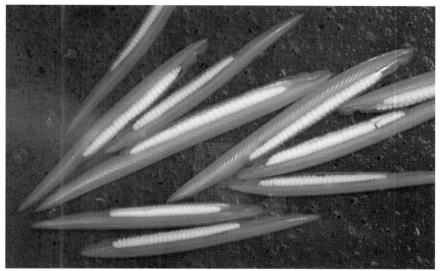

図14.2　代表種ナメクジウオ（窪川かおる氏 提供）．

るというのは現実的ではない．液浸標本については，当時はアラク酒を魚類の標本に使用していた（第1部第1章参照）．

　アラク酒は，砂糖椰子から採取した液体と，米とを発酵させたのち，蒸留して製造したものである．東インド会社のあったバタビア（現，ジャカルタ・インドネシア）で製造されたものを長崎に持ち込んだものだろう．長崎から江戸参府に際して，どの程度のアラク酒を持ち歩いていたのかは明らかではない．長崎から先行して船で荷物と送ったという記述があることから，舟運の起点となった小倉（下関），大阪（京都）では，ある程度のアラク酒が保管可能であったと考える．しかし，京都から江戸までの往復に通行した東海道は，陸上移動であり，携行することが可能なアラク酒は限られた量だったと考える．

　江戸参府の往路，濃尾平野を越えて白須賀（豊橋市）から舞阪（浜松市）への遠州灘沿いの移動途中でシーボルトはナメクジウオ *Branchiostoma belcheri* を捕獲した．

「クラゲに似て輝き，同じような物質からなる透きとおった小さい魚が，
……中略……私は口のほかに鰓も見つけることができなかったが，恐らく目と神経系はあるようである」

と形態について記述し，粘液のように固まっているのに1フィートほど飛び上がる．と行動について記し，現地では「シラウオ」または「カイサンヨウ」

と呼ばれると現地名も記述している．ナメクジウオが記載されるのはGray（1847）である．シーボルトの江戸参府は1826年（文政9）であった．もし，シーボルトがオランダにナメクジウオを持ち帰っていたら，新種記載はテミンクとシュレーゲルとなった可能性もあった．江戸への移動中には魚類保存用のアラク酒が十分ではなく，魚類標本の保存には使えなかったのではないかと推測する．

引用文献

佐渡トキ保護センター：トキ情報．http://tokihogocenter.ec-net.jp/index.html
ジーボルト，斎藤信訳．1967．江戸参府紀行．平凡社，東京，347pp．

第3部
取り戻せ水辺の原風景

第15章

シーボルトの金魚と江戸時代後期の金魚品種改良事情

根來 央

わが国を代表する観賞魚である金魚の標本がシーボルト・コレクションから合計35尾発見された．シーボルトが初来日した1820年代に入手されたもので，日本最古の金魚標本と見られる．これまで，江戸時代の金魚育種事情は古文献や書画骨董などの二次史料から判断されており，情報の信憑性が疑われていた．そこで直接的証拠であるシーボルトの金魚標本を精査するとともに，当時の古文献と比較することで，補完された江戸時代後期の金魚文化誌の解釈が可能となった．本項ではその詳細について述べる．

はじめに

　中国のヒブナから作られた金魚 *Carassius auratus* は，日本に1502年（文亀2）はじめて伝来したといわれる．最初にワキンが導入されて以降，江戸・明治年間には数品種が中国より輸入され，これらをもとに突然変異および交雑により生じた個体を淘汰してランチュウ，トサキン，ジキン，アズマニシキなどの日本固有品種が作られた．現在，わが国では30以上もの品種が生産され，金魚は猫や犬に次ぐ愛玩動物として多くの人に親しまれている．わが国においてもっとも身近な魚として位置づけられる金魚の標本がシーボルト・コレクションから発見された．1820年代，シーボルトの来日時に収集された金魚標本は合計35尾，日本最古の金魚標本と見られる（第4部27参照）．
　金魚研究の先駆者といえば近畿大学水産研究所初代所長，松井佳一博士（1891～1976）であることはいうまでもない．学術のみならず金魚芸術や風俗を取り上げた緻密な著書を数多く執筆し，『科学と趣味から見た金魚の研究』，『金魚大鑑』，『金魚文化誌』などに代表される著書は現在でも世界中で愛読されており，その学術理論も近代金魚研究の基礎としてなお息づいている．これらの功績から松井佳一博士は金魚の父と一般に称せられる．しかし，この金魚研究のうち江戸時代の情報（表15.1）はあくまで金魚を題材にした古文献や書画骨董など二次史料をまとめたものであり，とくに当時の金魚の品種に関する

表15.1　近世日本における金魚の歴史

西暦（邦暦）	
1502年（文亀2）	ワキン伝来（金魚養玩草）
1680年（延宝8）	金魚屋の出現
1693年（元禄6）	大名，富豪による金魚飼育（西鶴置土産）
1748年（寛延元）	卵中（ランチュウ）の記述（金魚養玩草）
1764年（宝暦14）	獅子頭の表記（萬藝間似合袋）
1772～88年（安永・天明年間）	リュウキン伝来
1800年（寛政12）	オランダシシガシラの図（長崎見聞録）
1824年（文政7）	金魚飼育の大衆化（川柳）
1830年（天保元）	しゃち（ジキン）の記述
1845～51年（弘化・嘉永年間）	トサキン作出
1862年（文久2）	大阪ランチュウの品評会

情報には疑わしいものもある．そこでシーボルト標本の観察と江戸時代の古文献を比較することで，これまで曖昧であった江戸時代における金魚の実態を明瞭にすることが期待できる．本項ではシーボルトの金魚標本を江戸時代後期の金魚飼育文化を示す，直接的証拠となる一次史料に位置づけ，当時の金魚育種事情についての検証を行う．

江戸時代の金魚

金魚が中国より日本に伝来した経緯について，
> 「或老人の云金魚は人王百五代後柏原院の文亀二年正月二十日はじめて泉州左海の津にわたり」

と『金魚養玩草』（1748）には記述されている．しかし，当時は戦乱の時代で金魚が飼育され普及する余裕はなく，16世紀におけるわが国の金魚飼育の記録は皆無である．

日本で金魚が歴史に再び現れるのは，徳川幕府による天下泰平の世が訪れてからである．貝原益軒は「元和年間（1615～24）に異域（中国）より来る」と『大和本草』にて記述している．元和年間は明国や南蛮との交易が盛んに行われた時代である．当時の飼育記録として，英国人平戸商館長リチャード・コックスは，
> 「トノモン様（平戸藩主松浦隆信の弟，信辰）が金魚のことを傳え聞いて，それを入手したいといって使いを寄越した．そこで私はそれを彼に與えた．すると彼は私に大きな黒い犬を一頭與えた」

と1616年（元和2）4月7日の日誌に記している．金魚がとりわけ珍しく高価なものであった記録は元禄期の記録からもうかがい知れる．井原西鶴の『浮世草子』，「西鶴置土産」（1693）には，

「庭に生舟七八十も並べて溜水清く浮を練潜りて三つ尾働き泳ぐなり．中には尺に余りて鱗の照りたるを金子五両七両に買い求めて行くを見て，また遠国に無い琴なりこれなん大名の若子様，御慰になるぞかし」

と記されている．したがって17世紀の金魚は大名や富豪など，上流階級による道楽の対象であったと考えられる．

その後，1748年（寛延元年）に安達善之の金魚飼育書『金魚養玩草』が刊行され，1751〜63年（宝暦時代）になると金魚売りの露天も現れる．また金魚は多くの浮世絵や絵本の題材となり，1800年頃（文化年代）には

「裏家住　つき出しまどに　金魚鉢」

と川柳が詠まれるなど，金魚は庶民の間にも普及していった．

化政文化の頃，日本ではじめての大衆的な金魚ブーム真っ只中にシーボルトは初来日した．医師のほかにも博物学者や日本文化研究者，美術や工芸の収集家など複数の顔を持っていたシーボルトにとって，日本の人々が愛好する多様な金魚は興味深い対象であったに違いない．シーボルトは日本の多種多様な金魚を標本にして魚類育種技術，観賞魚文化を示す資料としたかったのではないだろうか．

さらにシーボルトは，営利目的の金魚の活用も視野に入れていたと見られる．19世紀前半のオランダはナポレオン戦争で多くの植民地を失っており，シーボルトはオランダ政府から日蘭貿易に役立つ市場調査も命じられていた．当時の欧州には河川に放流され繁殖したワキン型の金魚が多く，鑑賞用に適した日本金魚は将来欧州との貿易で大きな需要が見込めるとシーボルトは考えたのかもしれない．事実，シーボルトの初来日からおよそ100年後，柳澤保恵伯爵による尽力で日本の金魚は世界に「KINGYO」として広く知られるようになり，欧米をはじめ世界各地への出荷されるようになった．シーボルトの金魚標本はまさに時代を先取りした「金になる魚」の商品サンプルであったのかもしれない．

シーボルトの金魚に見る育種事情

複数の品種を多数集めたシーボルトの金魚標本からは多くの情報を読み解くことができる．ここではシーボルト標本と江戸時代の古文献や絵画などの書誌学的な情報を基に，川原慶賀が描いたランチュウの正体，シーボルトが来日し

第3部　取り戻せ水辺の原風景

図15.1　川原慶賀が描いたランチュウ標本の特徴
　　A．川原慶賀筆ランチュウ図，B．菊壽童（1897）に掲載された大阪ランチュウ，C．川原慶賀の写生画のモデル標本，D．頭頂部の拡大図：軽微な肉瘤を確認できる．（B：大和郡山市立図書館所蔵）

た江戸時代後期の金魚の育種技術，選別技術，標本の入手地などについて考察したい．

川原慶賀が描いたランチュウの正体

　川原慶賀は江戸時代後期の長崎の画家で，1820年代に来日したシーボルトのお抱え絵師として風俗画，肖像画に加え生物の精緻な写生図（図15.1，A）を描いた．その写生画の中には金魚の品種であるランチュウを描いたものがあり，山口（1997）はこれを大阪ランチュウに同定した．大阪ランチュウとは頭部に肉瘤がない平付き尾の体形を備え，体色模様が品評された金魚（図15.1，B）で，第二次世界大戦後に絶滅したといわれる．しかし，ランチュウの模様を解説した飼育書や番付表は幕末の資料が最古であり（表15.2参照），山口の推測は年代的にあり得ない．

　ところが，この金魚の正体を解明する手がかりがシーボルト・コレクションの標本から発見された．RMNH6986の標本群には川原慶賀のランチュウ図と

168

第15章　シーボルトの金魚と江戸時代後期の金魚品種改良事情

表15.2　わが国におけるランチュウをめぐる歴史

西暦（邦暦）	
18世紀前半	ランチュウ伝来
1748年（寛延元）	金魚養玩草に卵虫と記載
1764年（宝暦14）	獅子頭の記述（萬藝間似合袋）
1820年代（文政年間）	川原慶賀がランチュウを写生
1838年（天保9）	栗本丹洲による肉瘤の発達に関する記述（皇和魚譜）
1850年代（嘉永年間）	ランチュウに模様を描く色抜が記載（金魚卵虫161鏡）
	大阪ランチュウの概念が確立
1862年（文久2）	大阪ランチュウの品評会開催（浪花錦魚大會見立鑑）
1897年（明治30）	大阪ランチュウの模様解説書（錦魚そたて艸）
1903年（明治36）	色抜の禁止（金魚問答）
1920年代以降	飼育者の激減
1945年（昭和20）頃	大阪ランチュウが絶滅

表15.3　川原慶賀の写生画とシーボルト・コレクションの標本との体組成の比較

	体高／体長比	頭長／体長比	眼経／体長比
川原慶賀の写生画	0.49	0.35	0.07
RMNH6986のランチュウ	0.48	0.33	0.08

酷似した個体（図15.1，C）が保存されており，写生画と標本の体組成は同様であったことから（表15.3），川原慶賀はこの個体をもとに写生画を描いたものと結論する．

さらに江戸時代後期のランチュウの肉瘤に関した育種事情を，当時の古文書および標本の観察から整理したい．現在のランチュウの肉瘤は孵化後50日頃より眼窩下部，頭頂部，鰓蓋部の順に漸次発達して，皮膚の肥厚は250〜400μmと一般の硬骨魚類の皮膚の2〜3倍になる．肉瘤の肥厚は表皮の乳頭腫瘍形成が原因とされる．江戸時代後期の幕府奥医師，栗本丹洲はランチュウの肉瘤の発達について，

「老いたるに頭に肉冠を生す是をシシガシラと云」

と『皇和魚譜』（1838）において記述している．川原慶賀の写生画のモデルの標本の頭部を観察すると，軽微な肉瘤が認められた（図15.1，D）．肉瘤の発達具合は『皇和魚譜』の記述と同様であることが確認され，江戸時代のランチュウの頭部の肉瘤の発達は現在と比較して遅いことが判明した．したがって，川原慶賀が描いた金魚は大阪ランチュウではなく，今日のランチュウの定義に当てはまらない江戸時代特有のランチュウ，つまり現在のランチュウの祖先と位置づけるのが妥当と考えられ，今後，江戸ランチュウと呼ぶことを提言したい．

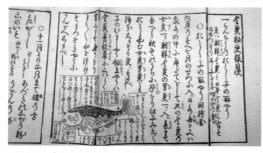 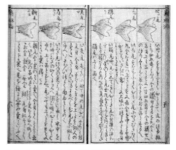

図15.2 『金魚秘訣録』(1749)　　　　図15.3 『金魚養玩草』(1748)
　　　　　　　　　　　　　　　　　　　　　　　（大和郡山市立図書館所蔵）

シーボルトの金魚に見る育種技術

　2つの標本瓶には交雑品種であるワトウナイが1尾ずつ保存されていた．なぜ交雑を行ったのか，その理由を当時の古文献から読み解くことができる．『金魚秘訣録』には日本における最古の魚類の交雑育種に関する記述があり，オスのランチュウとメスのワキンを混泳させて飼育するようすが描かれている（図15.2）．金魚は繁殖期にメスの体からフェロモンが放出されることで，オスによる追尾行動が誘起されることが知られている．つまり，泳ぎの遅いランチュウのオスと泳ぎの速いワキンのメスを組み合わすことで，繁殖期に親魚の体が傷付かないよう配慮して計画的に繁殖させていたことが当時の育種書から読み取れる．

　一方，金魚養玩草には当時の金魚の品評基準について記述されている（図15.3）．江戸時代前期の金魚はワキンが主な品種で三尾，四尾，梶尾，矢尻尾，フナ尾など短い尾鰭の形で金魚を品評しており，長い尾の個体はなかった．そこでリュウキンをかけ合わせ，ワトウナイとして尾長の体形を日本の金魚に導入して新たな付加価値を見出そうとしたのであろう．この交雑育種で日本金魚は多様化して行く．今日トサキン，アズマニシキ，エドニシキなどの交雑によりできた品種が人気を博しているが，すでにシーボルトの来日時にはその技術が確立していたことがワトウナイの標本からうかがえる．

シーボルトの金魚に見る選別技術

　突然変異をもとに選抜育種された金魚は，数百年以上継代飼育されたとしても先祖返りによる影響で，不完全な背鰭を持ったランチュウ，左右の非対称な開き尾，フナ尾のリュウキン，白物（体色がすべて白色の金魚）など，規格外の形質を持った不良個体が現れる．それは今も昔も変わらなく，RMNH6986の標本群には背鰭が不完全（図15.4，B），尾鰭が開き尾でない個体（図15.4，

第15章　シーボルトの金魚と江戸時代後期の金魚品種改良事情

図15.4　さまざまな容姿のシーボルトのリュウキン標本
A: 良品質，B: 背鰭の異常個体，C: 開き尾でない吹き流し尾の個体.

C) などが多数確認できる．

現在の養殖現場では良質な金魚の系統維持や営利を目的として，不良魚は生産の初期段階でなるべく多く選別淘汰される．明治以降に金魚養殖が国内各地ではじめられると，他産地との競合を勝ち抜くため，より高品質な金魚生産が必要となり，厳密な選別が徹底されるようになった．かつては選別された不良魚は人間の食用やスッポン養殖の餌などに再利用され，今日では金魚すくいや熱帯性肉食魚の餌（餌金）に当てられている．

ただし，江戸時代の標本を確認すると良品質のみならず不良品質の金魚も等しく大きくなるまで育っている．当時の金魚の品種や選別に対する概念が定まっていなかったことが推察できる．

金魚の入手地

シーボルトの金魚はどこで入手されたのか，標本の品種，保存状態，さらにシーボトとその関係者の動向から推察してみたい．まずRMNH6986の標本の状態はとてもよく，この中には川原慶賀の写生図のモデルと見られるランチュウが確認できる．川原慶賀が彩色の魚図を描いたのは主に長崎であったことを考慮すると，RMNH6986の標本群は九州長崎で入手したものとするのが妥当である．長崎では中国人が自由に出入りして商売を行っており，その影響から中国より伝来した金魚の飼育もされていた．明治時代の金魚養殖業者の帳簿を確認するとリュウキンの別名である長崎（ナガサキ）が確認できる．この名前はかつての長崎でリュウキンが盛んに作られていたことに由来しており，RMNH6986の多数を占めるリュウキン型の標本はその時代の名残なのかもしれない．

次に，RMNH2379の標本群にはリュウキン型の個体が存在しない．尾長の体型のワトウナイ型があるだけで，これは江戸の金魚を記した『皇和魚譜』の琉球金魚と一致する．さらに鰭や腹部の損傷があるなど標本の状態が悪いのも重要な情報である．シーボルト・コレクションの魚類標本は江戸参府時に採取された標本の状態が，長崎で入手されたものと比較して悪いことが知られてい

る．旅先での標本作りなので固定が十分でなかった，もしくは長時間の輸送時の振動が影響しているのかもしれない．このことからRMNH2379の標本群はむしろ江戸参府時に入手されたと考えるべきである．

　それでは江戸参府の道中においてシーボルトはどこで金魚を入手したのだろうか．現在，金魚の主な生産地は愛知県弥富市や奈良県大和郡山市，それに東京などが知られている．しかし弥富の金魚生産は幕末の頃にはじまり，大和郡山における藩士の副業として金魚の繁殖が盛んになるのは天保期以降なので，標本の入手や生産地としては該当しない．ここでシーボルト自身が記した記録を確認すると，江戸到着直後の日記に，

　　「白いうすい容器に入れた生きている金魚」

と記している．当時の江戸の金魚についてワキン，ランチュウ，ワトウナイなどの品種が飼育されていたことは，江戸の風俗を記した『東都歳時記』やオランダ国立民族学博物館所蔵の桂川甫賢筆の絵画から確認できる．入手の経緯に関しては今後より詳細な調査が必要とされるが，RMNH2379の標本群は江戸で入手された可能性が高い．

補完された金魚文化誌

　金魚の父，松井佳一博士は『金魚文化誌』をまとめつつも，より詳細な金魚文化の形成について，後世の考証により解明されることを期待していた．とりわけ近世における金魚文化の発展はその時代を生きた市井の人々によるものであり，残される情報は古文献や書画骨董など二次史料なので，その内容の真偽を的確に判断する材料がなかったためである．

　しかし，今日の魚類学者は金魚や錦鯉などの観賞魚について，ごく近年に人工生産されたもので素性がよく知れている，もしくは松井佳一博士により研究は完成されたなどと思い込み，興味関心を持つ者はほとんどいない．実際，金魚研究は分子生物学的解析による系統に関する研究は行われているが，文化誌に関する学術的な検証はこれまで放置されてきた．

　江戸時代に来日したシーボルトが残した35尾の金魚標本は，当時の育種や選別技術，入手地など多くの情報が満載した，文化的・生物学的にも貴重なタイムカプセルといえる．金魚の父が求めていたこの究極の一次史料は学者や愛好家などの既成概念を打ち砕き，私たちに真の金魚文化誌を提示してくれる．

引用文献

安達善之．1748．金魚養玩草．丹波屋理兵衞，大坂．24丁．
菊壽堂義信．1897．錦魚そだて艸．大鮫梅太郎，大阪．38pp．
栗本丹洲．1838．皇和魚譜．金花堂，江戸．
国書刊行会．1915．萬藝間似合袋．雑芸叢書，2：421-435．
松井佳一．1935．科学と趣味から見た金魚の研究．弘道閣，東京．420 pp．
松井佳一．1941．金魚．河出書房，東京．178 pp．
松井佳一．1943．日本の金魚．アルス出版，東京．104 pp．
松井佳一．1963．金魚．保育社，大阪．154 pp．
三好音次郎．1903．金魚問答．又間精華堂，大阪．97 pp．
根來　央．2017．シーボルトの金魚標本．きんぎょ生活，3：70-71．
根來　央．2018．その時金魚が動いた―激動の幕末，そして世界へ―．きんぎょ生活，4：42-45．
ジーボルト，斎藤　信（訳）．1983．シーボルト参府旅行中の日記．思文閣出版，京都．221 pp．
鈴木伸洋・谷津正洋．2006．キンギョ（ランチュウ品種）の頭部肉瘤の組織学的観察．東海大学紀要海洋学部，4（2）：1-7．
東京大学史料編纂所．1979．イギリス商館長日記 訳文編之上―元和元年 5 月―元和 3 年 6 月．東京大学出版会，東京．800 pp．
上野紘一．2002．日本産金魚の由来および品種保存の現状．農林水産技術研究ジャーナル，25：40-43．
山口隆男．1997．川原慶賀と日本の自然史研究－I．シーボルト，ビュルゲルと「ファウナ・ヤポニカ魚類編」．Calanus，12：1-250．

第16章

ダム建設から「シーボルトの川」を守る

新村 安雄

　ダム建設計画の進む川棚川水系石木川（長崎県川棚町）は，13世帯が住む自然豊かな里川である．ダムの建設計画により50年以上河川整備が行われていない石木川は，河川環境が良好な状態で残されており，シーボルトが採集したと思われる淡水魚15種が現在も確認されている．石木川を，日本の川の原風景をとどめる「シーボルトの川」として，自然再生事業のモデルとすることを提案する．

はじめに

　思想家，渡辺京二（2005）は，著書「逝きし世の面影」の中で明治期の日本研究家チェンバレンの言葉を紹介している．
　「あのころ——一七五〇年から一八五〇年頃——の社会はなんとも風変わりな，絵のような社会であったことか」
　渡辺は幕末から明治にかけて，日本に滞在した西洋人の残した書簡，論文等から，変容していった日本について考察している．チェンバレンの言葉にあるように，ヨーロッパで産業革命が勃興する直前から，日本で開国への動きが加速するまでの100年は西洋と日本にとって「特別の時間」であった．
　シーボルトの初来日は1823年（文政6），まさに日本が変容する直前の貴重な時代に彼は日本を訪れた．彼が「発見」し「記録」した「日本」はその科学的な保存手法によって現在に残され，貴重な人類の財産となった．
　開国以後150年．急速に進んだ西欧化，戦後の高度経済成長を経て，バブル経済の進行と崩壊．生活様式の急激な変化とともに消えてしまった「日本」は数多い．とりわけ，日本の自然は大きく変容した．シーボルトが出版した「日本」に記されたが絶滅してしまった生物は，よく知られたものではトキ，ニホンオオカミ，ニホンカワウソなどがある．加えて多くの生活文化も変容し消失した．
　変容してしまった「日本」の代表といえば，「日本の川」がある．ダムをは

じめとする横断構造物，護岸工事，河口域を分断する河口堰など，川の姿は変わり，豊かな自然は遺失した．わが国全体としてみた場合，川に生息する魚類で絶滅した種はいない．しかし，本来の生態系が残っている川，つまりは生息した生き物が丸ごと生きている川といえば，もはや日本のどこにも残されてはいないだろう．その意味において，私たちはすでに日本の自然の「原風景」を失ってしまっているのである．

開発からとり残された川

　筆者はシーボルトの魚類標本に特別な感心を持っていたわけではない．また，長崎県内の河川には行ったこともなかった．

　石木川（長崎県川棚町）にはダム建設の計画があり，現在も建設反対の運動が続いていた．石木ダムは，1962年に建設計画が明らかになった．事業者である長崎県，佐世保市が1971年に予備調査を行ったが，計画地に生活する住民は建設に同意することなく，以来，42年にわたり反対運動が継続している．水没予定地に今なお13世帯60名（2016年現在）が移転を拒否して生計を営んでいる．当初の計画以来，50年以上にわたってダムに反対して，人々が住み続けている川とはどんな川だろう．

　2015年9月，現地に行って驚いたことは，石木川はコンクリート護岸がほとんどない昔のままの姿を留めた川であることだった．

　石木川は長崎県の二級河川川棚川の最下流部に合流する支流で，石木ダムは合流点から2キロ上流に計画されている．

　長崎県の河川整備計画によると，1972年より石木川はダム計画地として河川整備の対象から外されている．つまり，石木川はダムが計画された1960年代から半世紀余り，開発から取り残された川だったのである．幸いにも，近年多発する豪雨災害を被ることなく，日本棚田百選に選ばれた棚田を背景に，里川は美しい姿をとどめている．石木川は全国的に見てもまれな，シーボルトが来日した江戸後期から，改変されていない川ではないか．「東彼杵町史・水と緑と道」（東彼杵町教育委員会（編），1999）によれば，江戸期の大村湾周辺は舟運を通じて出島（長崎市）との物資の輸送が容易であった．石木川など大村湾流入河川は，シーボルト・コレクションの採集地点として有力である（第2部第8章参照）．

第16章 ダム建設から「シーボルトの川」を守る

図16.1 川棚川水系 石木ダム位置図（石木川まもり隊，2014）．

シーボルトの川

　川棚川総合開発事業である石木ダム環境影響評価書（長崎県土木河川課・長崎県石木ダム建設事務所，2008）により川棚川水系で淡水魚（純淡水魚・通し回遊魚）についてみると，文献資料で6目，11科，27種，現地調査（1993～2004）で6目，12科，25種が確認された．本書，第4部，シーボルトが持ち帰った魚たちで解説されている15種（ニホンウナギ，アユ，コイ，ギンブナ，カワムツ，オイカワ，ヤリタナゴ，アブラボテ，カネヒラ，イトモロコ，カマツカ，ドジョウ，シマドジョウ類，ナマズ，ミナミメダカ）が川棚川水系の小規模な支流，石木川で確認されているということになる．

　ダム事業の中で川の生態的な価値はどのように評価されているのか．確認された魚類について，カネヒラを「RED DATA BOOK 2001ながさきの希少な野生動植物」（長崎県，2001）をもとに絶滅危惧Ⅱ類に，「改訂・日本の絶滅のおそれのある野生生物―レッドデータブック．4汽水・淡水魚類」（環境省2003）をもとにメダカ（ミナミメダカ）を絶滅危惧Ⅱ類に，シロウオを準絶滅危惧種とし3種について重要な種と位置づけた．しかし，3種ともにダム建設予定地は主要な生息地ではないと見なされ，ダム建設による影響は軽微とされ

て環境保全措置は講じられなかった．

　河川をめぐる環境は年とともに変化し，レッドリスト選定種の見直しは進んでいる．長崎県（2011），環境省（2018）の定めた最新のレッドリストをもとに，石木ダム環境影響評価書で確認された魚類を再評価してみる．長崎県版レッドリストではCR：絶滅危惧ⅠA類1種、EN：絶滅危惧ⅠB類2種、VU：絶滅危惧Ⅱ類2種，NT：準絶滅危惧種7種の合計12種が重要種に該当する．環境省版レッドリストではEN：絶滅危惧ⅠB類1種，VU：絶滅危惧ⅠB類3種，NT：準絶滅危惧種2種の合計6種が重要種となる．

　流路延長4.6 km，流域面積9.3 km^{2}という，小規模の川ではあるが，石木川は重要種がきわめて多い川である．さらに，新たにレッドリストに選定された種は河川の中流域を主な生息場所とする魚種であり，中流域に計画されているダム建設が魚類相に与える影響はきわめて大きい．

　シーボルト・コレクションによって世界に紹介された日本の川．今まさにシーボルトの川が失われようとしている．

川の「模式標本」

　2002年12月，自然再生を総合的に推進し，生物多様性の確保を通じて自然と共生する社会を実現することなどを目的として「自然再生推進法」が成立した．自然再生の本来の意味は単に景観を改善することにとどまってはその意味をなさないだろう．自然再生を謳うならば，川の機能を再生させること，すなわち「本来そこにあった自然」にいかに近づけてゆくか，という視点が目標とされるべきだ．

　「本来そこにあった自然」という目標達成にあたっては，シーボルトの記録に，新たな価値が見いだされることになる．シーボルトのコレクションの中には「日本の川」が変容する前の貴重な情報が残されている．たとえば，シーボルトのコレクションから見えてくる採集河川の魚類相，それにもっとも近い状態の河川を「シーボルトの川」として定義したい（例，第2部第9章）．その川の生態系，河川構造，利用形態．つまりは佇まいのすべてを道標することで，他の河川についても本来そこにあった自然の再生を図ることができるのではないか．

　ダムが計画された川は美しい．それは，ダム計画以降，改変を受けることがなく，元の姿が残されるからである．ダムが計画されて50年余，開発が止まり石木川は，日本の川本来の姿を残すことになった．石木川は，日本の川の「原

第16章 ダム建設から「シーボルトの川」を守る

表16.1 川棚川水系石木川の淡水魚類相

和名	学名	文献 環境庁 1982	1995	採補記録 長崎県 1993-2004	レッドリスト 長崎県 2001	2011	環境省 2003	2018	その他
ウナギ目									
ウナギ科									
ニホンウナギ	Anguilla japonica	○	○	○		DD		EN	
コイ目									
コイ科									
コイ	Cyprinus carpio	○	○	○					国内外来種
ゲンゴロウブナ	Carassius cuvieri			○					
ギンブナ	Carassius sp.	○		○					
ヤリタナゴ	Tanakia lanceolata	○	○						
アブラボテ	Tanakia limbata	○	○	○		EN		NT	
カネヒラ	Acheilognathus rhombeus	○	○		VU	CR			
オイカワ	Opsariichthys platypus	○	○	○					
カワムツ	Candidia temminckii	○	○	○					
タカハヤ	Phoxinus oxycephalus jouyi	○	○						
ムギツク	Pungtungia herzi	○	○			NT			
カマツカ	Pseudogobio esocinus esocinus	○	○			NT			
イトモロコ	Squalidus gracilis gracilis	○	○			EN			
ドジョウ科									
ドジョウ	Misgurnus anguillicaudatus	○	○			NT		NT	
ヤマトシマドジョウ	Cobitis sp.	○				VU		VU	
ナマズ目									
ナマズ科									
ナマズ	Silurus asotus	○							
ナマズ属の1種	Silurus sp.			○					
サケ目									
アユ科									
アユ	Plecoglossus altivelis altivelis	○	○	○					
ダツ目									
メダカ科									
ミナミメダカ	Oryzias latipes	○	○	○		NT	VU	VU	
スズキ目									
スズキ科									
スズキ	Lateolabrax japonicus	○	○						
サンフィッシュ科									
ブルーギル	Lepomis macrochirus macrochirus			○					国外外来種
オオクチバス	Micropterus salmoides			○					国外外来種
ドンコ科									
ドンコ	Odontobutis obscura	○	○	○					
カワアナゴ科									
カワアナゴ	Eleotris oxycephala	○	○	○		NT			
ハゼ科									
シロウオ	Leucopsarion petersii			○		NT	NT	VU	
マハゼ	Acanthogobius flavimanus			○					
ヌマチチブ	Tridentiger brevispinis		○						
チチブ	Tridentiger obscurus		○						
カワヨシノボリ	Rhinogobius fluminens	○				VU			
シマヨシノボリ	Rhinogobius nagoyae	○		○					
オオヨシノボリ	Rhinogobius fluviatilis	○				NT			
クロヨシノボリ	Rhinogobius brunneus	○							
トウヨシノボリ	Rhinogobius sp.OR			○					
ヨシノボリ属の1種	Rhinogobius sp.		○						
タイワンドジョウ科									
カムルチー	Channa argus	○	○						国外外来種

出典：長崎県土木河川課・長崎県石木ダム建設事務所．2008．川棚川総合開発事業 石木ダム環境影響評価書．魚類確認種リスト．
○レッドリストカテゴリー．
　CR：絶滅危惧ⅠA類，EN：絶滅危惧ⅠB類，VU：絶滅危惧Ⅱ類，NT：準絶滅危惧種，DD：情報不足．
長崎県環境部自然環境課．2001．RED DATA BOOK 2001　ながさきの希少な野生動植物．
環境省．2003．改訂・日本の絶滅のおそれのある野生生物—レッドデータブック．4 汽水・淡水魚類．
長崎県環境部自然環境課．2011．長崎県レッドリスト平成22年度改訂版中間見直し（平成28年度）．
環境省．1018．環境省レッドリスト2018．

第 3 部　取り戻せ水辺の原風景

図16.2　ダム計画地を流れる石木川．川棚川流域でもっとも標高の高い虚空蔵山（608 m）の山裾には，日本の棚田百選に選ばれた棚田が広がっている（2015年 9 月撮影）．

風景」を残すまさに「シーボルトの川」だ．

引用文献

石木川まもり隊．2014．石木川まもり隊：http://ishikigawa.jp/（参照2015-10-6）
東彼杵町教育委員会（編）．1999．東彼杵町史　水と緑と道　上巻．東彼杵町，長崎．1117pp.
環境省．2003．改訂・日本の絶滅のおそれのある野生生物—レッドデータブック．4 汽水・淡水魚類．環境省，東京．680pp.
環境省．2018．環境省レッドリスト2018．環境省：https://www.env.go.jp/nature/kisho/hozen/redlist/RL2018_5_180604.pdf（参照2019-2-10）
長崎県環境部自然環境課．2011．RED DATA BOOK 2001ながさきの希少な野生動植物．長崎県，長崎．199pp.
長崎県環境部自然環境課．2010．長崎県レッドリスト平成22年度改訂版中間見直し．長崎県：https://www.pref.nagasaki.jp/bunrui/kurashi-kankyo/shizenkankyo-doshokubutsu/rarespecies/reddata/298016.html（参照2019-2-10）
長崎県土木河川課・長崎県石木ダム建設事務所．2008．川棚川総合開発事業石木ダム環境影響評価書．4.1.8-315p.長崎県，長崎．
長崎県土木河川課・長崎県石木ダム建設事務所．2008．川棚川総合開発事業石木ダム環境影響評価書　資料編．26-27pp.長崎県，長崎．
渡辺京二．2005．逝きし世の面影．平凡社ライブラリー電子版．604pp.

第17章

シーボルトに学ぶ自然再生

細谷　和海

　シーボルトが長崎を発ち江戸へ向かう参府の途上で目にしたものは，街道沿いの身近な里山の自然であった．その情景は『江戸参府紀行』に詳細に記されている．日本の里山は水田を中心に構成されており，自然の移ろいと人の営みが絶妙にバランスを維持している．結果として水田には高い生物多様性が育まれ，全体として美しい景観が創出されている．ここでは伝統的水田と現代的水田を比較することによって，圃場整備によって変質しつつある水田生態系の窮状について保全生態学の視点から問い直す．

はじめに

　近年，外国人観光客が怒涛のように日本に押し寄せてきている．観光庁の最新情報によれば，その数は2018年にはとうとう3000万人を超えてしまった．それは2008年の4倍に相当し，東京オリンピックを控えた来年2020年は急増することは確実である．彼らが選ぶ観光地は，モダンなファッション街，遊園地，温泉，お城など個人の嗜好に応じてさまざまだろう．ところが，その趣は徐々に変わりつつある．外国人観光客が目指す場所は，彼らが日本を知れば知るほど都会から田園へと変わる傾向にある．かつて都会の量販店を席巻し，爆買いでならした中国人は，今やどんな辺鄙な田舎でも家族連れで見かけるようになった．この変化は，外国人観光客が真に求めているものが，日本の社会の便利さや先端技術ではなく，伝統的な日本らしさであり，それが田園地帯にあることに気が付いた証拠である．外国人を惹き付ける日本の田園風景の魅力とはいったい何だろうか？

シーボルトが見た原風景とは何か？

　外国人が日本の田園風景の美しさ魅了されたのは，今にはじまったことではない．わが国は古来，瑞穂の国として知られている．田園風景はいつの時代に

おいても美しかったに違いない．明治の初頭，イギリス公使の夫人イザベラ・バードは，1人の日本人の御者を連れ，馬に乗り，東北地方から北海道にかけて旅行している．彼女は旅先から母国にいる妹に手紙を送り，やがて旅日記を『日本奥地紀行』としてまとめている（バード，1973）．彼女が山形県米沢平野の庄屋の屋敷に宿泊した時，庭に果樹がある農家の家屋，それに周囲の水田や畑が織りなす里山の美しさに感動し，東洋の桃源郷と絶賛している．彼女が目にした景観はおそらくシーボルトが目にしたそれと変わらないだろう．実際，シーボルトが江戸参府の時に移動したルートは東海道といった，当時としては一般的な街道である（第2部参照）．したがって，シーボルトが見た江戸時代後期の日本の自然の原風景は，河川の源流や原生林を涵養するような深山ではなく，人と自然の接点，すなわち街道沿いに広がるごく身近な里山であったはずである．

　農村環境は日本の里山を特徴づける重要な要素である．しかし，環境という概念は曖昧で，目的に応じて自在に解釈されやすく，それを定義するのはなかなか難しい．2000年（平成12）に農林水産大臣から諮問を受けた日本学術会議の報告によれば，農村環境は機能の違いから，生活環境，生産環境，自然環境に分けられ，それぞれが重なりながら恒常性を維持しているという（図17.1）．生活環境は住居，生産環境は畑・水田・果樹園などの農地，自然環境は雑木林などの2次自然[1]によって特徴づけられる．これら3つの環境が組み合わさり，全体として良好な景観を創出している．この歴史的景観こそがイザベラ・バードとシーボルトが目にした原風景に違いない．

　同時に，里山はきわめて安定した生態系を保全している．実際，水田とその周辺にはさまざまな生き物が生息している．水辺の生き物は，1年を通じた稲作の農事暦に調和させて巧みに生きてきた．しかし，水田は放置されると遷移[2]が起こり，たちまち荒廃してやがて草地に変わる．反対に，農薬が過度に散布されたり，コンクリート護岸など人工化が進めば進むほど水田から生物はいなくなる．したがって，生物多様性の豊かさは両者のバランスのとれた拮抗関係のとき最大となる．この状態を筆者は水田生態系における生物多様性の保

---

[1] 雑木林のように植栽や間伐など，人の手によって維持管理されている自然のこと．原生林のような手つかずの自然である1次自然と区別される．

[2] 植生がまわりの環境に適応しながら変わっていくこと．生まれたばかりの火山島で見られるような初期段階からはじまる一次遷移と，一度人の手が加えられた農地で起こるような二次遷移がある．放置された水田は栄養分に富むので一次遷移に比べて緑化する速度が速い．

第17章　シーボルトに学ぶ自然再生

図17.1　農村を構成する3つの環境．生活環境，生産環境，自然環境がバランスを保ちながら全体として良好な景観を創出している．

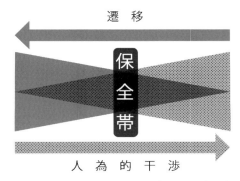

図17.2　水田生態系における自然の遷移と人為的干渉の拮抗関係．生物多様性の豊かさは保全帯にあるときに最大となる．

全帯と呼んでいる（図17.2）．

このように里山がすばらしい景観を呈し，豊かな生物多様性を涵養しているのは，人が食糧生産を目的に畑や水田を適度に攪乱する自然への干渉と，自然がゆっくりと時間をかけて遷移しようとする変化が，絶妙なバランスで互いに拮抗しているからである．美しい景観と豊かな生き物，これらは日本人が共有すべき掛け替えのない財産といえる．シーボルトはそのことについて，『江戸参府紀行』の中でいく度も言及している．

水田生態系の危機

今，一見，のどかな水田では，水中の生き物とりわけ淡水魚は最大の危機を向かえている．圃場整備事業によって自然と人為のバランスが崩れかけているからである（図17.2）．ここでは，保全生態学的視点から圃場整備事業の問題点を整理し，生き物との共存を目指した望ましい農政について考えたい．

水田の由来

温帯モンスーン[3]に属する日本列島は多雨地帯にある．1年に降る雨の量は2800 mmで，世界平均の約3倍もある．その半面，河川は流程が短く，雨の

---

[3] 温帯の大陸東岸地域において，季節風によって特徴づけられる気候．一般に，夏は海から季節風が吹き，海岸の影響を受けて雨が多いのに対して，冬は大陸的で雨が少なく晴天が多い．

降り方は梅雨に集中して一様ではない．そのため河相は変化し，季節の移ろいを際立たせる．梅雨や台風シーズンには毎年のように洪水を起こしていた．その結果，河川は，洪水のたびごとにさまざまな湿地を作り出していた．そのような湿地は沖積平野に散らばる浅い池沼，氾濫原にできるワンドや水たまりであった（第2部第11章参照）．今日ではその多くは水田に置き換わっている．水田の原型となった湿地の多くは，もともと河川に隣接する後背湿地であった．現在，水田周辺で見られる淡水魚の多くは，水田が作られる前にはこれらの湿地を利用していたものと考えられる．したがって，水田に発達する生態系は，浅い湿地環境に依存する生態系といえる．

　弥生時代以降，灌漑によって低地の乾燥地帯にも水が運ばれて新田が作られた．また，山の斜面にさえも沢やため池から導水されて棚田が造成された．おかげで本来の生息地ではなかったところまで淡水魚が生息するようになった．関東地方のナマズやモツゴは，稲作の伝播とともに西日本から広がっていったともいわれている．このように水田の淡水魚と人の結び付きはもともと強いものであった．

水田の生態学的役割

　水田には水が張られる時もあれば水がない時もある．水田は水圏なのか陸圏なのかはっきりしない．このような曖昧な場所は遷移帯（Ecotone）と呼ばれる．いいかえるのなら遷移帯とは2つの異なる生態系の重複部分のことである．水田生態系では陸上生物と水生生物，それに重複部分にしか住まない周縁種（Edge Species）が加わるので，きわめて多様な生物群集が創出される．水田はまさに遷移帯の典型なのである．

　一般に，淡水魚の住み場所となる水辺は，1年中水が保たれている恒久的水域と，主に雨季などに水がたまってできる一時的水域に分けられる．水田は大きな面積を持つ一時的水域で，水深は浅く，文字通り生物生産の場である（斉藤ほか，1988）．冬季には干上がるため，食物網はいったんリセットがかかり，大型の水生生物は死んで土に帰る．やがて春季の水入れと同時に細菌，珪藻，ワムシ，ミジンコなどの小さな餌生物が栄養たっぷりの土壌からいっせいに湧き出して来る．冬季乾燥，この生態学的干渉こそ仔稚魚の餌場としての機能を強化している．水田には必ず水の出口がある．水田から排水路に溢れ出した微生物や栄養素は産卵親魚を惹き付けるとともに，農業水路を主な生息場所とするコイ科のオイカワ，淡水二枚貝，水生昆虫の重要な餌となっている．これらの生物は自らも食物連鎖を通じて高位の栄養段階にある動物の餌となる．さらにイシガイ科の二枚貝はこれを産卵母貝とするタナゴ類やヒガイ類の繁殖を助

けている．水田は農業水路の生物多様性維持にも間接的に貢献している．コイ，フナ，タモロコ，ドジョウ，ナマズは積極的に水田内に侵入して産卵する．水田の早苗は親魚が卵をくっつけるのによい基質となり，生長した稲は仔稚魚の恰好な隠れ場を提供する．このように水田は淡水魚にとって欠かすことのできない繁殖場といえる．

　従来，水田生態系を説明する時にはひとくくりに「水田」として曖昧に語られてきた．水田および周辺における生息環境を詳しく調査するためには，水田生物の生息場所をハビタットタイプに分類する必要がある．ハビタットとはいわば生き物にとっての住所みたいなものである．水生動物は普通発育・成長に伴ってハビタットを変えていく．水田生態系の中にあるハビタットは，水田，農業水路，小溝，ため池などに分けられる．水田の淡水魚を保護するためには，まず個々の魚種の生活環を把握することからはじめる．次いで，個々の生息場所の環境特性を分析し，異なるハビタット間の繋がり，すなわち水田ネットワークを確保する（細谷，2009）．

水路の生態学的役割

　水田の原型となった湿地の多くは，もともと河川に隣接する後背湿地であった．そのため，水田周辺で見られる淡水魚は，生活環上，河川と何らかの関わりを持つのが普通である．魚類は，トンボ，水鳥，カエル，カメとは異なり，水を通じてしか移動できないので水との関わりがとても深く，淡水魚の生息分布は水田ネットワークの機能性を測るもっともよい指標となる．その場合，水田ネットワークを単に水の連続性ととらえるのではなく，淡水魚が容易に回遊できるような系と理解すべきである．淡水魚は成長や発育の程度に合わせて季節的に回遊する．このような水だけを通じた回遊経路は「魚類学的水循環」と呼ばれている（細谷，2009；藤岡，2017）．

　水田は文字通り水の供給なくしては管理できない．同時に，水田の豊かな生物相を維持するのには農業水路の役割がきわめて大きい．魚類学的水循環が成立するか否かは灌漑方法と密接に関係する．一般に，灌漑方法には棚田や谷津田で見られる田越し灌漑，平地の未整備田に多い用排兼用水路による灌漑，および平地の整備田に多い用排分離水路による灌漑がある（図17.3）．棚田や谷津田は斜面に位置するので，水は高いところから低いところに向かって自然に田を越えて行く．一方，平地にある水田，とくに現代的水田を潤す農業水路は，水田に水を供給する用水路と水田から水を受ける排水路に分けられる．用水路と排水路に分けるのは水はけをよくするためである．しかし，伝統的稲作が行われているような水田では用水路と排水路の違いがはっきりしない．産卵期に

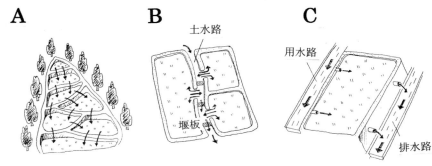

図17.3 水田の灌漑方法．A．田越し型灌漑，B．用排兼用型灌漑，C．用排分離型灌漑．AとBは伝統的灌漑方法で，Cは現代的灌漑方法．Aは傾斜地で，BとCは平地で見られる灌漑方法．Bは堰板の脱着で用水に変えたり排水に変えたり調節する．（細谷，2009より転載，一部改変）

なると親魚は水の流れに逆らい正の走流性に基づいて排水路から水田に進入する．魚類学的水循環を成立させるための水路としては，河川本流から水田までの距離が短くて，水量がつねに確保され，堰の数が少なく，水路の傾斜角度がゆるく，水田と排水路との段差が少ないなどの条件が満たされなければならない．河川の本流近くにある平地の未整備田では，素掘りの用排兼用水路や小溝を通じて魚類学的水循環が維持され，多くの淡水魚にとってもっとも重要な生息域となっている．水田ネットワークが機能し魚類学的水循環が保たれていれば，淡水魚は遠くまで移動することが可能となる．その結果，他地域の個体と自由に交配するので有害遺伝子のホモ化の機会は軽減されて，遺伝的劣化が引き起こす近交弱勢[4]は抑制されることになる（細谷，2017）．つまり，淡水魚が自由に恋愛できれば健全な子孫を残す可能性が高くなるということである．

ため池の生態学的役割

　水田生態系においてため池もまた重要な生息場所の1つである．ため池は降雨量や河川から離れた地域において，稲作のために作り出されたもので，全国に20万個以上あるといわれている．水は涸れることはなく，常時1m以上の水深が確保された恒久的水域である．一般に，平地のくぼ地に造った"皿池"と山間部の谷をせき止めて作った"谷池"に分けられる．ため池は水田に供給する水量を調整し，沢水や雨水に含まれる有害物質を沈殿・無害化させる緩衝作

---

[4] 近親交配が続き画劣勢（潜性）遺伝子が多くなると，耐病性が低下したり奇形出現の割合が高くなる現象．

第17章 シーボルトに学ぶ自然再生

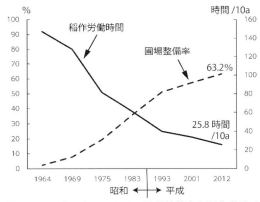

図17.4 日本の水田における圃場整備率と稲作労働時間の関係．圃場整備が進めば進むほど稲作にかかる負担が軽減される．（農林水産省の統計資料より作成）

用を持つ．ため池には沈水植物や浮葉植物が繁茂し，多様な生息環境を創出している．谷池は傾斜地に作られるので，淡水魚が平地から谷池まで遡上するのは難しい．そのため水田に比べれば閉鎖的で魚類学的水循環は成立しにくい．同時にそのことは，谷池が淡水魚にとって水田生態系の中でもっとも自律性の高い生息場所であることを意味する．ハゼの仲間のトウヨシノボリやドンコが池内で生活史をまっとうできるのもそのためである．この環境特性こそため池を絶滅危惧種の避難場所（Refugea）として機能させ，重要な遺伝子供給源に変える．シナイモツゴ，ウシモツゴ，ゼニタナゴ，ニッポンバラタナゴなどの絶滅危惧種は，わずかなため池にしか残っていない．

水田生態系の危機

　わが国の水田地帯では生産効率を上げるために，1960年代から大規模な圃場(ほじょう)整備事業が進められている．圃場整備事業とは，耕地の区画，用排水路等の農地の環境条件整備を国や県などの地方自治体が行う大きな公共事業であり，農家の人たち農作業をしやすくするために農地を基礎から作り直す．圃場整備事業を終えた水田では，しばしば事業主の功績を讃えて大きな石碑が建てられているので，すぐにわかる．食糧統計によれば，わが国の水田の圃場整備率は1964年には3.2％であったものが，半世紀経った2014年には63.2％まで進められ，現在では一度整備された古い圃場から順に再度整備が進められている．その結

図17.5　岐阜県海津市における圃場整備事業．A．整備前の未整備田．水田は小規模の不定形，小溝は土水路で，田面との間に落差はない．B．整備直後の水田．水田は統合され広大で真四角な水田に変わり，小溝はU字溝に置き換えられ，水はけをよくするため田面との間に落差がつけられている．

果，圃場整備事業により，稲作にかかる労働時間は10 a 当たり1カ月で141.0時間から25.8時間にまで短縮された（図17.4）．このくらいの労働時間であればサラリーマン兼業でも週末や休日を利用しても十分に稲作はできるはずである．その一方で，わが国の食料自給率はカロリーベースで約40％まで落ち込んで久しく，回復は当分見込めそうにない．自然保護を願う人たちは，水田の生物多様性保全を語る前にこの事実を知っておかなければならない．

　圃場整備事業では大規模な土木工事が行われる．いわば水田の区画整理である（図17.5右）．いくつもの形の悪い小さな水田は，四角い大きな水田にまとめられる．水田の整形と大規模化で大型トラクターが使いやすくなり，作業効率は一段と向上する．曲がっていた土水路は直走させられ，単調な3面コンクリート張り水路に変えられる．水路から泥や水草がなくなるので水はけはよくなり，農家の人たちはつらい泥上げや草刈をしなくてすむ．さらには用排兼用から段差のある用排分離型へ改変させられたおかげで（図17.3），水田から排水路への通水がよくなり，稲作を行わない冬季には水田を簡単に乾かすこともできる．水田も水路も壁をコンクリートでがちがちに固められるので，水田から水路への水漏れもなくなった．圃場整備によって水田の水管理がしやすくなったのである．

　しかし，圃場整備事業が実施されるとそれまで保たれていた自然と人為のバランスが崩れてしまい，水田とその周辺から生き物はほとんどいなくなる（表17.1）．圃場整備事業では，水田は整形・大規模化される結果，水田は個性を失うので，生息場所の多様性は著しく低くなる．農業水路は用排兼用から段差のある用排分離型へ改変させられるので，産卵親魚が排水路から水田に上れな

表2.1　圃場整備が水田生態系に与えるさまざまな影響

未整備田	整備田	水田生態系に与える影響
小規模水田	大規模水田	生息場所の多様性の喪失，生態系の単純化
不定形水田	四辺形水田	〃
用排兼用型水路・田越し型灌漑	用排分離型水路・パイプライン	魚類の回遊・移動阻害 魚類の生息場所消滅
素掘りの土水路	三面コンクリート張り水路	魚類の回遊・移動阻害，魚類の生息場所消滅 周縁効果の喪失

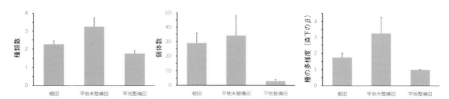

図17.6　長野県上田市周辺，千曲川流域のタイプの異なる水田における淡水魚の出現状況．片野ほか（2001）を改変．バーは標準誤差．種類数，個体数，種の多様度（森下のβ：多くて均一であることの指標）ともに平地未整備田（中）がもっとも豊かで，平地整備田（右）がもっとも貧弱である．

い構造に変えられる（図17.5）．そればかりか，3面コンクリート張りにより水路から淡水魚の生息場所はなくなってしまうし，小さな魚なら速くなった水流に耐え切れないだろう．岡山県吉井川下流域にある倉安用水は1970年代には30種以上もの淡水魚が生息していた．本流に近く，水田が未整備であったことが多様性を創出する要因であった．水路の3面コンクリート化が施された現在では，流れは速く水田との違いが画然となり，水田と水路を往復する周縁種のアユモドキは絶滅し，採集される淡水魚はオイカワくらいで総じて10種以下に減少している（Hosoya, 1982, 細谷, 2009）．

圃場整備率が60％を超えている今日，日本の半数を超える水田では，もはや魚類学的水循環は停止してしまっていると考えてよいだろう．それに伴い水田周辺から多くの淡水魚がいなくなってしまった．このことは，彼らを餌とするトキ，サギ，ツルなどの水鳥にも悪影響を与えたに違いない．環境省『レッドデータ・ブック汽水・淡水魚編』の最新版（2015）では，もっとも危険度が高いとされる絶滅危惧IA類には69種がリストアップされている．そのうちミヤコタナゴ，ゼニタナゴ，ヒナモロコ，シナイモツゴなど23種は水田周辺部に生息している．彼らの将来はまったく保障されていない．このように圃場整備を

終えた水田にはもはや生物多様性を涵養する力はなくなっている（図17.6）．

　元来，水田周辺に生息する希少淡水魚にとって稲作に負うところは大きかった．だから水田が耕作放棄されると，生物多様性は守れなくなる．日本の生物多様性に対する第2の危機にあてはまる．皮肉にも，水田の圃場整備が進まなければ進まないほど水田は耕作放棄されるといった負の相関がある．このことは，現行の農政では希少淡水魚を守るのに限界があることを意味する．

生き物から農政を考える

　現在，わが国には面積にして240万haの水田が存在する．これらの水田では年間約1300万トンもの米が生産可能で，この量はすべての日本人をまかなうのに必要な800万トンよりも500万トンも多い．熱心に作っても余剰米となってしまうので，最近まで多くの水田は減反の対象とされ，休耕田は100万haにもおよんだ．米作りはいわばわが国の生命線である．ようやく2017年になって減反政策は廃止されたが，米を必要以上に生産しない理由は米価を一定に抑えなければならない国家の事情がある．食料自給率の向上が声高に叫ばれるなか，生産調整，それに米の輸入がなされるという矛盾はなぜ生じるのであろうか．そこには日本人の食の嗜好の変化に加え，日本農業の構造的な問題があるように思える．日本は国産米の保護のため，外国産米の輸入に800％近い高い関税をかけている．これを国際的に認めてもらう見返りに，毎年一定量を低い税率で輸入する義務を負っている．最低輸入義務量，いわゆるミニマムアクセスと呼ばれるものである．現在では，米の価額が内外で差がなくなってきたことから，300％まで引き落とされている．政府は世界的情勢を注視しつつ，TPP（環太平洋戦略的経済連携）の発効の前に，自由化を求める外国の圧力に抗して欧米式に生産効率のよい大規模圃場に予算を集中させる方向に舵をきっている．

　現在，希少淡水魚の多くは，中山間地域にある水田に連なる小溝やため池にかろうじて残っている．このような水田は，概して粗放的で伝統的な農法によって管理されており，効率が悪い分だけ生産性が低い．農林水産省は，2000年に農業の多面的機能を重視する立場から，新たな食料・農業・農村基本計画を発表し，閣議決定がなされた．基本計画では生態系を守る見返りに，直接支払制度導入の方向性を示した．この制度は，生産振興と所得補償を切り離すことからデ・カップリングとも呼ばれている．環境に配慮した農法を採用して収量が減っても，農家が困らないように減収分を補償することを目的としている．このことは，生産性ばかり追及してきたわが国の農政がようやく環境にも眼を

第17章　シーボルトに学ぶ自然再生

向けはじめたことの証拠である．

　基本計画は5年ごとに見直され，2005年には改訂され，直接支払制度はついに2007年度から実施されるようになった．その具体策として，「農地・水保全管理支払交付金」制度が施行され，現在では目的に応じて「環境保全型農業支援対策」，「多面的機能支払交付金」，「中山間地域等直接支払交付金」に三分されている．一方，2002年に出された関連法の「改正・土地改良法」においても「田園環境マスタープラン」の起案が地方自治体に義務づけられ，田園環境保全計画がない改良事業は認められなくなった．すなわち，田園環境マスタープランには，地域の環境資産を保つプランを示さなければ田園をむやみに開発させないという意図が込められている．希少淡水魚もまた貴重な環境資産である．今後，水田周辺の自然環境を保全する農業政策にどこまで淡水魚保護を盛り込むかが焦点となるだろう．

シーボルトに学ぶ温故知新

　多くの日本の自然環境は明治維新を境に急激に損なわれ，自然破壊のスピードは戦後の経済成長期にピークを迎え，現在においてさえも衰えを見せない．その影響は，とくに，水田や雑木林など身近な里山で顕著で，さまざまな自然の生態系が人工的環境に変えられてしまっている．これに伴い多くの野生動物が住家や餌場を奪われ，数を減らした結果，あるものは絶滅しまっている．もうニホンオオカミとカワウソを野外で見ることはないだろう．はからずも私たち日本人は，現在，絶滅危惧種とされる種のすべてが，それほど遠くない過去において，いずれも普通種であったことをシーボルト標本から知るべきである（第4部参照）．

　『江戸参府紀行』には，シーボルトが観察した各地の自然誌が科学的視点から詳細に記されている（第2部参照）．そこにはトキ（第3部第16章参照），カワウソ，オオサンショウウオ，オイカワなど日本の動物を代表する種のタイプ産地を特定する鍵となる情報が多く含まれている．さらに関連文献を加味すれば，われわれを一気に200年前の日本の水辺にタイムスリップさせるだろう．残念なことに環境省『レッドデータ・ブック汽水・淡水魚編』の最新版（2015）では絶滅危惧IA類にアユモドキ，それに次ぐIB類にゲンゴロウブナとニゴロブナが掲載されている．これらの魚種は長崎から遠く離れた琵琶湖周辺に分布する．シーボルトがたまたま寄り道した程度で入手できた普通種も，わずかな時間で絶滅危惧種となってしまった．日本の水環境の急変をはたして

191

このまま見すごしておいてよいものだろか.

おわりに

　日本は生物多様性大国と言われる．日本列島は，面積は狭いものの南北に細長く，西側では大陸に隣接し東側では太平洋に面している．親潮に乗って北方系の生物が南下する一方で，黒潮に乗って南方系の生物が南西諸島や太平洋沿岸域に分散している．おまけに夏から秋にかけては梅雨と台風が大量の雨をもたらし，冬は乾燥する．このようなメリハリのある気候は私たち日本人に季節感をもたらすとともに，ルーツの異なる多種多様な生物を育んできた．

　このような日本のよさについて，過日亡くなられたドナルド・キーン博士は，「日本の四季折々の自然の美しさに気が付いていないのは，まさに日本人そのものである．」と述懐されていた．地域の絶滅危惧種を守ろうとする機運は各地で芽生え，市民が中心となり保全活動が進められている．しかし，それは一部にすぎず，国や地方自治体が自然環境を守ることに注力していないことは明らかである．その理由として，私たち日本人が日本の自然のすばらしさにあまりにもなれすぎて，その価値を見すごしていることが背景にあるからである．だから，どんなに行政を急き立てても納税者の1人1人の意識が変わらないかぎり，行政も思い切った施策に踏み切れないのが現状である．一向に止まらない開発の前に，絶滅危惧種が犠牲になる事例は枚挙にいとまがない．生物多様性によって創出される美しい自然を日本人共通の財産と考えるのなら，それを先祖から受け継いだのが現代人なら，それを次代に伝えるのも私たちの務めである．

引用文献

イザベラ・バード，高梨健吉訳．1973．日本奥地紀行．平凡社，東京．388 pp.
藤岡康弘．2017．琵琶湖本来の魚類相の回復・保全に向けての提案．西野麻知子・秋山道雄・中島拓男（編），pp. 168-173，琵琶湖岸からのメッセージ，サンライズ出版，彦根．
Hosoya, K. 1982. Freshwater fish fauna of the Yoshii River, Okayama Prefecture. Bull. Biogeogr. Soc. Japan, 37 (1-6)：23-35.
細谷和海．1997．生物多様性を考慮した淡水魚保護．長田芳和・細谷和海（編），pp. 315-329，日本の淡水魚の現状と系統保存，緑書房，東京．
細谷和海．2006．よみがえれ水辺の自然．細谷和海・高橋清孝（編），pp. 133-144，ブラックバスを退治する－シナイモツゴ郷の会からのメッセージ，恒星社厚生閣，東京．
細谷和海．2009．ほ場整備事業がもたらす水田生態系に危機．高橋清孝（編），pp. 6-14，田園の魚を取り戻せ！，恒星社厚生閣，東京．

細谷和海．2017．魚類学的保全単位としての超個体群―遺伝的多様性を維持してきた淡水魚の戦略に学ぶ―．高橋清孝（編），pp. 93-100，よみがえる魚たち，恒星社厚生閣，東京．
環境省．2015．日本の絶滅のおそれのある野生生物．Red Data Book 4, 2014, 汽水・淡水魚類．ぎょうせい，東京．414 pp.
片野　修・細谷和海・井口恵一朗・青沼佳方．2001．千曲川流域の3タイプの水田間での魚類相の比較．魚類学雑誌48：19-25.
斉藤憲治・片野　修・小泉顕雄．1988．淡水魚の水田周辺における一時的水域への侵入と産卵．日本生態学会誌38：35-47.
ジーボルト，斎藤　信（訳）．1967．江戸参府紀行．平凡社，東京．347 pp.

第4部
シーボルトが持ち帰った魚たち
［図譜］

第 4 部　シーボルトが持ち帰った魚たち——図譜

4–1 ニホンウナギ

現在の学名　　*Anguilla japonica* Temminck and Schlegel
原記載の学名　*Anguilla japonica* Temminck and Schlegel

図 4.1.1　ニホンウナギの外観　A．シーボルト・コレクションにおけるニホンウナギの保存状況．朱色ラベルはタイプ標本（シンタイプ）であることを示す．3661 のビン（左）に入っているのがレクトタイプ，B．『日本動物誌』魚類編，C．現存個体（大阪府大和川産）．

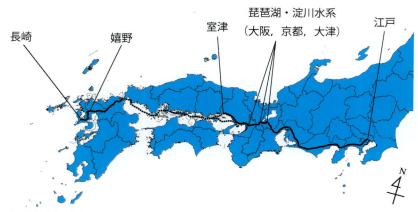

図 4.1.2　江戸参府の行程とニホンウナギの分布（水色）．

シーボルト標本

　液浸標本5個体がナチュラリス（ライデン国立自然史博物館）に保存されている．そのうち4個体は明らかにシーボルト標本であるが，"F. jap"のラベルがついた1個体の由来は必ずしも明らかではない．このうち体長49.5 cmの個体（RMNH 3661a）がBoeseman（1947）によってレクトタイプに指定されている（図4.1.1, A）．原図はビュルガー収集物をもとに描かれたものの複製であるが（図4.1.1, B），Boeseman（1947）によれば現物のタイプ標本とプロポーションが微妙に異なるという．その他ナチュラリスではビュルガー収集物の中に"ウナギ属の1種"と表示された体長73.5 cmの剝製標本（RMNH 2747）がある．これは損傷が激しくて正確な同定は困難であるが，マアナゴ *Conger myriaster* もしくはその近縁種と見なされている．

ニホンウナギの原記載

　『日本動物誌』魚類編では主にビュルガーの資料をもとにテミンクとシュレーゲルにより新種記載された．属名の"*Anguilla*"はラテン語で"細長いもの"を表し，種小名の"*japonica*"は文字通り"日本の"を意味する．原記載ではウナギ属各種との共通点を記述するとともに，ヨーロッパウナギ *Anguilla anguilla* との比較を行っている．そこではニホンウナギはヨーロッパウナギに比べてやや細長く，目が小さく，胸鰭の形態や体の色彩が異なると述べられている．なお『日本動物誌』と『江戸参府紀行』にはニホンウナギのタイプ産地（模式産地）に関わる記述は見られない．

ニホンウナギが棲む水辺の原風景

　ウナギは古来，日本では庶民の一般食材であった．すでに縄文時代からよく食べられていたことが明らかにされている．また，オランダでも食べ方は異なるにしても普通の食材であったことに違いはない．ニホンウナギは淡水魚ではあるが繁殖は南方の大洋域で行う．産卵場所はマリアナ諸島の西側沖，マリアナ海嶺のスルガ海山付近であることが突き止められている．孵化仔魚はレプトケファルスと呼ばれる葉形仔魚で，孵化後黒潮に身を任せて陸地に向かう．河口域までたどり着くと変態してシラスウナギとなり，いよいよ河川を遡上する．このような回遊様式を持つ魚類のことを降河回遊魚と呼ぶ．冬から春にかけてシラスウナギが海の沿岸域から河川を遡上する．シーボルトの時代ではことごとく自然遡上の天然ウナギであった．

　ところが現在の日本の河川は下流域が汚染され，河床は平坦化されて隠れる場所がなくなり，途中にダムなどの横断工作物が構築されているので，遡上するのが難しくなってきている．その上，ウナギ食への需要は増すばかり．残念ながら人工授精卵から蒲焼サイズまで育てる完全養殖技術は確立していない．だから養殖種苗はすべて河川を遡上するシラスウナギに依存している．シラスウナギをのきなみ取りすぎた結果，ニホンウナギはとうとう絶滅危惧種に指定されてしまった．このままでは日本人は世界中のウナギを食べつくし，やがてウナギが食べられなくなる時代が来るだろう．

〈細谷和海〉

第 4 部　シーボルトが持ち帰った魚たち――図譜

4-2 アユ

現在の学名　　*Plecoglossus altivelis altivelis* (Temminck and Schlegel)
原記載の学名　*Salmo* (*Plecoglossus*) *altivelis* Temminck and Schlegel

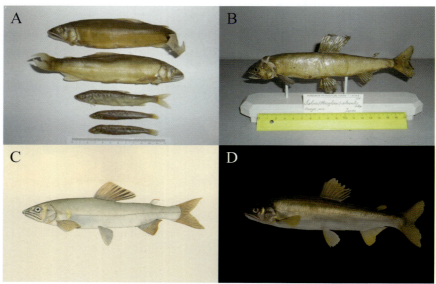

図 4.2.1　アユの外観. A. ナチュラリスに保管されている液浸標本. 最上位の個体がレクトタイプ（RMNH 3179a, 体長 18 cm）, B. ナチュラリスに保管されているビュルガー収集による剥製標本（RMNH 1971, 体長 18 cm）, C. 『日本動物誌』魚類編（左右反転）, D. 現存個体（大阪府大和川産）.

図 4.2.2　江戸参府の行程とアユの分布（水色）と考えられる入手先（赤囲み）.

シーボルト標本

　液浸標本5個体，剥製標本2個体がそれぞれナチュラリスに保存されている．ベルリン動物博物館（Berlin Zoological Museum：現フンボルト博物館）にも業者を通じて分与された液浸標本（ZMB 4114）が1個体保管されている．これらはすべてシンタイプに相当するが，そのうちナチュラリスの液浸標本の最大個体（RMNH 3179a）がBoeseman（1947）によってレクトタイプに指定されている（図4.2.1, A）．剥製標本はもともと展示目的で作成されたもので，山口・町田（2003）は所在不明と述べていた．アユは現行の分類体系ではキュウリウオ科またはその近縁の科として取り扱われている．原記載の『日本動物誌』魚類編ではタイセイヨウサケ属 *Salmo* の亜属（*Plecoglossus*）の1種として記載されたため，ナチュラリスでは実際にはキュウリウオ科が納められている棚とは異なる棚に置かれていた（図4.2.1, B）．『日本動物誌』と『江戸参府紀行』にはアユのタイプ産地（模式産地）に関わる記述は見られないが，体の大きさと鮮度から判断するならば，少なくともレクトタイプと液浸のパラレクトタイプの最大個体，それに剥製標本はおそらく北九州産と思われる．一方，液浸標本のパラレクトタイプのうち小型の3個体はその他の個体に比べてはるかに小さく保存状態も悪いので，江戸参府の途中で採集された琵琶湖産の可能性がある．

アユの原記載

　学名の属名 *Plecoglossus* はギリシャ語で"編んだような舌"を意味し，アユの特徴である舌唇を表している．これは舌の前部と側部に発達する肉質のしわの集まりから成り立っている．種小名の *altivelis* はラテン語で"帆を張ったような背鰭"を意味する．アユは成熟すると背鰭が著しく延びる．テミンクとシュレーゲルは『日本動物誌』においてこの背鰭の特徴をヨーロッパで一般的に見られるグレーリング *Thymallus* にたとえている．原記載では全体図に加えアユの食性を裏付ける櫛状歯の拡大図が添えられている．アユの俗称は香魚である．これはアユの体表から発するキュウリ臭に似た化学物質に因る．かつてはアユが食べた付着藻類に起因すると考えられていたが，現在ではヒトの加齢臭と同じ化学構造を持つことが明らかにされている．『日本動物誌』ではアユの特徴について2ページ以上にわたり詳述されている．しかし，そのほとんどが形態に関するもので，アユの特徴ともいうべき香についてはふれられていない．アラク酒漬けの標本から得られる情報のみにもとづいて新種記載されたからである．

アユが棲む水辺の原風景

　アユは川と海を往復する両側回遊魚である．初夏になると稚アユが海の沿岸域から河川を遡上する．ところが現在の日本の河川は下流域が汚染され，途中にダムや頭首工などの横断工作物が構築されているので，なかなか自然遡上は見込めない．そこで湖では大きくなれないが河川に放つと大きくなる琵琶湖のアユを，上れなくなった河川に放流することで補っている．これらの増殖行為は大正時代以降に始まったので，シーボルトの時代ではことごとく自然遡上の天然アユである．

（細谷和海）

第4部 シーボルトが持ち帰った魚たち――図譜

4-3 コイ

現在の学名　　*Cyprinus carpio* Linnaeus
原記載の学名　*Cyprinus haematopterus*　*Cyprinus melanotus*　*Cyprinus conirostris*

図 4.3.1　コイの外観．A．*Cyprinus haematopterus*（左）『日本動物誌』魚類編，（右）「慶賀魚図」，
B．*Cyprinus melanotus*（左）『日本動物誌』魚類編，（右）RMNH D1874 パラレクトタイプ．
C．*Cyprinus conirostris*（左）『日本動物誌』魚類編，（右）RMNH 1721 パラレクトタイプ．
『日本動物誌』はすべて左右反転．

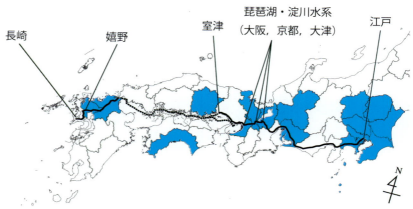

図 4.3.2　江戸参府の行程と想定されるコイの分布（水色）．

シーボルト標本

『日本動物誌』では，日本産のコイとして *Cyprinus haematopterus*, *C. melanotus*, *C. conirostris* の3種が記載されている．『日本動物誌』では，*C. haematopterus* が1個体，*C. melanotus* が剥製1個体と液浸1個体，*C. conirostris* が液浸として60個体以上が標本として保存されていると示され，筆者らが確認したところ，*C. haematopterus* のレクトタイプは剥製，*C. melanotus* のパラレクトタイプは剥製，*C. conirostris* はレクトタイプ1個体が剥製，パラレクトタイプ5個体中4個体が剥製であった．

コイの原記載

『日本動物誌』においては，日本のコイは，Bonaparte (1836) が記載したヨーロッパに生息する *Cyprinus regina* と異なることを記した上で，これら日本産3種が新種として記載されている．しかし，*C. regina*，および『日本動物誌』で記載された3種を含めたこれらのコイは，現在は多くの文献で *C. carpio* のシノニムとされ，すべて同種とされている．なお，近年は，*C. carpio* はヨーロッパに生息するコイ集団を指し，東アジアのコイは *C. rubrofuscus* とする場合もある (Kottelat, 2013；Naseka and Bogutskaya, 2004)．また，*C. haematopterus* という学名は Rafinesque (1820) によっても記載されているが，これは北米に生息するウグイ亜科の別種であり，現在は *Luxilus cornutus* とされ，『日本動物誌』で記載された時点の *C. haematopterus* は同名であったことになる．『日本動物誌』の記載では，それぞれの特徴として，*C. haematopterus* は九州の河川に産し，比較的大型であること，欧州産の種より細長いこと，胸鰭の先端が丸いこと，胸鰭の先端と腹鰭の基部が離れることなどをその特徴としている．*C. melanotus.* は，*C. haematopterus* より体形が細長く，胸鰭が長く腹鰭基部に達することが特徴的であることなどが述べられている．*C. conirostris* は，前2者より細長い形態で尖った吻を持つと示され，本種の図版は比較的体高が高いが，標本には体高が低いものも見られた．

現在，日本に産するコイは，外来型と，琵琶湖で確認されている在来型と考えられる集団が確認されており，体形的特徴から，日本産在来コイについては *C. melanotus* となる可能性が示されている (瀬能，2009)．よって，*C. melanotus* については今後日本産の在来コイの有効名となる可能性がある．シーボルトが江戸参府において，琵琶湖周辺のコイを手に入れた可能性は高いが，『日本動物誌』では，*C. haematopterus* 以外の2種の産地，生息環境に関する記録はなく形態学的情報から検討するしかない．

コイの棲む原風景

コイは世界的に利用され，移殖も盛んになされており，世界の外来種ワースト100に名を連ねられている．もはやそれぞれの国の在来集団を認識することは難しい．日本のコイが欧州のものと異なると判断され，新たに3種が記載された当時は，日本の在来コイ集団の特徴が，今より明確に認識できた時代だったのではないだろうか．固有の価値を持つ日本在来コイの実態が早く明らかになって欲しいものである．　　（藤田朝彦）

第 4 部　シーボルトが持ち帰った魚たち――図譜

4–4 オオキンブナ

現在の学名　　*Carassius buergeri buergeri* Temminck and Schlegel
原記載の学名　*Carassius buergeri* Temminck and Schlegel

図 4.4.1　オオキンブナの外観．A．シーボルト・コレクション（レクトタイプ，RMNH 2392a, 12 cm SL），B．『日本動物誌』魚類編，C．トポタイプ（タイプ産地標本）と思われる現存個体標本（佐賀県嬉野市の農業用水路，12.5 cm SL）．

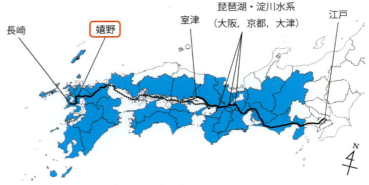

図 4.4.2　江戸参府の行程とオオキンブナの分布（水色）．

シーボルト標本

　液浸標本 12 個体が，ナチュラリスでシンタイプとして保管されている．Boeseman (1947) により RMNH 2392a がレクトタイプ指定されたが，当時の保存液により色彩は完全に失われ全体的に褐色味を帯びている．しかし，他のフナ属魚類と区別できるだけの特徴は有しており，川原慶賀の原図，現存個体と比較しても多くの特徴で一致する（図 4.4.1）．よって，学名との間に齟齬はない．驚いたことにタイプシリーズにはニゴロブナが混入している可能性がある．オオキンブナは主に静岡県以西に分布しており（細谷，2013），佐賀県嬉野市で採集されたと考えられる．そのため，立ち寄った記録のない北陸や山陰，長野県や岐阜県など限られた地域に分布するナガブナが混入するとは考えにくい．おそらく協力者の誰かから入手した，もしくは琵琶湖を通った際に琵琶湖固有亜種であるニゴロブナを手に入れ，同じ魚種として液ビン内へ一緒にされたと考えられる．

オオキンブナの原記載

　ギンブナ（4-5 参照）とは，相対的な違いにより区別することができる．一方で，アラク酒で保存されていたことから黄金色が抜けており，色彩のみで判別することはほぼ不可能に近い．テミンクとシュレーゲルでも，分類が困難なグループであったに違いない．
　体高の約 3 倍半の体長を持つ本種は，背鰭分枝軟条数ではギンブナとの個体差がさほどなく，15 や 16，そして 18 のものまで存在する．種小名の *buergeri* はシーボルトの助手として，調査・標本収集に貢献したビュルガーに献名されたものである．

オオキンブナが棲息する水辺の原風景

　谷口（1982）は筋漿蛋白質の電気泳動像分析により，関東以北に分布するキンブナとは別に，西南日本に分布する個体群の中に，キンブナと同系統の全長が 30 cm にも達するフナ類が存在することを明らかにしている．現在では，静岡県以西の太平洋・瀬戸内海側に分布する大型種がオオキンブナとして認識されている．さらに谷口（1982）は，本種が黄金色を呈し，鰓耙数が 45 以下の 2 倍体性個体群であることから，学名に *Carassius buergeri buergeri* Temminck and Schlegel, 1846 を適用している．河川下流域や湿地帯などではギンブナと同時に獲れるが，色彩や体型の違いから本種の識別は容易である．ヨシ群落などで越冬し，水温が上昇すると河川緩流域やそれに続く用水などに移動し産卵期を迎える．底生動物を主とした雑食性であり，4～5 年で全長 30cm 近くに達するなど，比較的成長が早い．シーボルトが採集した標本にキンブナに対応する標本が見つからないため，江戸滞在中に行動を規制されていた可能性は高いが，長崎や佐賀県嬉野市周辺，大阪・京都の琵琶湖・淀川水系周辺で本種含む魚を数多く収集できたことは大変貴重である．これらのタイプ産地から，いかにして当時から現在にかけて原風景が失われてきたかを知らしめ，何世代にもわたって保全の大切さを伝えていくことがかなうことを願いたい．

　　　　　　　　　　　　　　　　　　　　　　　　　　　　　　　（朝井俊亘）

第 4 部　シーボルトが持ち帰った魚たち——図譜

4-5 ギンブナ

現在の学名　　*Carassius* sp.
原記載の学名　*Carassius langsdorfii* Temminck and Schlegel

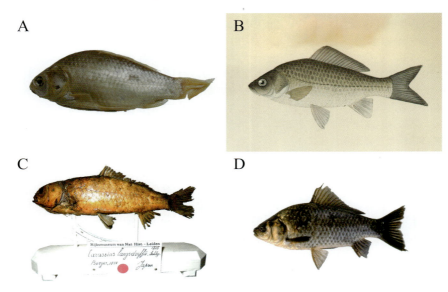

図 4.5.1　ギンブナの外観．A．シーボルト・コレクション（RMNH 2388），B．『日本動物誌』魚類編，C．ビュルガーにより収集された標本（剥製　RMNH 1715），詰め物によりプロポーションが変わっている．D．現存個体（琵琶湖産）．

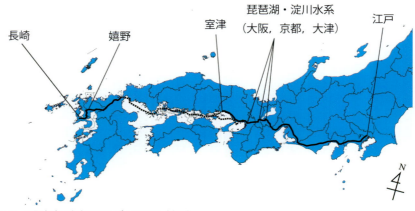

図 4.5.2　江戸参府の行程とギンブナの分布（水色）．

シーボルト標本

　ギンブナと考えられる標本については，Boeseman（1947）によれば液浸標本 15 個体と剥製標本 5 個体が残されているとされる．ビュルガーによるコレクション 5 個体，RMNH 1712，1715 ～ 6，1718 ～ 9 が剥製として，シーボルト標本 15 個体（RMNH 2369 の 1 個体，2387 の 3 個体，2388 の 1 個体，2379 の 10 個体）がそれぞれ液浸標本として保存されており，ビュルガーによる剥製標本の 1 つ RMNH 1712 と，液浸標本のうち RMNH 2379 の 10 個体が *C. auratus*，RMNH 2369 の個体が「*C.* spec.」と同定されている．標本については，液浸標本自体は尾鰭の破損があり退色しているが，おおむね良好な状態で保存されている．剥製についても，原型を保った状態で保存されている．

　筆者らは，これら標本のうち剥製標本を調査したところ，現在のラベルは剥製である RMNH 1712 に *C. auratus*，1715 ～ 1719 の 5 個体が *C. langsdorfii* とされているのを確認した．剥製については，ニゴロブナやナガブナ等にも類似する標本を確認しており，精査が必要であると考える．液浸標本については，RMNH 2369 の個体，2387 の 3 個体，2388 の 1 個体については標本を確認し，これらについてはいずれもギンブナと同定した．また，RMNH 4379 の標本群も存在するが，これらはほぼ奇形のため，Temminck and Schlegel（1846）では言及されていない（Boeseman, 1947）．

ギンブナの原記載

　Temminck and Schlegel（1846）は，ギンブナであるとした 20 個体の標本のうち，全長 8 ～ 30.5 cm の 10 個体について言及している．標本についてはいずれにしろ記載の内容や標本ラベルの不整合もあり，混乱している．よって，レクトタイプの再指定を行うべきであるが，ギンブナ自体が生物種としてその定義を明確にするのに議論を要する状態にある．そのため，ギンブナについては現状ではわが国では *C.* sp. と表記されている状態である．

　Temminck and Schlegel（1846）は，種名として *langsdorfii* の名を与えている．これは，ヴァランシエンヌがラングスドルフにより日本から持ち帰ったものと同一種であるとしたことから献名されている．なお，ギンブナの標本には細長い形態の標本が含まれるが，Temminck and Schlegel（1846）は明確にニゴロブナを区別している．

ギンブナの棲む原風景

　ギンブナは日本全国に分布し，シーボルトはどの地点でも容易にサンプリングできたものと考える．なお，Temminck and Schlegel（1846）は，日本人は海産魚を食べ，フナをあまり食用としないと述べている．これは，江戸参府のルートが瀬戸内海の航路と，東海道という沿岸部であったこと，加えて滞在した長崎の文化の影響があるのかもしれない．しかし，ギンブナは Temminck and Schlegel（1846）も述べているように，今も昔も日本を代表する淡水魚であるといえる．

（藤田朝彦）

第 4 部　シーボルトが持ち帰った魚たち――図譜

4-6 ゲンゴロウブナ

現在の学名　　*Carassius cuvieri* Temminck and Schlegel
原記載の学名　*Carassius cuvieri* Temminck and Schlegel

図 4.6.1　ゲンゴロウブナの外観．A．シーボルト・コレクション（レクトタイプ，RMNH 2386），B．『日本動物誌』魚類編，C，現存個体（琵琶湖産）．

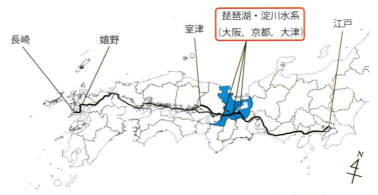

図 4.6.2　江戸参府の行程とゲンゴロウブナの分布（水色）と考えられる入手先（赤囲み）．

206

シーボルト標本

　Boeseman（1947）によると，ゲンゴロウブナについては『日本動物誌』では20個体の存在が示されているが，再検討にあたっては液浸標本14個体を確認したものとされている．著者らは，これらすべての標本を確認はしていないが，レクトタイプについて標本の所蔵状況を確認できた．標本については，退色し尾鰭条が折れて消失しているものの，所蔵状態は良好である．レクトタイプはその体形が川原慶賀の描いた図と極めてよく類似しており，Boeseman（1947）の判断と同様，同一の個体であると考えらえる．

ゲンゴロウブナの原記載

　ゲンゴロウブナについては，*C. auratus* の亜種であるとされた文献も存在するが，原記載からほぼ変わっていない．原記載の記述は，ギンブナ，オオキンブナに類似するが，体高が高いことにより区別されることが示されている．ゲンゴロウブナにもっとも特徴的な形状である，鰓耙の状態について記載されていないことから，解剖学的な観察は行われていないようである．

　タイプ産地については，『日本動物誌』上での記述はなく現在でも Japon とされている．しかし，琵琶湖淀川水系の固有種であることから，草津に滞在にした際にアユモドキなどと同時に入手したと考えるのが自然であろう．

ゲンゴロウブナの棲む原風景

　ゲンゴロウブナは，現在ではほぼ日本全国に分布しているが，原産地は琵琶湖水系であり，その他の場所はすべて国内外来種である．ゲンゴロウブナの分布拡大は，大阪での"カワチブナ"（ゲンゴロウブナの養殖品種名）の養殖から，"ヘラブナ"と呼称される釣り目的の種苗の放流が行われたためである．カワチブナの養殖は明治時代からはじまり，ヘラブナが盛んに放流されたのは戦後であるとされている．これらのことから，江戸時代にシーボルトがゲンゴロウブナを入手したのは在来分布の範囲，つまり琵琶湖淀川水系であると判断できる．シーボルトが江戸参府の途中の大津周辺で琵琶湖周辺の魚類をコレクションしたことが確実であり，本種の標本もその際に収集されたものであると考える．

　ゲンゴロウブナの名前の由来は，琵琶湖の漁師の人名（源五郎，権五郎）に由来するとされる．いずれもゲンゴロウブナが珍重されたことから，その漁師の名前が宛てられている．今でも，ゲンゴロウブナは琵琶湖周辺では食用として珍重されている．また，ゲンゴロウブナは，沖合の中層を活発に遊泳し，植物プランクトンを餌とする大型のフナである．この特徴は，他のフナ属魚類のいずれの種とも異なっており，琵琶湖固有種ならではのものである．ゲンゴロウブナは，このように琵琶湖の雄大な環境に適応して種分化し，琵琶湖周辺の人々愛されてきた魚類である．日本の至る所で本種が見られる現状は，シーボルトが見た日本とかけ離れた状態であり，「日本の自然」として見るには大きな違和感を抱えてしまう．

（藤田朝彦）

第 4 部　シーボルトが持ち帰った魚たち――図譜

4-7 ニゴロブナ

現在の学名　*Carassius buergeri grandoculis* Temminck and Schlegel
原記載の学名　*Carassius grandoculis* Temminck and Schlegel

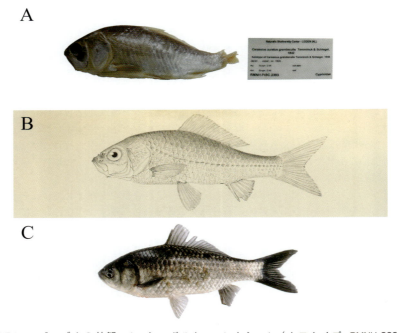

図 4.7.1　ニゴロブナの外観．A．シーボルト・コレクション（ホロタイプ，RMNH 2393），B．『日本動物誌』魚類編，C，現存個体（琵琶湖産）．

図 4.7.2　江戸参府の行程とニゴロブナの分布（水色）と考えられる入手先（赤囲み）．

シーボルト標本

Boeseman (1947) はシーボルト・コレクションから液浸標本1個体を確認している.『日本動物誌』でも本種は取り上げられているが,個体数の記録はない.現在もこのホロタイプは現存している.尾鰭条が折損し,他のフナ類標本に比べると眼球の眼窩への落ち込みが激しいが,形態的にはニゴロブナの特徴を十分に表している. Boeseman (1947) は,眼径と吻長の関係が,標本と図版の間に差違があることを示しているが,ホロタイプの形状は角張った下顎や,背鰭前方でもっとも大きくなる体高など,典型的なニゴロブナであるといえる.また,本標本については鰭膜に斑紋の痕跡があるとされ,これについて Günther (1868) は悪い品種の特徴であるとコメントしている.しかし,本標本は退色しており,それが何を示したかは不明である.

ニゴロブナの原記載

Temminck and Schlegel (1846) は「眼が大きく体が細長い別の種類のフナ」「ゲンゴロウブナのように大きい頭を持つ」と記している.記載のすべてはプロポーションについてのものであるが,かなり詳細に記述している.シーボルトとビュルガーが日本から持ち帰ったフナ属魚類の標本は,60個体以上にもおよぶ.その中で,ニゴロブナが1個体のみ示されているのは,本種の特徴を明確に認識していたためであると考えられる.ニゴロブナの種名である *grandoculis* は,「大きな目」の意味である.このように,命名の段階でも両者の違いについては明確に認識されていた.ゲンゴロウブナ同様タイプ産地の記載はないが,江戸参府の際,草津で入手したと判断してよいだろう.

ニゴロブナの棲む原風景

ニゴロブナは,琵琶湖の名産である鮒寿司の主要な原材料であることはいうまでもない.鮒寿司の歴史は古く,奈良時代にまで遡るとされる.ニゴロブナが鮒寿司の材料として重用されはじめた時期は定かではないが,現在も鮒寿司の材料として琵琶湖周辺の人々にとって,地域食文化の代表ともいえる特別な魚である.京滋の庶民のニゴロブナに対する思い入れはとても強いが,現在ニゴロブナの鮒寿司は簡単に口に入るものではなくなった.その漁獲高が激減したのは1980年代後半頃からであり,琵琶湖におけるオオクチバス,ブルーギルの増加と反比例している.本種は,外来魚の影響を受けた種の1つである.

ニゴロブナは琵琶湖で進化した琵琶湖固有亜種である.琵琶湖の沖合に生息し,3〜5月には,琵琶湖周辺の内湖を中心とした沿岸の湿地帯の奥深くまで入り込んで産卵する.そのため,その生活史をまっとうするには連続性の高い健全な琵琶湖環境が必要である.このように,ニゴロブナは人間社会を含めた琵琶湖周辺の自然・文化と直接的に繋がる魚である.琵琶湖の環境保全,復元を行う上で,ニゴロブナの復活がまさにその指標になるだろう.

(藤田朝彦)

第 4 部　シーボルトが持ち帰った魚たち――図譜

4-8 カワムツ

現在の学名　　*Candidia temminckii*（Temminck and Schlegel）
原記載の学名　*Leuciscus temminckii* Temminck and Schlegel

図 4.8.1　カワムツの外観．A．シーボルト・コレクション（レクトタイプ，RMNH 2546a），B．『日本動物誌』魚類編（左右反転），C．現存個体（琵琶湖淀川水系産）．

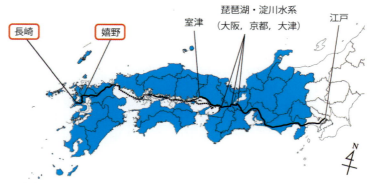

図 4.8.2　江戸参府の行程とカワムツの分布（水色）と考えられる入手先（赤囲み）．

シーボルト標本

ビュルガー収集物の剥製標本2個体とシーボルト標本の液浸標本5個体がナチュラリスに保存されている．このうち体長10.6 cmの個体（RMNH 2546a）がBoeseman (1947) によってレクトタイプに指定されている（図4.8.1, A）．Boeseman (1947) によると『日本動物誌』の原図と標本は異なっているという．採取地に関して，『日本動物誌』には記載がないが，『江戸参府紀行』において佐賀県嬉野で"アカバエ"が採集された記述がある．本種は普通種でありながら，それ以外の地域ではいっさい記述がない．また，標本の状態が非常によい（図4.8.1, A）．このことから，カワムツは長崎周辺，長崎県内で淡水魚が採集された可能性の高い川棚川，とくに支流の石木川周辺にも分布しているが，タイプ産地はむしろ嬉野の塩田川水系嬉野川の可能性が非常に高いと思われる（図4.8.2）．

カワムツの原記載

カワムツは，ヨーロッパに広く分布するウグイ仲間としてテミンクとシュレーゲルにより新種記載された．種小名の"temminckii"は，命名者でもあるテミンク（Coenraad Jacob Temminck）への献名である．原記載では，約1ページにわたり詳述されている．ほとんどが形態的記載で占められ，色彩なども詳細に記述されている．そこには側線鱗数50，側線上方横列鱗数10，臀鰭分岐軟条数10といった分類形質がしっかりと記述され，すでにヌマムツ *Leuciscus seiboldii* とは別種として記載されていた．その後，Jordan and Fowler (1903) は *Zacco*（日本語の雑魚に由来する）を新設し，*Z. temminckii* とした．片野 (1989) によって本種はカワムツB型として扱われてきたが，Hosoya et al. (2003) によってカワムツという和名に戻された．Chen et al. (2008) によって *Nipponocypris* が設立され属名が変更されたが，『日本産魚類検索全種の同定』第三版（中坊編, 2013）では *Candidia temminckii* に分類されている．また，近年の遺伝学的研究によって，鈴鹿山脈を境に東西2つの集団に分けられることも報告されている．

カワムツの棲む原風景

カワムツは日本および朝鮮半島に分布し，日本においては能登半島，静岡県以西の本州，四国，九州に自然分布していたと考えられる．しかし，琵琶湖産アユの日本各地への種苗放流に伴い近年では関東以東でも分布を拡大しており，国内外来種として問題となっている．現在，本種は各都道府県別レッドリストには記載はなく[1]，河川の上流・中流域で普通に見られるが，流れの緩やかな淵や岩の隙間などに隠れる場所を好むため，圃場整備や河川改修に伴い生息域が減少している．多くの地方でハヤまたはハエ（オイカワなど一括りに），アカバエなど各地に多くの方言があり，河川上中流域の水田周辺や小川では一般的に見られる種で，日本人にとってなじみ深い川魚である．シーボルトが日本で，もっともよく見た種の1つに違いない．（森宗智彦）

---

[1] 静岡県では要注目種（分布上注目種等）として記載．

4-9 ヌマムツ

現在の学名　*Candidia sieboldii*（Temminck and Schlegel）
原記載の学名　*Leuciscus sieboldii* Temminck and Schlegel

図 4.9.1　ヌマムツの外観．A．シーボルト・コレクション（レクトタイプ，RMNH 2545a），B．『日本動物誌』魚類編（左右反転），C．現存個体（琵琶湖淀川水系産）．

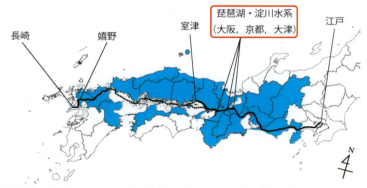

図 4.9.2　江戸参府の行程とヌマムツの分布（水色）と考えられる入手先（赤囲み）．

シーボルト標本

『日本動物誌』では液浸標本3個体と記述されいるが，実際には液浸標本4個体がナチュラリスに保存されている．このうち体長12 cmの個体（RMNH 2545a）がBoeseman (1947) によってレクトタイプに指定されている（図4.9.1, A）．鰓や鰭に破損が見られ，同サイズのカワムツのレクトタイプ標本（図4.9.1, B）に比べると保存状態はあまりよくない．『日本動物誌』および『江戸参府紀行』には，採集地に関する記載はない．長崎県では，ヌマムツの分布は確認されていない．近隣では佐賀県において分布が確認されている．しかし，標本の状態があまりよくないこと，佐賀県に分布するニッポンバラタナゴ，カゼトゲタナゴなどが採集されていないことを考慮すると，江戸参府中に琵琶湖固有種のゲンゴロウブナ，ニゴロブナ，ハスなどとともに入手した可能性もある．現段階では，タイプ産地の候補地として，琵琶湖淀川水系の可能性が高いと思われる．

ヌマムツの原記載

ヌマムツは，ヨーロッパに広く分布するウグイ仲間としてテミンクとシュレーゲルにより新種記載された．種小名の"*sieboldii*"は，シーボルト（Philipp Franz von Siebold）への献名である．原記載では，形態的特徴のみで側線鱗数65，側線上方横列鱗数14，臀鰭分岐軟条数9といった分類形質がしっかりと記述され，カワムツ*Leuciscus temminckii*とは別種として記載している．その後，Jordan and Fowler (1903) は*Zacco*（日本語の雑魚に由来する）を新設し，*Z. sieboldii*とした．Okada (1960) は本種を*Z. temminckii*のシノニムとし，それ以来，長い間カワムツ1種に分類されてきた．片野（1989）は，本種をカワムツA型，カワムツをカワムツB型とし，Hosoya et al. (2003) によって本種（カワムツA型）は*Z. sieboldii*として再記載され，ヌマムツという和名が付けられた．Chen et al. (2008) によって*Nipponocypris*が設立され属名が変更されたが，『日本産魚類検索全種の同定』第三版（中坊編，2013）では*Candidia sieboldii*に分類されている．

ヌマムツの棲む原風景

ヌマムツは日本の固有種で瀬戸内海周辺において進化したと考えられ，濃尾平野から瀬戸内海沿岸および有明海の河川下流域および湖沼沿岸に自然分布する．本種もカワムツ同様に，琵琶湖産アユの種苗放流に伴い，関東地方などにも移植され，国内外来種として問題となっている．本種は，カワムツに比べ用水路や河川下流域などの流れの緩やかな環境を好み，佐賀平野ではクリークにヌマムツ，河川にカワムツが棲み分けている．水田周辺の小川や農業用水路などの本種の好む生息環境は，圃場整備や河川改修の影響で減少し，個体数が激減している．大分県，山口県，香川県，徳島県，大阪府，京都府，滋賀県，奈良県，岐阜県では，各都道府県版レッドリストに記載され，とくに山口県では絶滅危惧ⅠA類（CR），大阪府では絶滅危惧Ⅰ類ともっとも高いランクに位置づけられている．

（森宗智彦）

4-10 オイカワ

現在の学名　　*Opsariichthys platypus* (Temminck and Schlegel)
原記載の学名　*Leuciscus platypus* Temminck and Schlegel

図 4.10.1　オイカワの外観．A．ナチュラリスに保管されている液浸標本．最大の個体がレクトタイプ（RMNH 2858a, 体長 13 cm）．体色は現在でも確認できる．B．『日本動物誌』魚類編（左右反転）．オイカワとカワムツの両方の特徴が見られる．C．現存個体（琵琶湖産）．

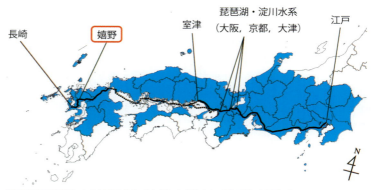

図 4.10.2　江戸参府の行程とオイカワの分布（水色）と考えられる入手先（赤囲み）．

シーボルト標本

　シーボルトが持ち帰った液浸標本6個体とビュルガーが持ち帰った剥製標本1個体がナチュラリスに保存されている．ベルリン動物博物館にもシュレーゲルに分与された液浸標本（ZMB 3390）が1個体保管されている．これらはすべてシンタイプに相当するが，これらのうちナチュラリスの液浸標本の最大個体（RMNH 2858a）がBoeseman（1947）によってレクトタイプに指定された（図4.10.1）．『日本動物誌』にはオイカワのタイプ産地に関わる記述は見られないが，『江戸参府紀行』には現在の佐賀県嬉野市の嬉野温泉付近の小川にてハエあるいはハイと呼ばれているアブラミス（$Abramis$）の1種がいるとの記載があり，シーボルトが持ち帰ったレクトタイプおよびパラレクトタイプは嬉野産である可能性が高い（図4.10.2）．

オイカワの原記載

　オイカワの種小名である $platypus$ はラテン語で"幅広い鰭"を意味する．本種の特徴として著しく伸長した臀鰭が挙げられ，成熟したオスでとくに顕著である．テミンクとシュレーゲルは『日本動物誌』においてこの臀鰭の特徴に言及している．また，本種の体色は非常に美しいとの記載があり，金魚と並び，観賞魚として利用されているとの記述がある．体色の記載では，腹鰭・胸鰭・尾鰭が明るい黄色とされているが，これらの特徴はオイカワではなくカワムツの特徴である．『日本動物誌』に掲載されている図では，臀鰭分岐軟条数は9でオイカワの特徴を示す一方，頭部下部から腹部にかけては朱色で彩色され，オイカワとは異なる（図4.10.1）．このオイカワの図について，川原慶賀の原図（慶賀魚図）では，臀鰭分岐軟条数は10で，臀鰭分岐軟条の伸長は『日本動物誌』にあるオイカワの図ほど顕著ではなく，鰓蓋部に追星が描かれていない．「慶賀魚図」に描かれているこれらの特徴はカワムツの形態的特徴と合致する．シュレーゲルは，カワムツを描いた「慶賀魚図」をオイカワと取り違え，手元にあるオイカワの標本を基に修正したのだろう．シュレーゲルはカワムツを描いた「慶賀魚図」を基にオイカワの体色について記載したと思われる．レクトタイプは明らかにオイカワであるため，学名に変更が生じることはないが，『日本動物誌』にあるオイカワの図はカワムツとのキメラになっている．なお，『日本動物誌』では $L. macropus$ と $L. minor$ も記載されており，両種はオイカワに似ると述べられている．Boeseman（1947）はこれら2種とオイカワとの形態的差異は軽微で種を分けるものではないとし，現在はいずれもオイカワの新参異名として取り扱われている．

オイカワの棲む原風景

　テミンクとシュレーゲルによるとオイカワは当時の河川や静水中で普通に見られると記されている．現在でも西日本を中心に河川や湖沼で普通に見られる．しかし，近年では主に琵琶湖産アユに混じり，本来の分布域以外の河川・湖沼に人為的に放流され定着している（瀬能，2013；高村，2013）．シーボルトが来日していた時代には考えられなかったことであるが，現在，本種は移殖先で国内外来魚として取り扱われている．　　　（井藤大樹）

第4部 シーボルトが持ち帰った魚たち——図譜

4-11 ハス

現在の学名　　*Opsariichthys uncirostris* (Temminck and Schlegel)
原記載の学名　*Leuciscus uncirostris* Temminck and Schlegel

図 4.11.1　ハスの外観．A. ナチュラリスに保管されている液浸標本．最上位の個体がレクトタイプ（RMNH 2878a, 体長 12.5 cm），B・C.『日本動物誌』魚類編（左右反転　B. 全体図, C. 頭部図），D. 現存個体（琵琶湖産）．

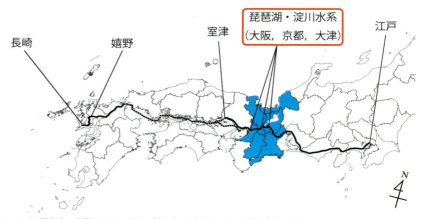

図 4.11.3　江戸参府の行程とハスの分布（水色）と考えられる入手先（赤囲み）．

シーボルト標本

シーボルトが持ち帰った液浸標本3個体がナチュラリスに保存され，これらのうちの最大個体（RMNH 2878a）が Boeseman（1947）によってレクトタイプに指定された（図4.11.1）．日本においてハスは，琵琶湖・淀川水系および福井県三方五湖に分布が限られており，シーボルトは，江戸参府の過程で標本を入手したことは間違いない．彼は，江戸参府の道中で大阪・京都・大津に立ち寄っていることから，タイプ産地（模式産地）は琵琶湖・淀川水系に特定される（図4.11.2）．

ハスの原記載

ハスは，テミンクとシュレーゲルにより現在のウグイ亜科に含まれる *Leuciscus* の1種として記載された．オイカワ，カワムツ，ヌマムツと同様に側偏した体・銀白色を基調とした体色が *Leuciscus* 魚類に似ることからこの属名が当てられたと思われる．種小名の *uncirostris* はラテン語で"鍵形に曲がった嘴"を意味する．ハスは，上顎の下縁と下顎の上縁が著しく湾入している．この特徴についてテミンクとシュレーゲルは，『日本動物誌』内でコイ科の中でも非常に珍しいと述べている（図4.11.1C）．『日本動物誌』の図（図4.11.1B）やテミンクとシュレーゲルの記載を見る限り，追星や婚姻色に関する記述は見当たらず，標本の体サイズも小型であることから，タイプシリーズは非繁殖期に採集された可能性が高い．テミンクとシュレーゲルの記載にはハスの生息環境や分布に関するものはない．おそらく魚市場で購入したものを標本として持ち帰ったのだろう．

ハスの棲む原風景

ハスは，現在でも琵琶湖・淀川水系に生息している．琵琶湖の流入河川では，5～8月の繁殖期に多くの個体が産卵のために遡上する光景を今でも目にすることができる．しかし，淀川ではオオクチバスなど肉食性外来魚の侵入や河川改修・水質汚染等により個体数が減少している．また，三方湖では近年，本種の生息は確認されておらず，絶滅したと考えられている．シーボルトが訪れた時代に比べれば，自然分布域において本種が減少していることは確実である．一方で，本種は琵琶湖産アユに混じり本来の分布域以外の河川・湖沼に放流され定着している（瀬能，2013；鬼倉・向井，2013）．本種は，日本に生息するコイ科の中でも珍しい肉食性であることから，移殖先での在来種への食害が懸念されている（鬼倉・向井，2013）．

ハスの標本は，シーボルトが大阪・京都・大津に立ち寄った際に魚市場で入手した可能性が高く，淡泊で癖のない食味である本種は当時の琵琶湖や淀川周辺で普通に食されていたものと考えられる．現在でも，琵琶湖の周辺ではハスを塩焼きや田楽，南蛮漬けなどにして食しており，当時の食文化を残している．しかし，現在では，淡水魚の個体数の減少や日本人の食生活の変化により，日本各地で淡水魚文化は衰退の一途である．淡水魚の保護とともに淡水魚を取り巻く文化も次世代に継承していかなければならない．

（井藤大樹）

第4部 シーボルトが持ち帰った魚たち——図譜

4–12 ヒナモロコ

現在の学名　　*Aphyocypris chinensis* Günther
原記載の学名　*Fundulus virescens* Temminck and Schlegel

図 4.12.1　ヒナモロコの外観．A．『日本動物誌』魚類編に掲載されている *Fundulus virescens* Temminck and Schlegel, 1846（左右反転ののち拡大），B．現存のヒナモロコの活魚．交雑個体の可能性がある．

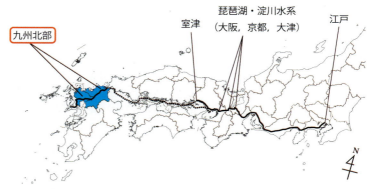

図 4.12.2　江戸参府の行程とヒナモロコのかつての分布（水色）と考えられる入手先（赤囲み）．

シーボルト標本

　私たち，近畿大学チームはシーボルト採集物調査をする過程で，シーボルトがすでにヒナモロコの存在に気付き，ライデンの学芸員であるテミンクとシュレーゲルにより *Fundulus virescens* として新種記載されていることを突き止めた．中村（1969）は *F. virescens* についてカワバタモロコである可能性を述べている．現在，模式標本は残されていないが，『日本動物誌』に描かれている川原慶賀の図は，カワバタモロコに比べて体高が低いこと（体高は体長の 21.7％），体背部の側面観が直送すること，復部に明瞭なキール（隆起縁）が認められないこと，体色が灰色を基調とすること，鰓蓋から尾柄にかけての体側中央部に不明瞭な紫縦帯が認められることなど，間違いなくヒナモロコの特徴を示している．

ヒナモロコの原記載

　ヒナモロコの学名は，長年，中国産の標本にもとづき "*Aphyocypris chinensis* Günther, 1868" とされてきた．しかし，Temminck and Schlegel（1842）による記載は Günther のそれよりも約 20 年も早い．国際動物命名規約の先取権の原則にしたがうのなら，現在使われている属名との組み合わせから，ヒナモロコの学名は *Aphyocypris virescens*（Temminck and Schlegel）とするのが理想である．ところが原記載で銘記された属名の *Fundulus* はもともと卵生メダカ類を代表するものである．事実，彼らは本種をメダカ類と見なしている感があり，原記載では地方名として「オオメダカ」を紹介するとともに，コイ科にはないはずの顎歯があると記述している．加えて，*virescens* という種小名は現記載以来ヒナモロコに充てられた事例は見当たらず，遺失名の可能性もある．このように，ヒナモロコの学名を広く国際的に使用されてきた *Aphyocypris chinensis* Günther から *Aphyocypris virescens*（Temminck and Schlegel）ににわかに変更することについては慎重を要する．今後，国際動物命名規約に照らし検討しなければならないだろう．

ヒナモロコが棲む水辺の原風景

　ヒナモロコは東アジアの淡水魚の中でもっとも広く分布し，コイ科の中でもっとも小型種の1つである．日本では九州北西部に分布するが，現在では激減し，絶滅危惧種となっている．京都大学の渡辺勝敏准教授を中心とするグループによれば，アジア大陸とその周辺部に分布するヒナモロコ類にはある程度の遺伝的分化が認められるという．北九州に現存するヒナモロコ個体群も地方集団としての特性を備えていたが，現在では台湾産の近似種 *A. kikuchii* による遺伝的攪乱が生じていることが明らかにされている．純系と固有性を生物多様性の評価基準とするならば，ヒナモロコが日本産淡水魚の中で絶滅の危険性がもっとも高い種といえよう．そればかりか，純系がなくなれば，ヒナモロコの学名確定や亜種設立をめぐる分類学的研究を進める上で，よりどころとなるはずの野生集団を失うことを意味する．

（細谷和海）

第 4 部　シーボルトが持ち帰った魚たち——図譜

4-13 ヤリタナゴ

現在の学名　　*Tanakia lanceolata*（Temminck and Schlegel）
原記載の学名　*Capoeta lanceolata* Temminck and Schlegel

図 4.13.1　ヤリタナゴの外観．A．シーボルト・コレクション（ホロタイプ，RMNH 2501），B．『日本動物誌』魚類編（左右反転），C．現存個体（滋賀県守山市産）．

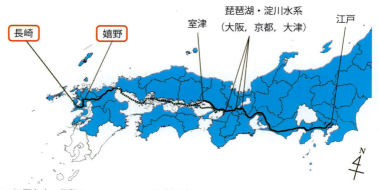

図 4.13.2　江戸参府の行程とヤリタナゴの分布（水色）と考えられる入手先（赤囲み）．

シーボルト標本

　シーボルト標本の体長 6.2 cm の液浸標本 1 個体（RMHN 2501）がナチュラリスに保存されている（図 4.13.1, A）．標本は，各鰭の破損が酷く，状態はあまりよくない．Boeseman（1947）によると『日本動物誌』の原図と標本は異なっているという．また『日本動物誌』では，シーボルト標本 2 個体（RMHN 2500a, 2500b）にもとづいて *Capoeta intermedia* を新種記載しているが，Boeseman（1947）によって本種のシノニムと分類された．『日本動物誌』および『江戸参府紀行』には，採集地に関する記載はない．しかし，中村（1969）によると九州産ヤリタナゴは本州産のものに比べ，口髭が長く，背鰭および臀鰭分岐軟条数が少ない傾向にあり，『日本動物誌』および Boeseman（1947）でも *C. lanceolata* は *C. intermedia* に比べ背鰭および臀鰭分岐軟条数が少ない傾向が記載されている．つまり，*C. lanceolata* は九州で採集された可能性が高い．ヤリタナゴは現在長崎県版レッドリスト（2011）では情報不足種としてランクされ，当時長崎周辺にも分布していたと考えられる．近隣の分布では佐賀県嬉野にも分布することから，本種は長崎周辺，または嬉野で採集された可能性が高い．

ヤリタナゴの原記載

　原記載では，約 1 ページ詳述されており，ほとんどが形態的特徴である．ヤリタナゴは当時アジアおよびヨーロッパに生息・分類されていたコイ科 *Capoeta* の仲間として新種記載された．種小名である "*lanceolata*" は "小さな槍を持った" を意味しており，タナゴ類のなかでは体高が低い本種の形態を表している（図 4.13.1）．現在では，Jordan and Thompson（1914）によって *Tanakia* が新設され，*Tanakia lanceolata* として分類されている．
　本種は，日本産タナゴ類の中でもっとも分布域が広い種である．テミンクとシュレーゲルは，形態学的特徴から *C. lanceolata* と *C. intermedia* の 2 種を記載しており，今後遺伝学，形態学的な研究を進め，*C. intermedia* の有効性について再検討する必要があるかもしれない．

ヤリタナゴの棲む原風景

　ヤリタナゴは日本および朝鮮半島西部に分布し，日本においては北海道と南九州を除く各地に分布している．河川の中流・下流，灌漑用水路や細流，湖沼などに生息するが，他のタナゴ類に比べ流れのある環境を好む．日本在来のタナゴ類の中ではもっとも数が多く，かつては関東地方におけるタナゴ釣りの好対象であったが，他のタナゴ類と同様に，圃場整備や河川改修などの開発による生息地の破壊やそれに伴う二枚貝類の減少，鑑賞魚目的に乱獲，オオクチバスなどの外来肉食魚の影響で生息数は減少している．日本のタナゴ類の中でもっとも広範囲に分布する種ではあるが，神奈川県では絶滅し，その他多くの県において危険度の高いカテゴリーにランクされている．

（森宗智彦）

4-14 アブラボテ

現在の学名　　*Tanakia limbata*（Temminck and Schlegel）
原記載の学名　*Capoera limbata* Temminck and Schlegel

図 4.14.1　アブラボテの外観．A．シーボルト・コレクション（レクトタイプ，RMNH 2497a），B．『日本動物誌』魚類編（左右反転），C．現存個体（福井県敦賀市中池見湿地産）．

図 4.14.2　江戸参府の行程とアブラボテの分布（水色）と考えられる入手先（赤囲み）．

シーボルト標本

シーボルト標本の液浸標本4個体がナチュラリスに保存されている．このうち体長5.7 cmの個体（RMNH 2497a）がBoeseman（1947）によってレクトタイプに指定されている（図4.14.1, A）．Boeseman（1947）によると標本の臀鰭や背鰭には色が残っており，各形質を比較したところ『日本動物誌』の原図と標本は異なっているという．ただし，現在の標本を見る限りそれの色は確認することはできない（図4.14.1, B）．『日本動物誌』および『江戸参府紀行』には，採集地に関する記載はない．アブラボテは長崎周辺・近隣では佐賀県，それに琵琶湖淀川水系にも分布しているが，佐賀県に分布するニッポンバラタナゴ，カゼトゲタナゴなどが採集されていないこと，長崎県内で淡水魚が採集された可能性の高い川棚川，とくに支流の石木川周辺に現在も分布していることを考慮すると，嬉野または川棚川水系をタイプ産地と考える（図4.14.2）．

アブラボテの原記載

アブラボテは，当時アジアおよびヨーロッパに生息・分類されていたコイ科 *Capoeta* の仲間として新種記載された．種小名である "*limbata*" は "縁のある" を意味し，臀鰭の縁が黒色を呈することに由来している（図4.14.1, C）．その後Bleeker（1860）によってカネヒラ属（*Acheilognathus*）が新設され，*A. limbatus* とされた．Jordan and Thompson（1914）は，Jordan and Seale（1906）が記載した長崎県川棚川産アゼタナゴ *Rhodeus oryzae* をタイプ種として *Tanakia* を新設した．しかし，アゼタナゴはアブラボテと同種であったことから，*R. oryzae* は *T. limbata* のシノニムと見なされている．このことから，*T. limbata* が *Tanakia* のタイプ種であるが，今後遺伝学的，形態学的に研究を進め，分類学的に再精査する必要があるかもしれない．属名の "*Tanakia*" は，日本の魚類学者 田中茂穂博士（東京帝国大学教授）への献名である．

アブラボテの棲む原風景

アブラボテは日本の固有種で近縁種が朝鮮半島に分布している．日本においては濃尾平野以西の本州，淡路島，四国瀬戸内海側，鹿児島県北西部の高松川までの九州に自然分布する．河川本流よりも灌漑用水路や細流を好んで生息する．他のタナゴ類と同様に，圃場整備や河川改修などの開発による生息地の破壊やそれに伴う二枚貝類の減少，鑑賞魚目的に乱獲，ブラックバスなどの外来肉食魚の影響で生息数は減少している．長崎県でも生息は確認されているものの，長崎県版レッドリスト（2011）では，絶滅危惧Ⅰ類にランクされ，生息は一部の河川に限られるようである．佐賀県版レッドリスト（2016）では，絶滅の恐れのある地域個体群として玄界灘側の個体群が新規掲載されている．これらの地域は，タイプ産地（模式産地）の候補地として挙げられる集団，すなわちトポタイプ（第1部第1章参照）として分類学的に重要な集団と考えられる．長崎県，佐賀県以外の都道府県においても，愛媛県，香川県，和歌山県で絶滅危惧Ⅰ類ともっとも高いランクに位置づけられている．

（森宗智彦）

第 4 部　シーボルトが持ち帰った魚たち——図譜

4-15 カネヒラ

現在の学名　　*Acheilognathus rhombeus*（Temminck and Schlegel）
原記載の学名　*Capoeta rhombea* Temminck and Schlegel

図 4.15.1　カネヒラの外観．A．シーボルト・コレクション（レクトタイプ，RMNH 2490），B．『日本動物誌』魚類編（左右反転，カゼトゲタナゴの特徴が見られる．），C．現存個体（琵琶湖産）．

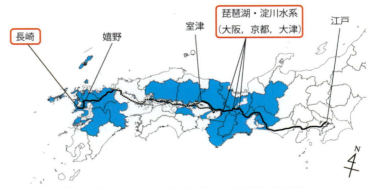

図 4.15.2　江戸参府の行程とカネヒラの分布（水色）と考えられる入手先（赤囲み）．

シーボルト標本

　シーボルト標本の液浸標本11個体，採集者不明標本3個体がナチュラリスに保存されている．このうちシーボルト標本の体長8.5 cmの個体（RMNH 2490）がBoeseman（1947）によってレクトタイプに指定されている（図4.15.1, A）．Boeseman（1947）によるとビュルガー・コレクションの原図と『日本動物誌』の原図とは，縦帯の色合いが異なるという．ビュルガーによる本種の記述はない．『日本動物誌』および『江戸参府紀行』には，採集地に関する記載はない．カネヒラは長崎県および近隣では佐賀県，琵琶湖淀川水系においても分布している．本種は秋産卵であり，1年で体長5〜6 cmほどに成長・成熟する．タナゴ類の特徴である産卵管の伸長した個体が含まれていないこと，シーボルト標本の体長が5.5〜8.5 cmであることから春に採集された可能性が高い．佐賀県に分布するニッポンバラタナゴ，カゼトゲタナゴ等が採集されていないこと，江戸参府紀行（2〜7月）の際に琵琶湖淀川水系で採集された可能性もあるため，現時点でタイプ産地の特定は難しい（図4.15.2）．

カネヒラの原記載

　カネヒラは，当時アジアおよびヨーロッパに生息・分類されていたコイ科 *Capoeta* の仲間として新種記載された．種小名である"*rhombeus*"は"菱形の"を意味し，本種の体高が大きいという独特の形に由来している（図4.15.1）．その後Bleeker（1860）によってカネヒラ属 *Acheilognathus* が新設され，*Acheilognathus rhombeus* として分類されている．本種は，*Acheilognathus* のタイプ種である．

　原記載では，約2ページにわたって詳述されており，形態，色彩だけなく，咽頭歯や螺旋状の腸形といった解剖学的形態の記述までされており，体高と腸形にまで言及している．ただし，『日本動物誌』の図版は「川原慶賀 魚図」と異なっており，明らかにカネヒラとカゼトゲタナゴのキメラになっている．

カネヒラの棲む原風景

　カネヒラは日本および朝鮮半島に分布し，日本においては琵琶湖淀川水系以西の本州，九州北西部に分布する．山口県などでは分布が確認されなく，不連続に分布する．他のタナゴ類と同様に，圃場整備や河川改修などの開発による生息地の破壊やそれに伴う産卵基質である二枚貝類の減少，鑑賞魚目的の乱獲などの影響で生息数は減少している．しかし，霞ヶ浦，伊豆沼や淀川などカネヒラの増加や分布域の拡大している場所も確認されており，その要因は外来種であるオオクチバスであることが示唆されている（高橋，2006；熊谷，2007；斉藤，2015；川瀬ほか，2018）．長崎県でも生息は確認されているものの，長崎県版レッドリスト（2011）では，絶滅危惧ⅠA類に，京都府，和歌山県，三重県においても，絶滅危惧Ⅰ類にランクされている．長崎はタイプ産地（模式産地）の候補地として挙げられる集団，すなわちトポタイプとして分類学的に重要な集団に該当する可能性があるため，早急な保護対策が求められる．

（森宗智彦）

4-16 カワヒガイ

現在の学名　*Sarcocheilichthys variegatus variegatus*（Temminck and Schlegel）
原記載の学名　*Leuciscus variegatus* Temminck and Schlegel

図 4.16.1　カワヒガイの外観．A．シーボルト・コレクション（レクトタイプ，RMNH 4976），B．『日本動物誌』魚類編（左右反転），C．現存個体（大阪府淀川産）．

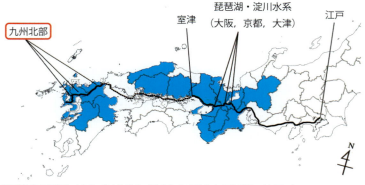

図 4.16.2　江戸参府の行程とカワヒガイの分布（水色）と考えられる入手先（赤囲み）．

シーボルト標本

　カワヒガイは5個体の標本に基づいて記載され（シンタイプ：RMNH 4976），Boeseman（1947）によってもっとも体サイズの大きな個体（RMNH 4976a）がレクトタイプが指定されている．現在，パラレクトタイプは別のビン・番号に分けられてRMNH 24093に保存・整理されている．また，剥製標本のパラレクトタイプも存在する（RMNH D1846）．レクトタイプやパラレクトタイプにおける背鰭の黒色帯や体側の雲状斑などの斑紋は消失しているが，外部形態は比較的よく保存されている．『日本動物誌』に描かれているカワヒガイの図は，体形や相対的な体サイズからレクトタイプをもとにしたものと思われる．カワヒガイは日本固有亜種で濃尾平野から山口県を除く中国地方までの本州と九州北部に分布する．日本にはカワヒガイの他に亜種ビワヒガイ *S. variegatus microoculus* と別種アブラヒガイ *S. biwaensis* が分布し，両者とも琵琶湖の固有種である．シーボルトの江戸参府の行程から推測すると，これら3種いずれも採集した可能性が考えられるが，頭部が丸く，体高や尾柄高が大きいなどの形態的特徴からヒガイ属の標本はすべてカワヒガイであった．

カワヒガイの原記載

　テミンクとシュレーゲルは，本種を *Leuciscus* に位置づけて記載を行った．剥製標本を含め，6個体の標本が残されているが，原記載には液浸標本の記述しかなく，剥製標本は出てこないことから，液浸標本にもとづいて記載されたと考えられる．ヨーロッパでは一般的な *Leuciscus idus* などと比較して，体サイズが大きいことの他に，顕著に大きい鱗，丸い顔の輪郭，広い口と大きな唇，背面が膨らむことが本種の特徴として挙げられている．体色は銀色で，無数の小さな黒斑が散在し，鰭は黄味がかり，背鰭には広い黒い帯があると書かれてあり，本種の斑紋の特徴がしっかりと記されている．小さい個体ほど明るい色をしているとされているが，これは大型個体が雄で婚姻色が出ていたためと考えられる．

カワヒガイの棲む原風景

　河川中下流域やそれに連なる水路に生息し，砂底から礫底を好む．底層を泳ぎ，ユスリカの幼虫や水生昆虫を主に摂餌する．本種をはじめとするヒガイ類の産卵生態は特殊で，短い産卵管を伸ばしてイシガイ，タガイ，ササノハガイなどのイシガイ目二枚貝に卵を産み付ける．そのため，二枚貝がないと繁殖することができなくなり，姿を消してしまう．かつて二枚貝は河川のワンドやタマリ，農業水路に豊富に生息し，カワヒガイも産卵に事欠くことはなかった．しかし，現在では日本産イシガイ目二枚貝16種中11種が絶滅危惧種に指定されている．したがって，二枚貝の減少とともに本種の生息地や個体数も減少傾向にあり，環境省版レッドリストでは準絶滅危惧種に，各都道府県版のレッドリストでも絶滅危惧種やそれに準ずるランクに選定されている．

（川瀬成吾）

第 4 部　シーボルトが持ち帰った魚たち──図譜

4-17 モツゴ

現在の学名　　*Pseudorasbora parva*（Temminck and Schlegel）
原記載の学名　*Leuciscus parvus* Temminck and Schlegel
　　　　　　　Leuciscus pusillus Temminck and Schlegel

図 4.17.1　モツゴの外観．A．シーボルト・コレクション *L. parvus*（ホロタイプ，RMNH 2634），*L. pusillus*（レクトタイプ，RMNH 2639a），B．『日本動物誌』魚類編（左右反転），C．現存個体（京都府淀川水系産）．

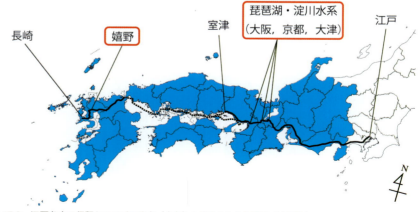

図 4.17.2　江戸参府の行程とモツゴの分布（水色）と考えられる入手先（赤囲み）．

シーボルト標本

　テミンクとシュレーゲルは現在のモツゴに該当する種に対して *Leuciscus parvus* と *L. pusillus* を記載した．前者は液浸標本1個体（ホロタイプ），後者は液浸標本3個体（シンタイプ；後にブスマンがレクトタイプを指定）が記載の基になっている．両者は口が上向き，口ひげを欠く，側線が完全などの形質を有することから紛れもないモツゴであった．ではどうしてテミンクとシュレーゲルは2種類いると考えたのだろうか．確かに標本をよく見比べると，*L. parvus* は背中が丸く大きく張り出しているのに対して，*L. pusillus* は直線的で，両者で異なっていたが，別種だと判断するには決定打に欠ける．そこで，さらに原記載とも照らしながら考えてみる．

モツゴの原記載

　原記載では，色彩について *L. parvus* は鰭や鱗が黒く縁どられるが，*L. pusillus* はそれがなかったと記されている．これらから推察するに，産卵期のオスを別種と間違えて記載してしまった可能性が考えられた．特に色彩について，モツゴのオスは産卵期になると全身真っ黒の婚姻色を呈する．*Leuciscus parvus* の記載中の鰭や鱗の黒色とはまさに婚姻色の名残だろう．雌雄を別種と間違えて記載された例は数多く知られており，シーボルト・コレクションにおけるモツゴの2種もその一例であると考えられた．

モツゴの棲む原風景

　日本産淡水魚類の多くが数を減らしている一方，逆に数を増やしている種も存在する．その代表格が本種である．本種は河川の中下流域，農業水路，ため池など流れの緩やかな水域に生息する．似たような環境に生息するメダカ類やカワバタモロコなど小型の淡水魚はことごとく絶滅危惧種になっている．その原因は，河川中下流域や農業水路では都市開発や圃場整備によるコンクリート護岸化や水質悪化，ため池では管理放棄による富栄養化が大きい．モツゴはこのような中でどうして生きていけるのだろうか．その理由の1つは富栄養化に強いことが挙げられる．本種は環境への適応力が強く，他の魚が棲めない環境であっても生き残ることができる．また，本種の繁殖生態も過酷な環境であっても生き残ることができる秘訣である．本種は石や流木，植物の茎，コンクリート壁などに卵を産み付け，雄が卵を保護するという繁殖生態を有している．他の魚が繁殖できないコンクリート護岸であっても繁殖できるため，人工的な環境にも適応しやすい．このように，たまたま現在の人間活動に対応できたため，減少を免れることができたと考えられる．

　本種の自然分布域は日本国内では新潟県-静岡県以西の本州と四国，九州で，国外では朝鮮半島から中国，台湾までと広い．一方，本来分布していなかった地域に移殖され，分布域を拡大している．国内では北海道，東日本，沖縄県に移殖され，東日本では絶滅危惧種シナイモツゴの生存を脅かしている．国外でも中国からの養殖魚に混ざってヨーロッパや中東に非意図的に導入されており，侵略的外来種として猛威を振るっている．人工的環境に強いという本種の生態的特性の明と暗が垣間見える．　　　（川瀬成吾）

4–18 イトモロコ

現在の学名　　*Squalidus gracilis*（Temminck and Schlegel）
原記載の学名　*Capoeta gracilis* Temminck and Schlegel

図 4.18.1　イトモロコの外観．A．シーボルト・コレクション（ホロタイプ，RMNH 2499），B．『日本動物誌』魚類編（左右反転），C．現存個体（トポタイプ，佐賀県嬉野市塩田川水系）．

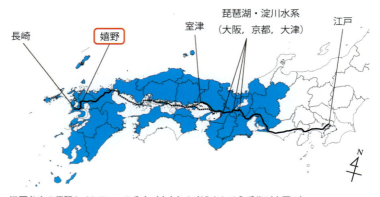

図 4.18.2　江戸参府の行程とイトモロコの分布（水色）と考えられる入手先（赤囲み）．

230

シーボルト標本

本種は *Capoeta* の一種として，タモロコの次に記載されている．体長 5.7 cm の 1 個体（RMNH 2499）がナチュラリスに保存されている．原記載の『日本動物誌』魚類編でも 1 個体だけ標本を受け取ったとあることから，この個体がホロタイプに相当する（図 4.18.1, A）．標本の状態はよくなく，体色は褐色に変化し斑紋は失われ，各鰭も破れていた．しかし，口髭が長く，目が大きく，体高が大きく，側線鱗が他の鱗よりも大きいなどのイトモロコの特徴を確認できた．

田中茂穂は標本を調査せずに原記載の記述と図版，シーボルト・コレクションも琵琶湖産の魚類が多数含まれていることから，本種をホンモロコとして扱ったものと想像する．しかし，標本は紛れもなくイトモロコであった．幸いにも，本種の場合はカワムツ・ヌマムツのように大きな分類学的混乱を招くことはなかったが，学名を扱う際にはタイプ標本を精査する必要があるという教訓といえよう．

イトモロコの原記載

もともと小型の 1 個体しか標本がなかったため，テミンクとシュレーゲルは慎重に標本を扱った様子が記されている．当時から標本の状態はあまりよくなかったのかもしれない．形態については，*Capoeta* に属することは間違いないとし，まず，体形がやや細長く体長は体高の 5 倍であることにふれ，尾柄部に行く連れ体高が低くなりより細くなることを記している．さらに，目が際立って大きく，口も大きくて体軸に水平に開く，肛門が腹鰭から離れる，鱗が大きいなどの形態的特徴を挙げている．各鰭の形状，条数，色彩などの特徴は前述のタモロコとほぼ同じとして詳細な記述は省略されている．

イトモロコの棲む原風景

本種は現在，スゴモロコ属 *Squalidus* に属しており，国内には他にスゴモロコ *S. chankaensis biwae*，コウライモロコ *S. c. tsuchigae*，デメモロコ *S. japonicus japonicus* などの近縁種が分布している．本種の河川における生息場所はこれら近縁種との種間競争によって決まっているようである．すなわち，本種は東海地方以西の本州，四国の瀬戸内側，九州に自然分布し，東海，近畿，中国地方，四国の一部でコウライモロコと，東海，近畿地方でデメモロコと分布域がそれぞれ重複している．東海，近畿地方では中下流域にはコウライモロコが，農業水路にはデメモロコが生息するため，本種はやや上流寄りの中流や支流の砂礫底にひっそりと生息している．一方，山口県や九州では他のスゴモロコ属魚類がまったく生息しないため，本種は河川の中下流域や川とつながる農業水路にまで広く生息している．そこでは人の生活圏近くにも出現するため，本種を見つけやすい．滋賀県出身の筆者は九州へ採集に行くたびに，下流の平野部でイトモロコが採れることに驚かされる．シーボルトの旅程から考えると，イトモロコと遭遇する可能性のもっとも高かったのは九州の平野部だったと思われる．

（川瀬成吾）

第4部 シーボルトが持ち帰った魚たち——図譜

4–19 カマツカ

現在の学名　　*Pseudogobio esocinus*（Temminck and Schlegel）
原記載の学名　*Gobio esocinus* Temminck and Schlegel

図 4.19.1　カマツカの外観．A．シーボルト・コレクション（レクトタイプ，RMNH 2478），B．『日本動物誌』魚類編（左右反転），C．現存個体（大阪府淀川産）．

図 4.19.2　江戸参府の行程とカマツカの分布（水色）と考えられる入手先（赤囲み）．

シーボルト標本

本種の標本はシーボルトが採集した10個体がオランダのナチュラリス（RMNH 2478）に，1個体がドイツのベルリン動物博物館（現フンボルト博物館）（ZMB 3306）に保存されている．そのうち，ナチュラリス所蔵のもっとも大きい個体がBoeseman（1947）によってレクトタイプに指定されている．斑紋の大部分は消失しているが，背鰭や尾鰭に黒色素が残されている．頭が大きく，体高が比較的高いことから少なくとも琵琶湖産の個体ではないと考えられる．パラレクトタイプは体長5〜10 cmと比較的小型のもので構成され，おもしろいことにツチフキ *Abbottina rivularis* が3個体混入していた（川瀬ほか，未発表）．アリアケギバチの中のギギのように（p. 232参照），同一種と考えられるものを1ビンにまとめた典型例といえよう．シーボルトの『江戸参府紀行』には佐賀県の嬉野で"ショウトク"というカマツカの地方名が記述されていることから，本種は嬉野で採集された可能性が高い．

カマツカの原記載

テミンクとシュレーゲルは本種に高い関心を持ち，他の魚類より紙面が割かれ3ページにわたって詳細に形態が記述されている．彼らはヨーロッパで一般的なタイリクスナムグリ *Gobio gobio* の仲間として記載し，吻の形態がカワカマスに似ていることからカワカマスを意味する *esocinus* を種小名に与えた．タイリクスナムグリよりも体形が細長く，肛門の位置が前方，肉質で乳頭突起を無数に備える口唇が顕著な区別点をとして挙げている．さらに，胸部から腹鰭にかけて鱗を欠くことなど現在でもカマツカ亜科魚類の分類形質として使用される形質をしっかりと記述していることは特筆すべき点である．

カマツカの棲む原風景

本種はオイカワやモツゴのように，現代の日本の河川において普通に見られる魚類の代表格である．本種は北海道や沖縄県，高知県を除くほぼ日本全国に広く自然分布し，河川の上流から下流域，農業水路までさまざまな環境に出現する．とりわけ，砂礫から砂泥底に好んで生息し，乳頭突起がよく発達した口唇と長く突出する吻を使って底質の中に潜む水生動物を捕食する．中島 淳博士の研究によると，カマツカの生活史において必要とする環境構造は流水，砂底，岸際の浅い水域ぐらいで，他の特殊な環境を必要としない．そのため，河川改修後，明確な瀬と淵の区分，植生帯，タマリなどの環境が失われ，環境が単調になり他の魚が姿を消してもカマツカは影響を受けにくいと考えられている．むしろ，個体数が増加する例も知られる．それは，河川改修によって単調な流水と砂底環境が増加するためだろう．たまたま人為的に作られた川と本種の生活史がうまく適合したため，現在も普通種として存在していると考えられる．近年の富永浩史氏らによる研究によって，カマツカの中に遺伝的に異なる3集団存在することが明らかになってきた．これらは別種である可能性が高く，それぞれ生態も異なることから，単純に普通種という見解を見直す必要があるだろう．　　　（川瀬成吾）

第 4 部　シーボルトが持ち帰った魚たち──図譜

4-20 アユモドキ

現在の学名　　*Parabotia curtus*（Temminck and Schlegel）
原記載の学名　*Cobitis curtus* Temminck and Schlegel

図 4.20.1　アユモドキの外観．A．シーボルト・コレクション（ホロタイプ，RMNH 2708），B．『日本動物誌』魚類編（左右反転），C．現存個体（京都府八木町産由来繁殖個体）．

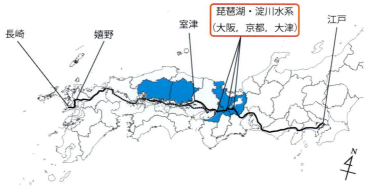

図 4.20.2　江戸参府の行程とアユモドキの分布（水色）と考えられる入手先（赤囲み）．

234

シーボルト標本

　液浸標本1個体がナチュラリスに保存されている．もともと原記載の『日本動物誌』魚類編でも1個体しかないことを明記してあるので，この個体がホロタイプに相当する（図4.20.1, A）．ホロタイプ（RMNH 2708）は体長5 cmの小型個体で，保存状態はあまりよくない．標本は白化し本種の幼魚を特徴づける体側の黒色横帯はほとんど消えているが，尾鰭にはわずかに残っている．アユモドキは長崎周辺には分布しないので，江戸参府の過程で入手したことは間違いない．往路では瀬戸内海を航海した後，兵庫県室津港から陸路へ，帰路では神戸港から海路へ転じている（第2部第7章参照）．兵庫県下では本種は分布していないので，ホロタイプの入手場所すなわちタイプ産地（模式産地）は琵琶湖・淀川水系に特定される（図4.20.2）．その時期については往路（1826年3月）であるのか帰路（1826年6月）であるのか明らかではないが，ゲンゴロウブナ，ニゴロブナ，ハスなどの琵琶湖固有種とともに琵琶湖岸で直接採集したか，あるいは宿泊地の京都，または物流の拠点，大阪の魚屋で入手したものと思われる．

アユモドキの原記載

　アユモドキは6本の口髭を備えており，発見当初からドジョウの仲間であることが認識されていた．『日本動物誌』ではテミンクとシュレーゲルによりシマドジョウ属 *Cobitis* の1種として新種記載された．種小名の *curtus* はラテン語で"短い"を表すことから，彼らにとってドジョウにしては妙に太短い印象があり，普通のドジョウではないことを理解していた．実際に，彼らはHamilton（1822）によって紹介されていたインド産のボティア類 *Botia geta* と *B. dario* に似ていると述べている．

アユモドキが棲む水辺の原風景

　アユモドキは日本の固有種で琵琶湖・淀川水系と山陽地方に不連続分布し，仲間の多くは東南アジアに広く分布する．かつては平野部の水田まわりの小川や大河川に隣接するワンドやタマリに生息していた．琵琶湖でも湖東の沿岸域に普通に見られ，"ウミドジョウ"の名で親しまれていた．残念なことに，アユモドキは今危機に直面している．圃場整備に加え，宅地開発，それにブラックバスなどの食害により激減し，どの生息地も予断を許さない状況に置かれているからである．確実な生息地は現在までのところ京都府亀岡市，岡山県の吉井川水系と旭川水系のごく一部に限られる．そのため，環境省は絶滅の恐れがもっとも高い絶滅危惧ⅠA類にランクし，種の保存法にもとづき国内希少動植物種に位置づけている．アユモドキのおかれている状況は世界的にも注目されており，国際自然保護連合（IUCN）のレッドリストにおいてもっとも危険度の高いランクに位置づけられている．なかでも京都府亀岡市の集団は琵琶湖・淀川水系集団の最後の砦となっているが，タイプ産地（模式産地）を代表する集団，すなわちトポタイプとして分類学的に特別な意味を持つ．現在，生息地にサッカー場を建設する計画が持ち上がり，すでに工事は着手されている．　　　　　　　（細谷和海）

第4部 シーボルトが持ち帰った魚たち——図譜

4-21 ドジョウ

現在の学名　　*Misgurnus anguillicaudatus*（Cantor, 1842）
原記載の学名　*Cobitis rubripinnis　Cobitis maculata*

図 4.21.1　ドジョウの外観．A．*Cobitis rubripinnis* RMNH 2705 レクトタイプ，B．*Cobitis rubripinnis*『日本動物誌』魚類編（左右反転），C．*Cobitis maculata*『日本動物誌』魚類編（左右反転），D．Boeseman（1947）が *Cobitis maculata* に近いとした標本？（*Cobitis rubripinnis* のパラレクトタイプ）．

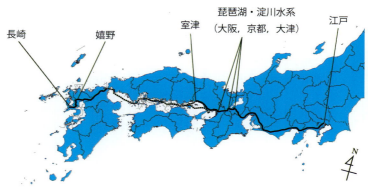

図 4.21.2　江戸参府の行程と想定されるドジョウの分布（水色）．

シーボルト標本

『日本動物誌』では，これらシーボルトの持ち帰ったドジョウについては，*Cobitis rubripinnis* と *Cobitis maculata* の2種を掲載している．シーボルト・コレクションには *Cobitis haematopterus* とラベルのついた標本が15個体あるとされ，Boeseman（1947）はこれらを観察した結果，コレクションのラベルは間違いであり，標本はすべて *C. rubripinnis* とされるべきとし，*C. maculata* と考えられる標本はなく，類似する標本が *rubripinnis* の標本群に混じるが，記載との大きさに相違があること，またビュルガーによっても言及されていないことから，*C. rubripinnis* に含まれるとしている．

ナチュラリスの標本を確認したところ，15個体の標本すべてが保存されていた（レクトタイプ：RMNH 2705．パラレクトタイプ：RMNH 36374(14) 他にベルリン博物館にパラレクトタイプ1個体が存在）．標本はいずれもホルマリン固定を施されたと考えられ，一部湾曲した状態であったが，形態情報は確認できるものであった．

ドジョウの原記載

ドジョウの学名は *Misgurnus anguillicaudatus*（Cantor, 1842）であり，中国浙江省で採捕された個体にもとづき記載されている．シーボルト・コレクションから記載された種は，いずれも *M. anguilicaudatus* の新参シノニムであるとされている．シーボルト・コレクションを再検討したBoeseman（1947）においても，*C. rubripinnis* は *M. anguillicaudatus* と同種，もしくは亜種としての可能性を言及している．Menon（1992）のように，*rubripinnis* を亜種として取り扱った例もある．*C. maculata* については，Boeseman（1947）は，それを示すと考えられる標本が *rubripinnis* に含まれることや，Bleeker による記述がないことなどから *C. rubripinnis* に含まれるとしている．

ドジョウ属の分類学的取り扱いは複雑な状況にあり，日本産種においても複数種が含まれていることが近年示されている．今後の分類学的再検討次第では *rubripinnis*，*maculata* が日本在来のドジョウ類の学名として有効になる可能性もある．シーボルトが採集し，記載した標本についての産地は明確ではなく，タイプ産地は長崎周辺となっているものの，ドジョウはシーボルトが標本を入手可能であった長崎周辺から江戸まで，幅広く生息している普通種であり，人々の生息環境や水田の近くで採捕できるため，どこでも容易に入手できたと考えられる．

よって，日本産ドジョウ属魚類についての遺伝的・形態学的な研究，分布の調査を進めるとともに，シーボルト・コレクションにおけるドジョウの形態学的観察および産地の特定を行うなど，分類学的再検討を進める必要がある．

ドジョウの棲む原風景

ドジョウは日本人ともっともなじみ深い淡水魚の1つである．食文化として，民謡や昔話にもよく出てくる．ドジョウは水田周辺が主要なハビタットとなるため，稲作文化の中でつねに人間と隣り合わせに存在してきた．日本の風光明媚な水田環境はドジョウ生息場の原風景そのものであるといえる．

（藤田朝彦）

第 4 部　シーボルトが持ち帰った魚たち——図譜

4-22 シマドジョウ類

現在の学名　　　*Cobitis* spp.（Temminck and Schlegel）
原記載の学名　　*Cobitis taenia japonica* Temminck and Schlegel

図 4.22.1　シマドジョウ類の外観．A．シーボルト・コレクション（レクトタイプ，RMNH 2703: オオシマドジョウ），B．『日本動物誌』魚類編（左右反転），C．現存個体（京都府産：オオシマドジョウ）．

図 4.22.2　江戸参府の行程とオオシマドジョウの分布（水色）と考えられる入手先（赤囲み）．

シーボルト標本

　液浸標本8個体（RMNH 2703）がオランダのナチュラリスに保管され，もっとも大型の個体がBoeseman（1947）によってレクトタイプに指定されている．シマドジョウ類のシーボルト標本は状態がよくなく，過去に乾燥した形跡も見られる．しかし，かろうじて斑紋は残っている．シマドジョウ類のタイプ標本はすでに澤田・相澤（1983）によって精査され，この中に少なくとも3種混入していることが明らかにされている．当時の分類によると，3種はシマドジョウ，スジシマドジョウ，タイリクシマドジョウである．しかし，その後，さらに分類学的研究が進み，日本産のシマドジョウ類はシマドジョウ種群4種，スジシマドジョウ種群5種9亜種に，タイリクシマドジョウはヤマトシマドジョウ種群に細分化されている（中島・内山，2017）．それぞれの個体がどれに該当するか検討中であるが，外見的特徴から判断すると，レクトタイプは点列の斑紋パターンと体サイズからオオシマドジョウ *Cobits* sp. BIWAE typeA，パラレクトタイプは線列のものはチュウガタスジシマドジョウ *C. striata striata*，点列のものはヤマトシマドジョウ *Cobits* sp. 'yamato' complex の一種である可能性が高い．

シマドジョウの原記載

　『日本動物誌』の冒頭で日本の河川から得られるドジョウはヨーロッパに生息するタイリクシマドジョウとよく似て，6本の口ヒゲを有し，頬部には1本の突起を備え，各鰭の条数などはまったく一緒であり，区別することが困難で，日本のものはわずかに背鰭の位置が後ろにあり，各鰭が小さいぐらいだと述べられている．体色や斑紋もよく似ているが，縦線になるものもあると書かれている．テミンクとシュレーゲルは，縦帯を持つ個体，すなわちチュウガタスジシマドジョウを認識してはいたが，斑紋の変異の1つと考えたようである．2語名ではなく，亜種を意味する3語名を使用したところからも，シマドジョウ類の分類が当時から難解であったことがうかがえる．

シマドジョウ類の棲む原風景

　シマドジョウ類の好む生息環境を大別すると，シマドジョウ種群は河川中流域の砂底，スジシマドジョウ種群は河川中下流域の砂泥から泥底，ヤマトシマドジョウ種群は河川中下流域の砂底となる．さらに種ごとに好適環境が細かく異なり，その環境への依存度も大きい．そのため，好適環境が失われると瞬く間に姿を消してしまう．とりわけ，シマドジョウ類の中でもスジシマドジョウ種群は，そのほとんどが絶滅危惧種に指定され，なかにはヨドコガタスジシマドジョウのように20年以上生息が確認されていない種も存在する．減少要因として，都市開発による水田地帯の消失，圃場整備，河川改修，農業水路と水田や河川との連続性の分断，外来種の影響などが考えられている．しかし，細分化されたそれぞれの種や亜種に関する生態的知見は絶対的に不足しており，生態情報の蓄積と保全対策が急務となっている．シーボルトが旅した当時は身近な水辺にたくさんいたはずのシマドジョウの仲間も，現在は人々と遠い存在となりつつある．

（川瀬成吾）

4-23 アリアケギバチ

現在の学名　　*Tachysurus aurantiacus*（Temminck and Schlegel）
原記載の学名　*Bagrus aurantiacus* Temminck and Schlegel

図4.23.1　アリアケギバチの外観．A．シーボルト・コレクション（レクトタイプ，RMNH 2952a），B．『日本動物誌』魚類編（左右反転），C．タイプシリーズに混入しているギギ（RMNH 2952c）．

図4.23.2　江戸参府の行程とアリアケギバチの分布（水色）と考えられる入手先（赤囲み）．

シーボルト標本

　九州北西部に生息する淡水魚アリアケギバチ *Tachysurus aurantiacus* も『日本動物誌』により記載された種である．関東以北に分布するギバチ *T. tokiensis* のシノニムとされた時期もあるが，Watanabe and Maeda（1995）により再記載された．

　Boeseman（1947）は，タイプシリーズは6個体（レクトタイプ RMNH 2952a およびパラレクトタイプとして RMNH 2949（2個体），RMNH 2952（1個体），RMNH 2955（1個体））であるとしている．しかし，Boeseman（1947）ではシーボルトのコレクションに含まれるものが5個体，およびそれに同時にコレクションされたと考えられるものが2個体存在すると示しており，RMNH 2952a をレクトタイプタイプに指定している．今回，ナチュラリスに保存されていることを確認できたのは液浸標本6個体で，現存する標本の番号は RMNH 2952a，RMNH 2952b，RMNH 2952c，RMNH 2949（2個体），RMNH 6871 であった．標本番号と標本の整合については再精査する必要がある．

アリアケギバチの原記載

　現存するナチュラリスの液浸標本6個体を精査したところ，レクトタイプはアリアケギバチであるが，パラレクトタイプ1個体 RMNH 2952c は尾鰭の形状等から近縁種のギギ *T. nudiceps* であることが判明した．シーボルトは，日本滞在中は長崎の出島に常駐しており，アリアケギバチを含む多くの標本は長崎周辺で得られたと推測される．一方，江戸参府の際に大阪，草津等の複数地点で生物標本を収集しており，琵琶湖固有種も入手している（第2部第13章参照）．アリアケギバチの分布域は有明海周，一方，ギギの分布域は，おおよそ九州西部から琵琶湖東岸までである．よって，今回確認された事例は，長崎周辺で得られたアリアケギバチ標本群の中に，琵琶湖周辺で得られたギギの標本が含められたことが原因であると考えられた．同様の事例は，澤田・相澤（1983）によりシマドジョウ *Cobitis biwae* でも報告されており，筆者らの研究でもカマツカのタイプシリーズ中にツチフキが混入していることを確認している（第4部19参照）．これらの状況からみても，シーボルト・コレクションの再検査は日本産淡水魚類の分類学的再検討の上で，重要な課題である．

アリアケギバチの棲む原風景

　ギギ科は，アフリカからアジアまで広範囲に分布する分類群であるが，アリアケギバチは有明海周辺に局在している固有性の強い魚類である．有明海は更新世には黄海の干潟と一部として存在しており，黄海に由来する特徴的な環境を持つ場所である．アリアケギバチもこのような大陸と有明海の歴史を通じ生じた種であるが，その危急性は環境省および生息するすべての生息県のレッドリストに記載されている状態である．生息環境の消失，国内外来種であるギギとの競合などアリアケギバチを取り巻く状況は厳しい．アリアケギバチの棲む，このような地理的歴史を持つ有明海周辺の環境は日本の環境の多様性を示す．失ってはならない大切な環境である．　　　（藤田朝彦）

4-24 ナマズ

現在の学名　*Silurus asotus* Linnaeus
原記載の学名　*Silurus japonicus* Temminck and Schlegel

図 4.24.1　ナマズの外観．A．シーボルト・コレクション（パラタイプ，RMNH 2924），B．『日本動物誌』魚類編（左右反転），C．現存個体（佐賀県嬉野産）．

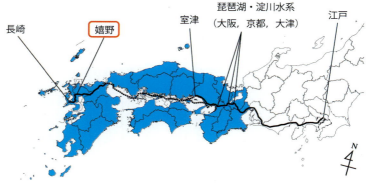

図 4.24.2　江戸参府の行程とナマズの分布（水色）と考えられる入手先（赤囲み）．

シーボルト標本

本種の標本はオランダのナチュラリスに液浸標本が7個体（RMNH 2924），乾燥標本が1個体（RMNH D675）保存され，ドイツの動物博物館（現フンボルト博物館）へ1個体の液浸標本（ZMB 2919）が移管されている．このうち乾燥標本のRMNH D675がBoeseman（1947）によってレクトタイプに指定されている．レクトタイプはビュルガーが収集し作成した乾燥標本と考えられているため，江戸参府中に採集した個体ではないと推察される．一方，液浸標本のパラレクトタイプはシーボルト収集標本であることがわかっているので，江戸参府中に収集された可能性が高い．本種の乾燥標本は4個体あるとされていたが，そのうちの少なくとも1個体（RMNH D 1817）は東南アジア原産のナマズ科 *Wallago* の仲間であった．輸送途中で混入したものと思われる．

ナマズの原記載

テミンクとシュレーゲルは，臀鰭の鰭条数（82本）で他種と容易に区別できることから新種と判断した．その他，形態の特徴として口内には歯帯があり，細かい歯が並び，他種と比べて少し幅が狭いとされている．また，胸鰭は鋸歯状になっていることも書かれている．現在でも分類形質として重要視される形質をしっかり観察している点は注目に値する．本種は現在の佐賀や鹿児島でよく漁獲され，長崎周辺では稀であると記されている．また，食用よりも病気の治癒，すなわち漢方として重宝されていたとある．ナマズの利用に関する興味深い記述といえる．

ナマズの棲む原風景

ナマズは古くから人々に親しまれ，浮世絵や絵画によく描かれてきた．現在では日本全土に分布しているが，国内における本来の分布域は東海地方以西の本州と四国，九州と考えられている．関東地方へは江戸時代，東北，北海道には大正時代末期以前に進出したといわれている．国外ではアムール川水系からベトナム北部まで東アジアに広く分布する．全長は最大で約70 cmに達し，幼魚時には3対の髭があるが，成長とともに消失して2対になる．夜行性の動物食性で，魚類や甲殻類などを貪食する．産卵は増水時に水に浸かる一時的水域で行われ，水路や水田にまで入り込む．近年は都市開発や圃場整備などによって水田環境の消失，悪化が生じ，本種の生息環境は減少している．とくに都市開発の進む平野部における減少は著しい．圃場整備が進むと河川で産卵するなど柔軟に対応しているが，仔稚魚の生存率などは水田と比べると悪いことが予想される．まずは本種の好む一時的水域の特徴を明らかにし，その上で川－水路－水田のつながりや一時的水域などの生息環境を復元する必要がある．最新の研究によって，濃尾平野の河川中上流域に生息する新種タニガワナマズ *S. tomodai* が発見された（Hibino and Tabata, 2018）．遺伝的にはナマズよりも琵琶湖固有のイワトコナマズに近いことがわかっている．日本産のナマズ類は上記の種に琵琶湖固有のビワコオオナマズを加えて合計4種ということになった．ナマズに関しても種の特性と地域性を十分に配慮して保全計画を立てなければならない．

（川瀬成吾）

第4部 シーボルトが持ち帰った魚たち——図譜

4-25 ミナミメダカ

現在の学名　　*Oryzias latipes*（Temminck and Schlegel）
原記載の学名　*Poecilia latipes* Temminck and Schlegel

図 4.25.1　ミナミメダカの外観．A．シーボルト・コレクション（レクトタイプ，RMNH 2713a），B．『日本動物誌』魚類編（左右反転），C．現存個体（愛媛県宇和島市津島町産）．

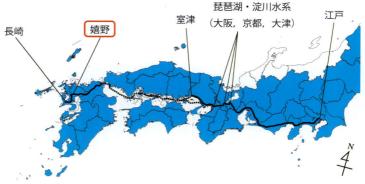

図 4.25.2　日本におけるミナミメダカの分布（水色）と考えられる入手先（赤囲み）．

4-25 ミナミメダカ

図 4.25.3　パラレクトタイプ．A．RMNH 2713b: 体長 32.7 mm，B．RMNH 2713c: 体長 30.2 mm，C，D，E．RMNH 2714a–c．

図 4.25.4　標本ビンでエタノール保存されるミナミメダカ（右2つ，左2つは著者らが2011年に新種記載したキタノメダカのパラタイプ標本）．ビン内には標本の詳細な情報が印字された耐水紙が見え，ビンにも標本番号が書かれている．ナチュラリスではタイプ標本に赤いシールを貼るようにしている．

245

シーボルト標本

　当時，外観的に類似することからカダヤシの仲間として扱われていた本種は，液浸標本6個体がナチュラリスに保存されている（図4.25.4）．原記載である『日本動物誌』魚類編には個体数の記載がなく，6個体の液浸標本はすべてシンタイプ（等価基準標本）として登録されていた．その後，Boeseman（1947）によりレクトタイプ（選定基準標本）が指定され，その結果，残りの5個体の標本はパラレクトタイプ（従後基準標本）とされた．レクトタイプ（図4.25.1, A）は体長約35.3 mmのメスで，写真からも推測できるように，全身の筋肉が崩れかけており，保存状態がよかったとは決していえない．また，パラレクトタイプ（図4.25.3）のうちRMNH 2714a–c（図4.25.3, C–E）の3個体に至っては完全に乾燥した後，再度液浸したことからほぼ原形をとどめていない．おそらくシーボルトの『日本報告』に「魚類はひどい湿気あるいは乾燥により……」とあるように，長崎周辺での採集と小型魚ということから考えにくいが，採集した段階で乾燥してしまった．もしくは，長崎からバタヴィア（現インドネシアのジャカルタ）へ中継し，オランダに海上輸送する過程で本種を漬けていた液ビンが割れてしまい，そのまま乾燥してしまったと考えられる．しかし，その特徴的な体形から本種を容易に判別することは可能である．ミナミメダカは，北海道を除いた日本全土の主に太平洋側の湿地帯に分布している．原記載では，「夏場の流れが緩やかな水田に普通にたくさん見られる」と表現されており，ビュルガーの解説にも「極めて普通であり，長崎の郊外などどこにでもいる」と書かれている．採集地は，シーボルトらが滞在した長崎周辺から江戸参府の道程で立ち寄った佐賀県嬉野市や武雄市周辺がもっとも有力である．

ミナミメダカの原記載

　本種は臀鰭基底がとても長く，背鰭もきわめて後方に位置すること，また眼球が非常に大きく，頭頂付近に位置すること，および扁平な頭部と縦扁している体部に加え，その体長の小ささから，発見当初より他魚種と容易に区別することが可能であった．しかし『日本動物誌』では，テミンクとシュレーゲルによって北米原産の淡水魚であるカダヤシ *Gambusia affinis* の仲間と間違えられ，グッピー属（*Poecilia* 属）の1種として新種記載されていた．確かに後背湿地帯など生息場所が似ていること，本種の横顔や水面から見た姿が似通っていることなどを考えると無理のないことである．

　当時から，「めだか」の名前で呼ばれており，流れの緩やかな場所，とくに水田のようなところで普通に生息し，夏場に非常に多く見られたことから，ごく一般的な魚種であったと推測できる．

ミナミメダカが棲息する水辺の原風景

　本種は従来メダカ *Oryzias latipes* 1種と考えられてきたが，北日本の日本海側に分布する集団と，その他地域に分布する集団との間に形態学的，生理学的，遺伝学的に明瞭な差異が見られたことから，Asai et al.（2011）によって2種に分けられた．Asai et al.（2011）は，ナチュラリスに保存されているシーボルト標本の詳細な観察結果から，従来のメダカ O. latipes は本種ミナミメダカに相当し，北日本の日本海側に分布する集団は本種と異なるキタノメダカ O. sakaizumii であるとした．このことは，九州に滞在していたシーボルトやビュルガーが長崎出島周辺の行き来しか許可されていなかったこと，お抱え絵師の川原慶賀が描写した『日本動物誌』の原図から得られた本種の特徴，そして江戸参府の際に北日本を訪れ採集した記録がないことなどを考慮しても，矛盾するところはない．

　ミナミメダカは全長約4cmの小さな魚である．本州太平洋側から沖縄にかけての池沼，水田，細流など氾濫原に生息する日本固有種であり，仲間の多くは東・東南アジアの氾濫原に広く分布する．属名にもある Oryzias の Oryzae はラテン語の稲を意味し，その分布域・生息場所をうかがい知ることはたやすい．現存するよい環境として，熊本県宇土市に維持されている土畔水田では，勾配の少ない田の字に並んだ水田のそばに耕作地と高さを同じにする深さ30cmほどの澄んだ水路があり，多くのミナミメダカが群れ泳ぐなど，当時の情景に思いをはせることができる．一方で，長崎郊外の原風景が残っていただろう旧シーボルト邸周辺のように，本来の自然を推測することすらかなわないほど圃場整備や宅地開発が進み，原記載の内容から一変した地域も増加している（第3部第17章参照）．三面護岸された用水路では水草の繁殖が期待できず越冬場所は奪われ，加えてオオクチバスやカダヤシの移殖による食害や競争も起こり，個体群の再生産が望めないなど，生息場所と個体数はともに激減している．悲しいかな，本来なら生息数が多いと考えられる米どころ地域ほど，この傾向が顕著に感じられるのは筆者だけであろうか．

ミナミメダカの地方分化

　ミナミメダカは地方分化も著しく，酒泉（1987, 1990）によるアロザイム分析では東日本型，東瀬戸内型，西瀬戸内型，山陰型，北九州型，有明型，薩摩型，大隅型，琉球型とさらに細分化することができる．琉球型は，その形態的特徴が九州以北の地域型個体群と異なる傾向もあり（筆者未発表），将来的にミナミメダカ集団内でも地域により亜種分類が確立される可能性がある．その際，シーボルトが持ち帰った北九州もしくは有明型と考えられるタイプ標本が，模式亜種となる可能性が考えられる．

　一方で，シーボルトが北九州地方以外でも，琵琶湖・淀川水系において多くの魚類を手に入れていることから，必ずしも採集地の裏付けは盤石ではなく，早急に本種のタイプ産地を特定する必要がある．そのためにもシーボルトが江戸参府した当時の状況を精査し，本種が生息可能な環境を1つでも多く保全することが，水辺の原風景をよみがえらせる一番の近道ではないだろうか．タイプ産地が特定できたとき，すでにコンクリートジャングルだったなどのような場面を将来に残したくはないものである．

（朝井俊亘）

4-26 クロヨシノボリ

現在の学名　　*Rhinogobius brunneus*（Temminck and Schlegel）
原記載の学名　*Gobius brunneus* Temminck and Schlegel

A

B

C

図 4.26.1　クロヨシノボリの外観．A．シーボルト・コレクション（ホロタイプ, RMNH 1923），B．『日本動物誌』魚類編（左右反転）．クロヨシノボリではなく, 実はウロハゼである．C．現存個体（兵庫県日本海側河川, 撮影：鈴木寿之博士）．

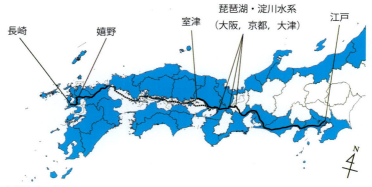

図 4.26.2　江戸参府の行程とクロヨシノボリの分布（水色）と考えられる入手先（赤囲み）．

シーボルト標本

　液浸標本1個体がナチュラリスに保存されている．この個体がホロタイプに相当する（図4.26.1, A）．ホロタイプ（RMNH 1923）は体長4.7 cm，全長5.3 cmの小型個体で，保存状態はあまりよくない．アラク酒に漬けられた後一度乾燥したか，あるいはアルコールによる脱水作用の結果かもしれない．そのため眼および頬部は落ち込み，第2背鰭の破損は著しい．標本は概して黒褐色で，頭部，体側中央部，および尾柄部は白化し，全体が虫食い状を呈している．本種を特徴づける胸鰭基部の三日月斑は認められるが，体側中央の黒色縦破線および尾鰭基底の八の字斑はほとんど消えている．また，オスであれば第1背鰭の形状（烏帽子形を呈する）から同定できるはずであるが，確認することはできなかった．しかし，体色は黒褐色を基調とすること，体側中央の黒色縦破線より1列上の縦線が残存すること，さらには長崎周辺に分布するヨシノボリ属魚類との比較から（Oijen et al., 2011），*Gobius brunneus* をクロヨシノボリとすることは現時点では妥当と考える．なお，ヨシノボリ属 *Rhinogobius* のタイプ種はゴクラクハゼ *R. similis* であることが明らかにされている．

クロヨシノボリの原記載

　『日本動物誌』に見られる本種の原記載と添付図は一致しない．図はウロハゼであることが確認されている（図4.26.1, B）．日本産ヨシノボリ属魚類はゴクラクハゼを含め，その種・型数はゆうに20を超えるという．『日本動物誌』では体形がマハゼなど他のハゼ類に類似し，第1背鰭は第3棘以降で短くなると記述されている．鰭条数では第1背鰭6，第2背鰭10，臀鰭8，腹鰭12，胸鰭20，尾鰭18としているが，胸鰭条数からカワヨシノボリではないとしても，他のヨシノボリ属魚類の分類同定にかなうカギ情報は記されていない．加えて，テミンクとシュレーゲルは1個体（ホロタイプ）のみしか入手していないと述懐している．しかし，長崎では"クロハゼ"と呼ばれ，長崎周辺の入り江に注ぐ諸河川の河口域に多産するとも述べられている．

クロヨシノボリが棲む水辺の原風景

　本種は，以前，ヨシノボリ黒色型と呼ばれていた種で，日本産ヨシノボリ属魚類の中では広域分布種に相当する．すなわち，千葉県・秋田県以南の日本列島沿岸域にある小河川の中流から上流に生息する．流程の短い河川に生息するので，隠岐，対馬，五島列島，南西諸島などの島嶼にも分布する．仮に *Gobius brunneus* のタイプ産地を長崎周辺に想定するのなら，相川川など小さな河川が候補となり，本種の原風景を探るカギとなる．大阪府レッドリスト（2014）では「絶滅危惧Ⅱ類」に位置づけられているが，都会に近くて開発などの人為的影響を受けやすい水域よりは日本列島縁辺部の水域に分布するので，現時点では種レベルでは大きな負荷がかかっていないと考えられる．なお，本種は渡瀬線により遺伝的に南北に大きく分化し，琉球列島の個体群は独自の集団を形成しているともいわれている．そのため，本種の保護を計るためには少なくとも2つの保全単位を設定する必要がある．

（細谷和海）

4-27 金魚

Carassius auratus Linnaeus

図 4.27.1　登録番号 RMNH 6986 の金魚（合計 25 個体　体長 3〜12 cm）リュウキンやランチュウなど，かなりよい状態で保存されている．

図 4.27.2　登録番号 RMNH 2379 の金魚（合計 10 個体　体長 3〜9 cm）ワキン，ワトウナイ，ランチュウが確認できるが，腹部や鰭の損傷が目立つ．

4-27 金魚

図 4.27.3 シーボルト・コレクションの金魚(左)と現在の品種(右)との比較.

シーボルトの金魚標本

1820年代に収集された金魚標本は，現在ナチュラリスに2本の標本瓶の中に，合計35尾が保存されている．金魚の標本は他のシーボルト・コレクションの魚類と比較すると1つの種としては多数収集されており，当時の日本における金魚の品種の情報を得るために，さまざまな形質の個体をできるだけ多く収集しようとした意図が読み取れる．

実際，2つの標本ビンの中身を精査すると，RMNH 6986の標本群（図4.27.1）には計25尾が保存され，外部形態の特徴から，背鰭あり・尾長・短躯のリュウキン型17個体，背鰭なし・短躯のランチュウ型4個体，背鰭あり，長躯，短尾のワキン型3個体，背鰭あり・尾長・長躯のワトウナイ型1個体などの品種が見られた．一方，RMNH 2379（図4.27.2）の標本群には計10尾の金魚が保存されおり，ワキン型7個体，ランチュウ型2個体，ワトウナイ型1個体が認められた．シーボルトの金魚標本で見られるワキン，リュウキン，ワトウナイ，ランチュウなどの4品種の詳細については以下に述べる．

ワキン

体形はほぼヒブナと同じであるが，尾鰭が普通のフナ尾から，三つ尾や四つ尾のものまであり，体色もさまざまで，赤や白，更紗（紅白）などがある．中国より日本にはじめて来た金魚の品種であるが，それ以降の日本に入ってきたほかの種類と区別するためにワキンと呼ばれるようになった．

シーボルト・コレクションにはRMNH 6986に3個体，RMNH 2379に7個体が確認できる．シーボルトのワキンはすべてフナ尾の個体で，現在における金魚すくいや肉食魚の餌金などに用いられる小赤や姉金と同様の容姿である．『金魚育玩草』には価値の低い下魚と記されていることから，江戸時代後期においても入手が容易な金魚であったと考えられる．

リュウキン

中国明の時代，ワキンの突然変異で出現した尾鰭の長い個体を淘汰し，固定化された．日本には江戸時代の安永・天明年間に伝来した．琉球由来で日本に輸入されたことからリュウキンと呼ぶようになった．また，尾が長いことからオナガ，九州の長崎にて生産されていたことからナガサキという別名もある．

シーボルトのリュウキンはRMNH 6986に背鰭あり・尾長・短躯のリュウキン型17個体が確認される．体形は現在のものより長く，中国金魚の文魚に相当する原始的な姿である．各鰭は長いが，一部の個体は背鰭が不完全で，フナ尾が長く伸びた吹き流し尾の個体なども含まれている．

ワトウナイ

ワトウナイはワキンとリュウキンによる交雑で得られる品種である．体形がワキン

図 4.27.4　シーボルト・コレクションのワトウナイ（右）と『皇和魚譜』(1839) に描かれているワトウナイ（左）．(国立国会図書館蔵).

と同様に長く，各鰭がリュウキンのように長いのが特徴である．江戸の金魚を記した『皇和魚譜』にもその姿が確認できる（図 4.27.3）．江戸時代に流行した近松門左衛門原作の人形浄瑠璃・国性爺合戦の主人公の幼名・和藤内がこの金魚の名前の由来とされる．

シーボルト・コレクションには RMNH 6986，RMNH 2379 に各 1 個体ずつ見られる．また山口（1997）はオランダ国立民族学博物館所蔵のシーボルト・コレクションに桂川甫賢の筆による尾が長い金魚の図を 2 点紹介しており，この魚もワトウナイであると推定できることから，1820 年代の江戸で飼育されていた品種といえる．

ランチュウ

背鰭がなく，体が丸いのが特徴である品種．中国では古くから品種改良が試みられ，1429 年（宣徳 4 年）の「宣宗皇帝筆魚藻図」に背鰭のない金魚が画かれている．『金魚養玩草』(1748) には，

> 「らんちうハ魚の頭大にして胴丸く長し．背ひれなく，金尾首ぎハ迄登り惣身金色に見へ，色常の金魚より尤濃きものなり」

と記述されており，18 世紀前半には日本に伝来していたと考えられる．中国では背鰭のない品種の金魚は蛋魚（タンユゥイ）と呼ばれ，日本でこれが転じて卵虫（ランチュウ）となったといわれている．今日，わが国において選抜育種されたランチュウは，その洗練された優美な容姿から国内のみならず海外においても高い評価を得ており，金魚の王様と称せられる．

シーボルト・コレクションには RMNH 6986 に 4 個体，RMNH 2379 では 2 個体見られる．とくに注目すべきは RMNH 6986 に含まれる頭部の肉瘤が発達したシシガシラランチュウ（図 4.27.3）である．松井佳一博士は著書，『科学と趣味から見た金魚の研究』において，

> 「肉瘤が発達したランチュウがいつ頃から如何にして出来たかについて，確実に証明する資料が見当たらない」

と記述している．ただし，同書には参考情報として，現在のシシガシラランチュウは明治初年に「しみずらん」と「をかやまらんちう」を交配して作出したと伝聞の記述はある．この標本は現在と同様の容姿のシシガシラランチュウが 1820 年代に存在したことを証明する，生前の松井博士が求めていた証拠と見なせる． 　　　（根來　央）

参考文献（カッコ内は引用魚種）

Asai, T., H. Senou and K. Hosoya.（ミナミメダカ）[2012("2011")]. *Oryzias sakaizumii*, a new ricefish from northern Japan (Teleostei: Adrianichthyidae). Ichthyol. Explor. Freshwaters, 22(4): 289-299.

Boeseman, M.（全般）1947. Revision of the fishes collected by Burger and von Siebold in Japan. Zoologische Mededelingen, 28: 1-242.

Bonaparte, C. L.（コイ）1836. Iconografia della fauna italica per le quattro classi degli animali vertebrati. Tomo III. Pesci. Roma. Fasc. 15-18, puntata 80-93, 10 pls.

Günther, A.（ニゴロブナ）1868. Catalogue of the fishes in the British Museum. v. 7: i-xx + 1-512

Hibino, T and R. Tabata.（ナマズ）2018. Description of a new catfish, *Silurus tomodai* (Siluriformes: Siluridae) from central Japan. Zootaxa, 4459: 507-524.

Kottelat, M.（コイ）2013. The fishes of the inland waters of Southeast Asia: a catalogue and core bibliography of the fishes known to occur in freshwaters, mangroves and estuaries. Raffles Bulletin of Zoology Supplement No. 27: 1-663.

細谷和海．（オオキンブナ）2013．コイ目コイ科．中坊徹次（編），pp. 309, 1813-1814. 日本産魚類検索　全種の同定　第三版．東海大学出版会，東京．

細谷和海（編）．（全般）2015．日本の淡水魚．内山りゅう（写真），山と渓谷社，東京．527 pp.

栗本丹洲．（金魚）1838．皇和魚譜．金花堂，江戸．

松井佳一．（金魚）1935．科学と趣味から見た金魚の研究．弘道閣，東京．420 pp.

松井佳一．（金魚）1973．金魚．保育社，大阪．154 pp.

Menon, A. G. K.（ドジョウ）1992. The fauna of India and the adjacent countries. Pisces. Vol. IV. Teleostei - Cobitoidea. Part 2. Cobitidae. viii + 1-113, Pls. 1-10.

Naseka, A. M. and N. G. Bogutskaya（コイ）2004. Contribution to taxonomy and nomenclature of freshwater fishes of the Amur drainage area and the Far East (Pisces, Osteichthyes). Zoosystematica Rossica v. 12: 279-290, 2 pls.

中島　淳・内山りゅう．（シマドジョウ）2017．日本のドジョウ．山と渓谷社，東京．223 pp.

van Oijen1, M. J. P., T. Suzuki and I-S. Chen.（クロヨシノボリ）2011 On the earliest published species of *Rhinogobius*. with a redescription of *Gobius brunneus* Temminck and Schlegel, 1845. Jour. National Taiwan Mus., 64(1):1-17.

鬼倉徳雄・向井貴彦．2013．（ハス）有明海沿岸域のクリーク地帯における国内外来種の分布パターン．日本魚類学会自然保護委員会（編），pp. 25-37. 見えない脅威 "国内外来魚" どう守る地域の生物多様性．東海大学出版会，東京．

Rafinesque, C. S.（コイ）1820 . Annals of Nature, or annual synopsis of new genera and species of animals, plants, etc. discovered in North America. Thomas Smith, Lexinton, Kentucky. v. 1: 1-16

酒泉　満．（ミナミメダカ）1987．メダカの分子生物地理学．水野信彦・後藤晃（編），

pp. 81-90. 日本の淡水魚類, その分布, 変異, 種分化をめぐって. 東海大学出版会, 東京.

酒泉　満.（ミナミメダカ）1990. 遺伝学的にみたメダカの種と種内変異. 江上信雄・山上健次郎・嶋昭紘（編）. pp. 143-161. メダカの生物学. 東京大学出版会, 東京.

澤田幸雄・相澤裕幸.（シマドジョウ）1983. シマドジョウの学名について. 魚類学雑誌, 30：318-323.

瀬能　宏.（コイ）2009. 日本産コイ（コイ目コイ科）のルーツ解明と保全へのシナリオ. 科学研究費補助金成果報告書.

瀬能　宏.（オイカワ・ハス）2013. 国内外来魚とは何か. 日本魚類学会自然保護委員会（編）, pp. 3-18. 見えない脅威"国内外来魚"どう守る地域の生物多様性. 東海大学出版会, 東京.

ジーボルト, 斎藤　信（訳）.（全般）1967. 東洋文庫 87, 江戸参府紀行. 平凡社, 東京. 2 + 347 + 4pp.

高村健二.（オイカワ）2013. 琵琶湖から関東の河川へのオイカワの定着. 日本魚類学会自然保護委員会（編）, pp. 85-100. 見えない脅威"国内外来魚"どう守る地域の生物多様性. 東海大学出版会, 東京.

谷口順彦.（オオキンブナ）1982. 西日本のフナ属魚類―オオキンブナを巡って―. pp. 59-68. 淡水魚 第 8 号. 財団法人淡水魚保護協会機関誌, 大阪.

Temminck, C.J. and H. Schlegel.（全般）1842-1850. Pisces. In: Ph. F. von Siebold, Fauna Japonica, Leiden.

Yamaguchi, T.（全般）1997. Kawahara Keiga and natural history of Japan I. Fish volume of Fauna Japonica. CALANUS. in Bulletin of the Aitsu Marine Biological Station, Kumamoto Univ., Number 12. 261pp.

山口隆男.（全般）1997. シーボルト・ビュルゲル収集の甲殻類と魚類の標本. CALANUS, 会津臨界実験所報, No. 12, 熊本. 261pp.

Yamaguchi, T.（全般）2003. Crustacean and fish specimens collected by von Siebold and H. Bürger in Japan. CALANUS. in Bulletin of the Aitsu Marine Station, Kumamoto Univ., Special Number IV. 340pp.

山口隆男.（全般）2003. シーボルト・ビュルゲル収集の甲殻類と魚類の標本. CALANUS, 会津マリンステーション報, 特別号 IV, 熊本. 340pp.

山口隆男.（全般）2007. シーボルト、ビュルガーと川原慶賀の魚類写生図. pp. 142-147. シーボルトの水族館, 長崎歴史文化博物館（編）. 長崎歴史文化博物館, 長崎.

山口隆男・町田吉彦.（全般）2003. シーボルトとビュルゲルによって採集され, オランダの国立自然史博物館, ロンドンの自然史博物館ならびにベルリンのフンボルト大学付属自然史博物館に所蔵されている日本産の魚類標本類について. CALANUS　カラヌス特別号, 4：109-321.

シーボルトが持ち帰った淡水魚類標本一覧

シーボルトが持ち帰った淡水魚類標本について，その種および個体数を以下に整理した．標本数は，Boeseman(1947)からの引用である．標本数に D（Dry）がつくものは剥製標本であり，太字になっているものは，その中にタイプとされ

	和 名	学 名
1	ニホンウナギ	*Anguilla japonica* Temminck and Schlegel, 1846
2	エツ	*Coilia nasus* Temminck and Schlegel, 1846
3	コイ	*Cyprinus carpio* Linnaeus, 1758
4	コイ	*Cyprinus carpio* Linnaeus, 1758
5	コイ	*Cyprinus carpio* Linnaeus, 1758
6	ゲンゴロウブナ	*Carassius cuvieri* Temminck and Schlegel, 1846
7	ギンブナ	*Carassius* sp.
8	ニゴロブナ	*Carassius buergeri grandoculis* (Temminck and Schlegel, 1846)
9	オオキンブナ	*Carassius buergeri buergeri* (Temminck and Schlegel, 1846)
10	ヤリタナゴ	*Tanakia lanceolata* (Temminck and Schlegel, 1846)
11	ヤリタナゴ	*Tanakia lanceolata* (Temminck and Schlegel, 1846)
12	アブラボテ	*Tanakia limbata* (Temminck and Schlegel, 1846)
13	カネヒラ	*Acheilognathus rhombeus* (Temminck and Schlegel, 1846)
14	オイカワ	*Opsariichthys platypus* (Temminck and Schlegel, 1846)
15	オイカワ	*Opsariichthys platypus* (Temminck and Schlegel, 1846)
16	オイカワ	*Opsariichthys platypus* (Temminck and Schlegel, 1846)
17	ハス	*Opsariichthys uncirostris uncirostris* (Temminck and Schlegel, 1846)
18	カワムツ	*Candidia temminckii* (Temminck and Schlegel, 1846)
19	ヌマムツ	*Candidia sieboldii* (Temminck and Schlegel, 1846)
20	ヒナモロコ	*Aphyocypris chinensis* Gunther, 1868
21	モツゴ	*Pseudorasbora parva* (Temminck and Schlegel, 1846)
22	モツゴ	*Pseudorasbora parva* (Temminck and Schlegel, 1846)
23	カワヒガイ	*Sarcocheilichthys variegatus variegatus* (Temminck and Schlegel, 1846)
24	タモロコ	*Gnathopogon elongatus elongatus* (Temminck and Schlegel, 1846)
25	ニゴイ	*Hemibarbus barbus* (Temminck and Schlegel, 1846)
26	イトモロコ	*Squalidus gracilis gracilis* (Temminck and Schlegel, 1846)
27	カマツカ	*Pseudogobio esocinus* (Temminck and Schlegel, 1846)
28	ツチフキ	*Abbottina rivularis* (Basilewsky, 1855)
29	ゼゼラ	*Biwia zezera* (Ishikawa, 1895)
30	アユモドキ	*Parabotia curtus* (Temminck and Schlegel, 1846)
31	ドジョウ	*Misgrunus anguillicaudatus* (Cantor, 1842)
32	ドジョウ	*Misgrunus anguillicaudatus* (Cantor, 1842)
33	シマドジョウ類	*Cobitis* sp.
34	チュウガタスジシマドジョウ	*Cobitis striata striata* Ikeda, 1936
35	ヤマトシマドジョウ類	*Cobitis* spp.
36	アリアケギバチ	*Tachysurus aurantiacus* (Temminck and Schlegel, 1946)
37	ギギ	*Tachysurus nudiceps* (Sauvage, 1883)
38	ナマズ	*Silurus asotus* Linnaeus, 1758
39	アユ	*Plecoglossus altivelis altivelis* (Temminck and Schlegel, 1846)
40	ボラ	*Mugil cephalus* Linnaeus, 1758
41	メナダ	*Chelon haematocheilus* (Temminck and Schlegel, 1845)
42	ミナミメダカ	*Oryzias latipes* (Temminck and Schlegel, 1846)
43	オヤニラミ	*Coreoperca kawamebari* (Temminck and Schlagel, 1843)
44	シマイサキ	*Rhynchopelates oxyrhynchus* (Temminck and Schlegel, 1842)
45	コショウダイ	*Plectorhinchus cinctus* (Temminck and Schlegel, 1843)
46	ヒイラギ	*Nuchequula nuchalis* (Temminck and Schlagel, 1845)
47	クロサギ	*Gerres equulus* Temminck and Schlegel, 1844
48	ドンコ	*Odontobutis obscura* (Temminck and Schlegel, 1845)
49	カワアナゴ	*Eleotris oxycephala* Temminck and Schlegel, 1845
50	トビハゼ	*Periophthalmus modestus* Cantor 1842
51	ムツゴロウ	*Boleophthalmus pectinirostris* (Linnaeus, 1758)
52	ボウズハゼ	*Sicyopterus japonicus* (Tanaka, 1909)
53	シロウオ	*Leucopsarion petersii* Hilgendorf, 1880
54	クロヨシノボリ	*Rhinogobius brunneus* (Temminck and Schlegel, 1845)
55	チチブ	*Tridentiger obscurus* (Temminck and Schlegel, 1845)
56	マハゼ	*Acanthogobius flavimanus* (Temminck and Schlegel, 1845)
57	ハゼクチ	*Acanthogobius hasta* (Temminck and Schlegel, 1845)
58	ウロハゼ	*Glossogobius olivaceus* (Temminck and Schlege, 1845)

[1] ベルリン動物博物館（現 フンボルト博物館）所蔵．[2] 大英博物館 所蔵．[3] 採集者は明確ではないが，筆者らの推

た標本を含むことを示す．また，『日本動物誌』や Boeseman(1947) に記載がなく，筆者らの調査および既報により混入が明らかとなった近似種の種名および個体数も示している．

日本動物誌	収集者別標本数		
	シーボルト	ビュルガー	不明
Anguilla japonica	4	–	1
Coilia nasus	2	–	–
Cyprinus haematopterus	1	–	–
Cyprinus melanotus	1	1D	–
Cyprinus conirostris	1, 1[*1]	5D	–
Carassius cuvieri	14	–	–
Carassius langsdorfii	15	5D	–
Carassius grandoculis	1	–	–
Carassius burgeri	10	–	–
Capoeta lanceolata	1	1	–
Capoeta intermedia	2	–	–
Capoeta limbata	4	–	–
Capoeta rhombea	11	–	3
Leuciscus platypus	6, 1[*1]	1D	–
Leuciscus macropus	4	–	–
Leuciscus minor	8	1D	–
Leuciscus uncirostris	3	–	–
Leuciscus temminckii	5	2D	–
Leuciscus sieboldii	4	–	–
Fundulus virescens	–	–	–
Leuciscus parvus	1	1D	–
Leuciscus pusillus	–	–	3
Leuciscus variegatus	5	1D	–
Capoeta elongata	2	–	–
Gobio barbus	2	1D	–
Capoteta gracilis	1	–	–
Gobio esocinus	7, 1[*1]	–	–
–	3	–	–
	1	–	–
Cobitis curtus	1	–	–
Cobitis rubripinnis	15, 1[*1]	–	–
Cobitis maculata		–	–
Cobitis taenia japonica	1	–	–
	4	–	–
	3	–	–
Bagrus aurantiacus	6	–	–
–	1	–	–
Silurus japonicus	7, 1[*1]	5D	–
Salmo (Plecoglossus) altivelis	5, 1[*1]	2	–
Mugil japonicus	–	6D	–
Mugil haematocheius	–	4D	–
Poecilia latipes	–	6[*3]	–
Serranus kawa-mebari	–	3D	–
Therapon oxyrhynchus	1	5D	2D, 1[*1]
Diagramma cinctum	–	4D, 1D[*1], 1[*2]	1D
Equula nuchalis	1	–	–
Gerres equula	1	1D	–
Eleotris obscura	9	–	–
Eleotris oxycephala	2 (lost)	–	–
Periophthalmus modestus	6	–	–
–	2	2D	3D, 1[*1]
–		1D	–
	20	–	–
Gobius brunneus	1	–	–
Sicydium obscurum	3	1	–
Gobius flavimanus	18	–	–
Gobius hasta	1	–	1[*1]
Gobius olivaceus	–	–	1

察によりビュルガーの採集とした．

あとがき

　本書の編集作業を終えて，シーボルトが医師であるとともに，いかに優れた博物学者でもあったのか，あらためて理解できた．そのことは『江戸参府紀行』に記されている日々の克明な記録で確認できる．当時，彼は弱冠30歳の若者であった．さらにオランダに帰国後，『日本動物誌』出版を成しとげた偉業は，正直，驚きである．シーボルトが残してくれたコレクションのうち本書が扱った対象は，ずばり淡水魚である．われわれが実施したライデン・ナチュラリスにおける魚類の標本調査では，故山口隆男博士の数々の業績に頼ることが多かった．ナチュラリスでは個々の標本ビンを開封するたびごとに驚きの連続であった．われわれの調査で明らかにされた分類学的知見については第4部で紹介したが，それは一部でしかない．今後，残された課題をクリアするためには，調査を継続し，標本ビンに納められた個体を1つひとつ精査する必要がある．シーボルトの専門研究者からして見れば，本書には不備が目立つに違いない．しかし，希少淡水魚の保護を視野に入れた魚類分類学の新たな展開を目指している今，本書の出版はその一里塚として評価していただきたい．本書の編集は編者を中心に，近畿大学の卒業生からなるクルーによって進められた．とりわけ藤田朝彦博士（編集補助），森宗智彦博士（写真撮影と画像処理），朝井俊亘博士（版権に関する対応），川瀬成吾博士（シーボルト魚類標本目録作成）の支えがなければ出版までには到底たどりつけなかった．加えて，各章で取り上げた専門分野に関する資料または情報を，以下の方々をはじめとする多くの方々から提供いただいた．合わせて御礼申し上げる．

細谷和海

協力者（敬称略）
岡崎登志夫，小田優花，亀井哲夫，沓澤宣賢，窪川かおる，篠原現人，清水　勇，鈴木寿之，瀬能　宏，高久宏佑，高田未来美，中尾健二，星　順也，前田　哲，山口美由紀
Constantin von Brandenstein-Zeppelin, Bob Kernkamp, Karien Lahaise, Ronald de Ruiter, Kris Schiermeier, Niek Span

協力機関

近畿大学図書館，国立科学博物館，国立国会図書館，たつの市立室津海駅館，長崎市文化観光部文化財課シーボルト記念館，東彼杵町教育委員会，東彼杵町歴史民俗資料館，福山市鞆の浦歴史民俗資料館，大和郡山市立図書館

オランダ生物多様性センター・ナチュラリス Netherlands Centre for Biodiversity Naturalis, オランダ日本博物館シーボルトハウス Japan Museum SieboldHuis, ドイツ・ビュルツブルグ・シーボルト博物館（Siebold Museum, Würzburg）

掲載許可先一覧

イギリス・大英自然史博物館（The Natural History Museum, London/Mr. James Maclaine）

ウィーン自然史博物館（Natural History Museum Vienna/1st Zoological Department - Fish Collection /Dr. Bettina Riedel）

オランダ・ライデン・ナチュラリス（Naturalis Biodiversity Center Scientific archives and images/Collection Naturalis Biodiversity Center/Dr. Martien van Oijen, Mrs. Karien Lahaise, Mr. Ronald de Ruiter）

国立研究開発法人水産研究・教育機構

コペンハーゲン大学附属動物学博物館（Natural History Museum of Denmark, University of Copenhagen）

ドイツ・ビュルツブルグ・シーボルト博物館（Siebold Museum, Würzburg）

長崎市文化観光部文化財課シーボルト記念館

ハーバード大学比較動物学博物館 エルンスト・メイヤー・ライブラリ（Harvard University, Museum of Comparative Zoology, Ernst Mayr Library）

東彼杵町教育委員会

フランス国立自然史博物館（Muséum National d'Histoire Naturelle, Paris）

ベルリン自然史博物館（Museum für Naturkunde Berlin/Dr. Peter Bartsch）

大和郡山市立図書館

ロシア科学アカデミー動物学研究所（Zoological Institute of the Russian Academy of Sciences, St Petersburg）

索　引

学名索引

A
Abbottina psegma 135
Abbottina rivularis 113
Abramis 215
Acanthogobius flavimanus 113
Acheilognathus 223, 225
Acheilognathus limbatus 223
Acheilognathus rhombeus 179, 224, 225
Acipenser 91
Anguilla 197
Anguilla anguilla 197
Anguilla japonica 98, 113, 179, 196
Anoplus banjos 77
Aphyocypris chinensis 218, 219
Aphyocypris kikuchii 219
Aphyocypris virescens 219
Ariosoma anago 34

B
Bagrus aurantiacus 240
Banjos banjos 77
Barbus barbus 29
Botia dario 235
Botia geta 235
Branchiostoma belcheri 161

C
Candidia sieboldii 212, 213
Candidia temminckii 113, 179, 210
Canis lupus hodophilax 123
Capoera limbata 222
Capoeta 221, 223, 225, 231
Capoeta gracilis 230
Capoeta intermedia 221
Capoeta lanceolata 220, 221
Capoeta rhombea 224
Carassius auratus 165, 205, 207, 250
Carassius buergeri buergeri 113, 202
Carassius buergeri 202
Carassius buergeri grandoculis 208
Carassius cuvieri 113, 179, 206
Carassius grandoculis 208
Carassius langsdorfii 204, 205
Carassius sp. 113, 179, 204
Carassius spec. 205
Channa argus 113
Cheilodactylus quadricornis 77
Cobitis biwae 241
Cobitis curtus 234
Cobitis haematopterus 237
Cobitis maculata 236, 237
Cobitis rubripinnis 236, 237
Cobitis sp. 113
Cobitis spp. 238
Cobitis taenia japonica 238
Cobits sp. BIWAE typeA 239
Cobits sp. 'yamato' complex 239
Cobits striata striata 239
Coilia nasus 113
Conger anago 34
Conger myriaster 197
Cyprinus carpio 113, 179, 200, 201
Cyprinus carpio conirostris 78
Cyprinus conirostris 200, 201
Cyprinus haematopterus 200, 201
Cyprinus melanotus 200, 201
Cyprinus regina 201
Cyprinus rubrofuscus 201

D
Decapterus maruadsi 45
Decapterus muroadsi 45
Ditrema laeve 77
Ditrema temminckii temminckii 77
Dorippe japonica 90

E
Eleotris oxycephala 179

F
Fundulus 219
Fundulus virescens 218, 219

G

Gambusia affinis 246
Gasterosteus aculeatus 32
Gnathopogon elongatus 154
Gobio esocinus 232
Gobio gobio 233
Gobius brunneus 248, 249
Goniistius quadricornis 77
Gymnogobius urotaenia 20
Gymnothorax kidako 77

H

Hemigrammocypris neglectus 113
Heterodontus philippi 80
Hyporhamphus intermedius 113

I

Ischikauia steenackeri 21

L

Lateolabrax japonicus 113
Lepomis macrochirus macrochirus 179
Leuciscus 217, 227
Leuciscus idus 227
Leuciscus macropus 215
Leuciscus minor 215
Leuciscus parvus 228, 229
Leuciscus platypus 214
Leuciscus pusillus 228, 229
Leuciscus seiboldii 211
Leuciscus sieboldii 212
Leuciscus temminckii 210, 213
Leuciscus uncirostris 216
Leuciscus variegatus 226
Leucopsarion petersii 20, 179
Liobagrus reini 20
Luxilus cornutus 201

M

Micropterus salmoides 179
Misgurnus anguillicaudatus 113, 179, 236, 237
Muraena similis 77

N

Nipponia nippon 157, 158
Nipponocypris 211, 213

O

Odontobutis obscura 113
Opsariichthys platypus 113, 179
Opsariichthys uncirostris 216
Opsariichthys uncirostris uncirostris 113
Oryzias 247
Oryzias latipes 7, 113, 179, 244, 246
Oryzias sakaizumii 7, 8, 247

P

Parabotia curtus 234
Perca fluviatilis 29
Phoxinus oxycephalus jouyi 113
Plecoglossus 199
Plecoglossus altivelis 8
Plecoglossus altivelis altivelis 113, 179
Plecoglossus altivelis ryukyuensis 10
Poecilia 246
Poecilia latipes 244
Pseudogobio esocinus 113
Pseudogobio esocinus esocinus 179
Pseudorasbora parva 113
Pseudorasbora pumila 8
Pungitius pungitius 31
Pungitius sp. 5
Pungtungia herzi 113

R

Rhinogobius 249
Rhinogobius brunneus 179, 248
Rhinogobius flumineus 179
Rhinogobius fluviatilis 179
Rhinogobius nagoyae 179
Rhinogobius similis 249
Rhinogobius sp. 113
Rhinogobius sp. OR 179
Rhodeus ocellatus 113
Rhodeus oryzae 223
Rutilus rutilus 29

S

Salmo 199
Salmo (Plecoglossus) altivelis 198
Salvelinus leucomaenis pluvius 20
Sarcocheilichthys biwaensis 227
Sarcocheilichthys variegatus microoculus 227
Sarcocheilichthys variegatus variegatus 226

Scorpaenopsis cirrosa 80
Silurus asotus 113, 179
Silurus japonicus 242
Silurus sp. 179
Silurus tomodai 243
Squalidus 231
Squalidus chankaensis biwae 231
Squalidus chankaensis tsuchigae 231
Squalidus gracilis 230
Squalidus gracilis gracilis 113
Squalidus japonicus japonicus 231

T
Tachysurus aurantiacus 240, 241
Tachysurus nudiceps 241
Tachysurus tokiensis 241
Tanakia 221, 223

Tanakia lanceolata 113, 179, 220
Tanakia limbata 113, 179, 222, 223
Thymallus 199
Trachidermus fasciatus 113
Tribolodon hakonensis 113
Tridentiger bifasciatus 113
Tridentiger brevispinis 113
Tridentiger obscurus 179

W
Wallago 243

Z
Zacco 211, 213
Zacco sieboldii 213
Zacco temminckii 211, 213

和名索引

あ
アイナメ 60
アカザ 20, 129
アカバエ 211
アケビ 34
アジサイ 34, 35
アジメドジョウ 129
アズマニシキ 165, 170
アゼタナゴ 223
アナハゼ 115
アブラハエ 114, 115
アブラハヤ 21, 115, 129
アブラヒガイ 227
アブラボテ 81, 113, 114, 116, 117, 129, 134, 154, 177, 179, 222, 223
アブラミス 215
アマサギ 151
アユ 8, 61, 62, 108, 113, 118, 119, 129, 177, 179, 198, 199, 211, 213, 215
アユ科 179
アユモドキ 24, 61, 92, 129, 132, 134-136, 154, 189, 207, 234, 235
アリアケギバチ 61, 90, 114, 233, 240, 241

い
イサザ 148
イシガイ 134, 227

イシガイ科 134, 184
イシガイ目 227
イシダイ 59
イタセンパラ 129, 132, 134, 135
イチモンジタナゴ 129, 134, 135
イトヒキハゼ 115
イトモロコ 113, 129, 177, 179, 230, 231
イトヨ 32
イヌヒバ 101
イボオコゼ 59
イモリ 124
イワトコナマズ 129, 148, 243

う
ウキゴリ 20, 129
ウグイ 21, 113, 114, 116, 129, 211
ウグイ亜科 201, 217
ウサギ 122
ウシモツゴ 187
ウツセミカジカ 129
ウツボ 59, 77, 78
ウツボカズラ 35
ウナギ 108, 109, 119
ウナギ科 113
ウナギ属 197
ウナギ属の1種 197
ウナギ目 113

索引

ウバゴチ　57, 58
ウミタナゴ　77, 78
ウミドジョウ　235
ウミヒゴイ　59
ウミヘビ　59
ウロハゼ　64, 249

え
エイ　59, 64
エツ　61, 90, 113
エドニシキ　170
江戸ランチュウ　169
エノキ　101

お
オイカワ　61, 63, 64, 113-117, 119, 129, 134, 177, 179, 184, 189, 191, 211, 214, 215, 217
オウミヨシノボリ　148
オオオニバス　35
オオガタスジシマドジョウ　148
オオカミ　122, 123
オオキンブナ　61, 113-116, 129, 202, 203
オオクチバス　179, 209, 221, 225, 247
大阪ランチュウ　168
オオサギ　158
オオサンショウウオ　66, 91, 151, 191
オオシマドジョウ　129, 239
オオバギボウシ　34
オオメダカ　219
オオヨシノボリ　179
オナガ　252
オヤニラミ　129
オランダシシガシラ　166

か
カエデ　34
カエルウオ　115
カシ　101
カジカ　129
カジカ科　113
カゼトゲタナゴ　213, 223, 225
カタクチイワシ科　113
カダヤシ　246, 247
カネヒラ　58, 61, 129, 145, 154, 177, 179, 224, 225
カネヒラ属　223, 225
カマツカ　81, 113, 115-117, 119, 129, 177, 179, 232, 233
カマツカ亜科　233
カムルチー　112, 113
カワアナゴ　179
カワアナゴ科　179
カワウソ　191
カワカマス　233
カワチブナ　207
カワバタモロコ　113, 129, 134, 219
カワヒガイ　90, 114-118, 129, 134, 226, 227
カワビシャ　60
カワムツ　63, 64, 113, 114, 116, 117, 129, 177, 179, 210, 211, 213, 215, 217
カワムツA型　213
カワムツB型　211, 213
カワヨシノボリ　113, 129, 179
カンダイ　58

き
ギギ　129, 154, 233, 241
ギギ科　241
キタノメダカ　7, 8, 247
ギバチ　241
キビナゴ　59
キュウリウオ科　199
金魚　250, 252, 253
キンフナ　114
キンブナ　115, 203
ギンブナ　11, 61, 113, 115-117, 129, 177, 179, 203, 204, 205

く
クサガメ　122, 123
クズ　101
グッピー属　246
グミ　101
クリ　101
クルメサヨリ　113
グレーリング　199
クロハゼ　249
クロフナ　114, 115
クロメバル　59
クロヨシノボリ　95, 179, 248, 249

け
珪藻　184
ケヤキ　34

264

こ

ゲンゴロウブナ　61, 91, 112, 113, 115, 129, 148, 153, 154, 179, 206, 207, 209, 213

こ

コイ　61, 62, 113, 121, 129, 150, 154, 177, 179, 185, 200, 201
コイ科　29, 113, 114, 179, 217, 219, 221, 223
コイ目　108, 113
香魚　199
コウライニゴイ　129
コウライモロコ　129, 231
ゴクラクハゼ　249
コナラ　101
コフキコガネ　100
コブダイ　58
ゴンズイ　74
コンニャク　35

さ

サギ　189
サギソウ　160
サケ科　113
サケ目　113
ササノハガイ　227
サツキマス　129, 135
ザトウクジラ　65
サメ　59, 64, 94
サラセニア　35
サル　93
サンフィッシュ科　179

し

シカ　122
ジキン　165
シシガシラ　169
シシガシラランチュウ　253
シナイモツゴ　8, 187, 189, 229
シマドジョウ　177, 235, 239, 241
シマドジョウ種群　239
シマドジョウ類　61, 238, 239
シマヒレヨシノボリ　129
シマフグ　59
シマヨシノボリ　179
しみずらん　253
シモフリシマハゼ　113
ショウトク　114, 115, 233
ジョウトク　115

シラサギ　151, 158
シラスウナギ　197
シロウオ　20, 177, 179
シロコバン　58, 59, 64
シロハエ　114, 115
シロヒレタビラ　129
シロフナ　114
シロブナ　115

す

スゴモロコ　148, 231
スゴモロコ属　231
スジシマドジョウ　5, 239
スジシマドジョウ種群　239
スジシマドジョウ類　129, 134, 148
スズキ　113
スズキ科　113, 179
スズキ目　113
スッポン　171
ズナガニゴイ　129
スナメリ　65
スナヤツメ　135
スナヤツメ南方種　129

せ

ゼゼラ　129
ゼニタナゴ　8, 19, 187, 189

た

タイセイヨウサケ属　199
タイリクシマドジョウ　239
タイリクスナムグリ　233
タイリクバラタナゴ　112, 113
タイワンドジョウ科　179
タガイ　227
タカハヤ　113, 115, 116, 129
タケ　101
タチウオ　59
ダツ目　113
タナゴ　19, 225
タナゴ亜科　145
タナゴ類　114, 118, 119, 132-135, 184, 221, 223
タニガワナマズ　243
タモロコ　129, 153, 154, 185, 231
蛋魚　253

索引

ち
チチブ　179
チュウガタスジシマドジョウ　129, 134, 135, 239
チュウサギ　151
チョウザメ属　91
チョウセンバカマ　77, 78

つ
ツキノワグマ　122
ツチフキ　113, 115, 129, 134, 135, 233
ツチフキ属　135
ツツジ　101
ツノザメ科のサメ　91
ツル　189

て
デメモロコ　21, 129, 231

と
トウヨシノボリ　179, 113
トキ　91, 151, 152, 157-159, 175, 189, 191
トサキン　165, 170
ドジョウ　61, 113-119, 129, 177, 179, 185, 235-237
ドジョウ科　113
ドジョウ属　237
ドジョウ類　132, 237
トビハゼ　58, 114, 115
ドブガイ類　134
トミヨ属の1種　31
ドンコ　113, 115-117, 129, 179
ドンコ科　113

な
ナガサキ　252
ナガブナ　203, 205
ナガレホトケドジョウ　129
ナベカ　115
ナマズ　21, 61, 113-116, 118, 129, 150, 177, 179, 184, 185, 242, 243
ナマズ科　179, 113
ナマズ属の1種　179
ナマズ目　113
ナマズ類　134, 243
ナメクジウオ　157, 161, 162

に
ニゴイ　61, 154
ニゴイ類　134
ニゴロブナ　61, 91, 129, 148, 153, 154, 203, 205, 208, 209, 213, 235
ニシキハゼ　64
ニシン目　113
ニッコウイワナ　20
ニッポンバラタナゴ　112, 114, 129, 134, 187, 213, 223, 225
ニホンアシカ　65
ニホンイシガメ　122, 123
ニホンウナギ　59, 61, 98, 113, 118, 129, 135, 177, 179, 196, 197
ニホンオオカミ　91, 121, 122, 124, 175, 191
ニホンカモシカ　122
ニホンカワウソ　175
ニホンザル　122

ぬ
ヌマチチブ　113
ヌマムツ　129, 134, 154, 211-213, 217, 231

ね
ネコザメ　59

の
ノゴイ　62

は
パーチ科　29
ハイ　114, 215
ハエ　114, 211, 215
ハエトリソウ　35
ハス　61, 112, 113, 128, 129, 149, 153, 213, 216, 217
ハゼ　101
ハセイルカ　65
ハゼ科　113
ハゼクチ　90
ハゼ類　115, 249
ハチ　60
ハナアナゴ　34
ハモ　59
ハヤ　211
バラタナゴ　113
バラタナゴ類　112, 113

ひ

- ヒガイ属　227
- ヒガイ類　133, 134, 184
- ヒナモロコ　189, 218, 219
- ヒナモロコ類　219
- ヒブナ　252
- ヒメダイ　60
- ヒメハヤ属魚類　115
- ヒラタエイ　59
- ビワ　34
- ビワコオオナマズ　128, 129, 149, 243
- ビワコガタスジシマドジョウ　148
- ビワヒガイ　227
- ビワマス　129, 148
- ビワヨシノボリ　148

ふ

- フッキソウ　34
- フナ　150, 185
- フナ属　203, 207, 209
- フナ類　115, 134, 203
- ブラックバス　223, 235
- ブルーギル　179, 209

へ

- ヘイケガニ　90
- ヘイシソウ　35
- ヘラブナ　207

ほ

- ホタルジャコ　59, 60
- ボティア類　235
- ホトケドジョウ　129
- ホンモロコ　129, 148, 150, 153, 231

ま

- マアナゴ　197
- マツ　101
- マトウダイ　59
- マハゼ　113, 179
- マムシ　124
- マルアジ　45

み

- ミジンコ　184
- ミナミトミヨ　129, 135
- ミナミメダカ　7, 90, 96, 113, 118, 119, 129, 134, 177, 179, 244, 246, 247
- ミヤコタナゴ　189

む

- ムギツク　129, 113
- ムサシトミヨ　5, 12
- ムロアジ　45

め

- めだか　246
- メダカ　58, 61, 177, 246, 247
- メダカ科　113
- メダカ類　219, 229

も

- モウセンゴケ　35, 160
- モツゴ　113, 129, 134, 154, 184, 228, 229

や

- ヤツデ　34
- ヤマイヌ　91, 122, 123
- ヤマトシマドジョウ　113, 115-117, 179
- ヤマトシマドジョウ種群　239
- ヤマノカミ　113
- ヤリタナゴ　113, 114, 116, 117, 129, 134, 177, 179, 220, 221

ゆ

- ユウダチタカノハ　77, 78
- ユスリカ　227

よ

- ヨーロッパウナギ　197
- ヨシノボリ　5, 249
- ヨシノボリ属　249
- ヨシノボリ属の1種　179
- ヨドコガタスジシマドジョウ　129, 134, 135, 239
- ヨドゼゼラ　129, 134, 135, 149

ら

- ラフレシア　35
- 卵虫　253
- ランチュウ　165-170, 172, 252, 253

り

- リュウキュウアユ　10

267

索引

リュウキン　166, 170, 171, 252, 253

わ
ワキン　165, 166, 170, 172, 252
ワタカ　21, 128, 129, 134, 149, 150

ワトウナイ　170, 172, 252, 253
ワムシ　184

を
をかやまらんちう　253

著者紹介

朝井俊亘（あさい　としのぶ）

1978年，和歌山県生まれ．近畿大学農学部卒業．近畿大学附属新宮高等学校・中学校教諭を経て，現在，京都産業大学附属高等学校・中学校教諭，京都府希少野生生物保全推進員．農学博士（近畿大学）．専門は魚類系統分類学．キタノメダカを新種記載．近年の主な著書に，『日本産稚魚図鑑』東海大出版会（分担執筆），『フィッシュマガジン 新メダカを愉しむ』緑書房（分担執筆）など．

井藤大樹（いとう　たいき）

1988年，香川県生まれ．近畿大学農学部卒業．近畿大学大学院農学研究科修了．農学博士．現在，特定非営利活動法人 日本国際湿地保全連合研究員．専門は魚類系統分類学．主な研究対象はオイカワ類，その他ナガレホトケドジョウとトウカイナガレホトケドジョウを新種記載．

川瀬成吾（かわせ　せいご）

1987年，滋賀県生まれ．近畿大学農学部卒業，近畿大学大学院農学研究科修了．農学博士．大阪府立環境農林水産総合研究所調査員を経て，現在，大阪経済法科大学准教授．専門は魚類系統分類学，自然保護論．東アジアにおける淡水魚類の分類や保全について研究．ヨドゼゼラとウシモツゴを新種記載．主な著書（分担執筆）に，『日本の淡水魚』山と渓谷社，『日本魚類館』小学館，『魚類学の百科事典』丸善出版など．

滝川祐子（たきがわ　ゆうこ）

1973年，北海道生まれ．津田塾大学学芸学部国際関係学科卒業．2000年オックスフォード大学キーブル・カレッジ考古学人類学部卒業．学術修士．現在香川大学農学部協力研究員．研究テーマは博物学に関する東西交流史，18〜19世紀の魚類学の研究史．主な著書（分担執筆）に，奥谷喬司編著『日本のタコ学』東海大学出版会，秋篠宮文仁，緒方喜雄，森誠一編著『ナマズの博覧誌』誠文堂新光社，『魚類学の百科事典』丸善出版など．

新村安雄（にいむら　やすお）

1954年，浜松市生まれ．1983年，愛媛大学大学院理学研究科修了，理学修士．フォトエコロジスト，環境コンサルタントとして水域環境の保全に係わる．映像製作，『淡海に生きる』WWFJ，滋賀県立琵琶湖博物館企画展示，岐阜市うかいミュージアムなど．著作，『川に生きる・世界の河川事情』中日新聞，『長良川の一日』山と渓谷社（共著）など．

根來　央（ねごろ　ひろし）

1985年，兵庫県生まれ．近畿大学農学部卒業，近畿大学大学院農学研究科博士前期課程修了，農学修士．専門は水産増殖学，金魚文化誌．学生時代より金魚売りとして働き，現在は金魚研究家として活動．金魚や地域史に関する講演や執筆を行う．著書（分担執筆）に，『きんぎょ生活』3号および4号エムピージェーなど．

藤田朝彦（ふじた　ともひこ）

1978年，神戸市生まれ．近畿大学大学院農学研究科水産学専攻博士後期課程単位取得退学，農学博士．株式会社建設環境研究所研究員，専門はヒメハヤ属を中心とするウグイ亜科魚類の系統分類学．2009年度日本魚類学会論文賞受賞．主な著書（分担執筆）に『とりもどせ！　琵琶湖・淀川の原風景』サンライズ出版，『日本の淡水魚』山と渓谷社，『日本魚類館』小学館，『魚類学の百科事典』丸善出版など．

森宗智彦（もりむね　としひこ）

1979年，長崎県生まれ．近畿大学農学部卒業，近畿大学大学院農学研究科修了，農学博士．現在，近畿大学農学部研究員．専門は魚類比較解剖学，特に筋肉・骨格系の機能解剖．主な対象生物はオイカワ類・タナゴ類など．シーボルト魚類標本の写真撮影，第4部作図など本書の編集補助を担う．

吉野哲夫（よしの　てつお）

1945年，滋賀県生まれ．京都大学大学院農学研究科博士課程単位修得退学，農学修士．元琉球大学理学部准教授．現在一般財団法人沖縄美ら島財団研究顧問．専門は魚類分類学，海洋生物地理学，博物学，琉球の自然史．主な著書に『魚類図鑑：南日本の沿岸魚』東海大学出版会（共編），『日本産魚類大図鑑』東海大学出版会（共編）など．

編著者紹介

細谷和海(ほそや　かずみ)

1951年,東京都生まれ.京都大学農学部卒業.水産庁養殖研究所育種研究室長,中央水産研究所魚類生態研究室長を経て,2000〜2018年近畿大学農学部教授.現在,名誉教授.日本魚類学会会長.農学博士(京都大学).専門は魚類学,系統分類・自然保護論.淡水魚の分類から外来種,水田生態系の保全まで.近年の主な著書(共編)に,『日本の淡水魚』山と渓谷社,『ブラックバスを退治する』恒星社厚生閣,『日本の希少淡水魚の現状と系統保存』緑書房など.

シーボルトが見た日本の水辺の原風景

2019年3月30日　第1版第1刷発行

編著者　細谷和海
発行者　浅野清彦
発行所　東海大学出版部
　　　　〒259-1292神奈川県平塚市北金目4-1-1
　　　　TEL 0463-58-7811　FAX 0463-58-7833
　　　　URL http://www.press.tokai.ac.jp/
　　　　振替　00100-5-46614
印刷所　港北出版印刷株式会社
製本所　誠製本株式会社

© Kazumi Hosoya, 2019　　　　　　　　　　　　ISBN978-4-486-02095-0

・JCOPY ＜出版者著作権管理機構 委託出版物＞
本書(誌)の無断複製は著作権法上での例外を除き禁じられています.複製される場合は,そのつど事前に,出版者著作権管理機構(電話03-3513-6969,FAX 03-3513-6979,e-mail: info@jcopy.or.jp)の許諾を得てください.